Die Namen meiner unmittelbaren Vorgesetzten:

a) **Disziplinarvorgesetzte:**

Oberster Befehlshaber der Wehrmacht und Oberbefehlshaber des Heeres:
der Führer und Reichskanzler Adolf Hitler.

Kommandierender General und Befehlshaber im Wehrkreis: ....

....

Kommandeur der ......Division:...................................

Kommandeur des Inf.-Regt. ......:...............................

Kommandeur des ..... Batl. Inf.-Regt. ......: ....

Kompaniechef der ..... Komp. ......: ....

der Standortälteste: ....

b) **sonstige:**

Kompanieoffiziere:...

:..

:..

Hauptfeldwebel: ....

Zugführer:...

Gewehr= bzw. Korporalschaftsführer: ....

Hilfsausbilder:..

Stubenältester: ....

c) **Funktionsunteroffiziere:**

Rechnungsführer: ....

Bekleidungsunteroffizier:......................................

Schießunteroffizier: ....

Gerätebuchführer für Heer= und Kasernengerät: ....

Gerätebuchführer für Waffen= und Gasschutzgerät: ....

Beschlagmeister:...

Futtermeister: ....

Der Schütze
Hilfsbuch

für den Schützen der Schützenkompanie und der
Schützen-Ersatz-Kompanie

Infanterie-Panzer-Jäger-Kompanien wird
v. Wedel-Haidlen Der Panzerjäger mit Inf.-Ausbildung geliefert

6. neubearbeitete Auflage
mit dem leichten Granatwerfer

Von

Oberst Hasso v. Wedel und Oberstl. Pfafferott

1943

Richard Schröder Verlag (vormals Ed. Dörings Erben), Berlin W 62

Vorwort.

Alle neuen Vorschriften und inzwischen eingetretenen Änderungen wurden in der vorliegenden Auflage berücksichtigt und das Ganze neu gestaltet. Dabei sind überflüssige Angaben, die das Gedächtnis des jungen Soldaten unnötig belasten würden, sowie ausführliche Angaben über Ausmaße von Geräten und Bezeichnungen von Geräteteilen, soweit diese nicht für das Verständnis erforderlich sind, fortgelassen. Aufgenommen wurde dafür das für die neuzeitliche Ausbildung des Soldaten Wesentliche. Dagegen keine Bestimmungen, die voraussichtlich nur für die Dauer des Krieges Gültigkeit haben.

Unverändert aber blieb der Grundgedanke des Buches. Nichts Unnötiges soll es bringen. Das, was es bringt, soll einfach, klar und erschöpfend sein. Der junge Soldat ist dadurch stets in der Lage, sich das im Unterricht und im praktischen Dienst Erlernte an Hand des Buches ins Gedächtnis zurückzurufen und sich über alle Dienstobliegenheiten weiterzubilden.

Die Verfasser.

Vorbemerkung.

Da die allgemeine Ausbildung bei den einzelnen Waffen gleich ist, nur die Benennung ihrer Gliederungen und Dienstgradbezeichnungen wechseln, so steht in dem allgemeinen Teil der Ausbildung die Bezeichnung für Infanterie und in Klammer Artillerie bzw. Nachrichtentruppe.

z. B. Bataillon (Abteilung)
Kompanie (Batterie)
Komp.-Chef (Battr.-Chef)
Feldwebel (Wachtmeister)
Hauptfeldwebel (Hauptwachtmeister).

Die für die betreffende Waffe gültigen Bezeichnungen sind:

für **Infanterie**: Bataillon, Kompanie, Komp.-Chef, Feldwebel, Hauptfeldwebel, Stabsfeldwebel.

für **Artillerie**: Abteilung, Batterie, Battr.-Chef, Wachtmeister, Hauptwachtmeister, Stabswachtmeister.

für **Panzertruppe**: Abteilung, Kompanie, Komp.-Chef, Feldwebel, Hauptfeldwebel, Stabsfeldwebel.

für **Nachrichtentruppe**: Abteilung, Kompanie, Komp.-Chef, Wachtmeister, Hauptwachtmeister, Stabswachtmeister.

Inhaltsverzeichnis.

Vorwort.

1*

Der Führer und Reichskanzler
Adolf Hitler.
Oberster Befehlshaber der deutschen Wehrmacht.

I. Der Soldat als Waffenträger der Nation.

Die Pflichten des Soldaten.

Um seine Stellung und seine Aufgaben im heutigen Deutschland aus=
füllen zu können, muß der Soldat sich über die Grundlagen und den Sinn
seines Soldatentums völlig klar sein.

Grunderkenntnis hierzu ist, daß die Wehrmacht kein Sonderleben führt.
Sie ist ein lebendiges Glied ihres Volkes und ihres Staates. Jeder Staat
und jeder Zeitabschnitt spiegelt sich wider in der Gestalt seiner Wehrmacht.

Die Wehrform der Nachkriegszeit wurde uns vom Feindbund durch
das Versailler Diktat aufgezwungen. Das vornehmste Recht eines freien
Volkes, das Recht der Selbstverteidigung und der freien Gestaltung seiner
Wehrmacht, wurde uns damit genommen. Erst die Wiedereinführung der
allgemeinen Wehrpflicht gab uns dieses Recht wieder.

Der Landesschutz ist und bleibt eine unbedingte Notwendigkeit für jedes
Volk, das sich nicht selbst aufgeben will. Das ganze Streben der deutschen
Wehrmacht war und ist deshalb darauf gerichtet, Deutschlands Grenzen zu
schützen und zum mindesten zu verhindern, daß deutsches Gebiet zum Kriegs=
gebiet wird.

Diese ihre Aufgabe aber kann die Wehrmacht nur erfüllen, wenn sie
stets vom Vertrauen des ganzen Volkes getragen wird. Staat und Wehr=
macht gehören dem ganzen Volke, nicht nur einzelnen Volksteilen. Der Sol=
datendienst ist Ehrendienst an der deutschen Volksgemeinschaft.

Der hohe Beruf des Soldaten, den heiligen Boden des Vaterlandes
unter Einsatz des Lebens zu schützen, verleiht berechtigten Stolz. Anmaßen
von Sonderrechten und Überheblichkeit gegen Volksgenossen widersprechen
jedoch dem Wesen des Soldaten.

Adolf Hitler hat dem Soldaten seine klare Stellung und das stolze
Recht wiedergegeben, alleiniger Waffenträger der im nationalsozialistischen
Geiste wiedergeborenen Nation zu sein. Die Wehrmacht dient dem deutschen
Reiche und ihrem Obersten Befehlshaber, Adolf Hitler, in unwandelbarer
Treue.

Die Kraft, von der die Wehrmacht hierbei getragen wird, strömt
elementar aus der Quelle eines starken Glaubens an Deutschland und sein
Lebensrecht.

Die Geschichte hat uns in den Anbruch einer neuen Zeit hineingestellt.
Wir Soldaten sind berufen, an entscheidender Stelle mitzuwirken am großen
Werk der deutschen Zukunft.

Nur ein diszipliniertes Heer kann seinen Daseinszweck erfüllen. Die
Wehrmacht hat die schwersten Proben der Disziplin in Deutschlands dun=
kelster Zeit, manchmal unter unsagbaren Belastungen, bestanden. Um so
freudiger kann sie sich heute in vertrauensvollem Gehorsam zu ihrem
Obersten Befehlshaber bekennen.

In enger Verbundenheit mit dem ganzen Volke steht sie in Manns=
zucht und Treue hinter dem Führer, der einst aus unseren Reihen kam und
immer einer der Unsern bleiben wird.

Der verewigte Schirmherr des neuen Deutschlands, Generalfeldmarschall — Reichspräsident v. Benedendorff und Hindenburg hat den deutschen Soldaten im Juni 1934 ihre Pflichten in 8 klaren Abschnitten vorgeschrieben.

Jeder Soldat muß diese 8 Abschnitte auswendig können: **„Die Pflichten des deutschen Soldaten"** haben folgenden Wortlaut:

1. **Die Wehrmacht ist der Waffenträger des deutschen Volkes. Sie schützt das Deutsche Reich und Vaterland, das im Nationalsozialismus geeinte Volk und seinen Lebensraum. Die Wurzeln ihrer Kraft liegen in einer ruhmreichen Vergangenheit, in deutschem Volkstum, deutscher Erde und deutscher Arbeit.**

   Der Dienst in der Wehrmacht ist Ehrendienst am deutschen Volk.

2. **Die Ehre des Soldaten liegt im bedingungslosen Einsatz seiner Person für Volk und Vaterland bis zur Opferung seines Lebens.**

3. **Höchste Soldatentugend ist der kämpferische Mut. Er erfordert Härte und Entschlossenheit. Feigheit ist schimpflich, Zaudern unsoldatisch.**

4. **Gehorsam ist die Grundlage der Wehrmacht, Vertrauen die Grundlage des Gehorsams.**

   Soldatisches Führertum beruht auf Verantwortungsfreude, überlegenem Können und unermüdlicher Fürsorge.

5. **Große Leistungen in Krieg und Frieden entstehen nur in unerschütterlicher Kampfgemeinschaft von Führer und Truppe.**

6. **Kampfgemeinschaft erfordert Kameradschaft. Sie bewährt sich besonders in Not und Gefahr.**

7. **Selbstbewußt und doch bescheiden, aufrecht und treu, gottesfürchtig und wahrhaft, verschwiegen und unbestechlich soll der Soldat dem ganzen Volk ein Vorbild männlicher Kraft sein. Nur Leistungen berechtigen zum Stolz.**

8. **Größten Lohn und höchstes Glück findet der Soldat im Bewußtsein freudig erfüllter Pflicht. Charakter und Leistung bestimmen seinen Wert und Weg.**

Ausgehend vom germanisch-deutschen Bluterbe weiß die deutsche Geschichte viel vom Sinn und Wert des persönlichen Eides zu berichten, der den kriegerischen Gefolgsmann, den Soldaten, in unbedingter Treue auf Leben und Tod an seinen Führer bindet.

Die Abschaffung des persönlichen Eides im Herbst 1918 war das beste Zeichen für die innere Fremdheit und Gegensätzlichkeit zwischen dem Geiste echten Soldatentums und dem Geiste des in den Nachkriegsjahren schrankenlos waltenden parlamentarischen Parteienstaates.

Die Einheit von Volk und Reich aber ist das Vermächtnis, das der in die Ewigkeit eingegangene Reichspräsident und Generalfeldmarschall allen Deutschen, besonders aber den deutschen Soldaten hinterlassen hat.

Der neue Eid des deutschen Soldaten auf die Person des Obersten Befehlshabers der Wehrmacht, unseres Führers und Reichskanzlers, läßt uns wieder die Kraft des persönlichen Eides spüren.

In der Zusammengehörigkeit von Wehrmacht und Führer beruht die Kraft des Dritten Reiches und die Bürgschaft für Deutschlands Zukunft.

In diesem Sinne sei der **Wortlaut des Fahneneides** verstanden:

„Ich schwöre bei Gott diesen heiligen Eid, daß ich dem Führer des Deutschen Reiches und Volkes, Adolf Hitler, dem Obersten Befehlshaber der Wehrmacht, unbedingten Gehorsam leisten und als tapferer Soldat bereit sein will, jederzeit für diesen Eid mein Leben einzusetzen."

Der bei der Einstellung geleistete Fahneneid gilt für die gesamte Dauer des Wehrpflichtverhältnisses, also auch nach der Entlassung aus dem aktiven Wehrdienst.

Truppenfahnen und Standarten.

Der Führer verlieh den Fußtruppen des neuen Heeres Truppenfahnen und den berittenen, bespannten und motorisierten Truppenteilen Standarten, die bei festlicher Veranlassung mitgeführt werden. Nachstehende Abbildungen zeigen Beispiele dieser Truppenfahnen und Standarten, die jeweils in den Waffenfarben gehalten und mit Silberstickerei verziert sind.

Infanterie (weiß)

Pioniere (schwarz)

Kavallerie (goldgelb)
Nachrichtentruppe (zitronengelb)

Panzertruppe (rosa)
Artillerie (hochrot)

II. Einführung in die allgemeinen Grundbegriffe des militärischen Dienstes.

1. Rechtsverhältnisse des Soldaten.

a) Eintritt, Versetzung, Entlassung.

Das Heer rekrutiert sich aus:

Mannschaften, die zur Erfüllung ihrer aktiven Dienstpflicht ausgehoben werden, und Freiwilligen. Beide Arten von Rekruten werden für die Dauer von **zwei Jahren** eingestellt.

Als Freiwillige werden nur sittlich, geistig und körperlich geeignete Leute vom 17.—25. Lebensjahr eingestellt, die die deutsche Staatsangehörigkeit besitzen, unbescholten und nicht Jude sind. Außerdem müssen sie unverheiratet sein und ihrer bisherigen politischen Einstellung oder Betätigung nach die Gewähr bieten, daß sie jederzeit rückhaltlos für den nationalsozialistischen Staat eintreten. Als Freiwillige werden im allgemeinen nur Angehörige der Jahrgänge eingestellt, die gleich alt oder älter als der dienstpflichtige Jahrgang sind. Nur in Ausnahmefällen können auch solche jüngeren Leute eingestellt werden, die besonders geeignet sind, ihrer Arbeitsdienstpflicht genügt haben und sich

a) von vornherein für den Fall, daß sie zum Unteroffizier ausgewählt werden, mit einer Verlängerung ihrer Dienstzeit einverstanden erklären,

b) für eine spätere Verwendung als Offizier des Beurlaubtenstandes in Frage kommen,

c) vor Beginn der Ausbildung für einen Lebensberuf ihrer Wehrpflicht genügen wollen.

Der Rekrut, gleichgültig ob Dienstpflichtiger oder Freiwilliger, wird durch einen Gestellungsbefehl zu dem Truppenteil, bei dem er ausgebildet werden soll, einberufen.

Die Zugehörigkeit zur Wehrmacht beginnt mit dem Tage des **Diensteintritts** (Gestellungstag) 0,⁰⁰ Uhr. Jeder Rekrut erhält einen **Truppenausweis** ausgehändigt.

Die Rekruten werden innerhalb 10 Tagen nach dem Gestellungstag **vereidigt.**

Die **Dienstbedingungen** für die Soldaten ergeben sich aus den für das Heer gültigen Gesetzen, Verordnungen, Bestimmungen und Dienstvorschriften.

Versetzungen von einem Truppenteil zu einem anderen dürfen durch die zuständigen Vorgesetzten erfolgen:

a) aus dienstlichen oder disziplinaren Gründen,

b) zum Ausgleich von Härten bei Beförderungen,

c) wegen veränderter häuslicher oder wirtschaftlicher Verhältnisse, soweit dienstl. Gründe nicht entgegenstehen.

Falls ein Soldat aus einem der genannten Gründe seine Versetzung beantragen will, wendet er sich an seinen Kp.-Chef (Battr.-Chef).

Bei Versetzungen auf eigenen Antrag muß der Soldat die durch die Versetzung entstehenden Mehrkosten selbst tragen. Das Einverständnis hierzu muß schon im Versetzungsantrag erklärt werden.

Falls ein Antrag auf Versetzung wegen veränderter häuslicher oder wirtschaftlicher Verhältnisse gestellt wird, müssen alle diesbezüglichen Angaben von den zuständigen Zivilbehörden schriftlich bestätigt sein.

Die **Entlassung** des Soldaten aus dem aktiven Wehrdienst kann erfolgen:

a) nach Ablauf der aktiven Dienstpflicht,

b) nach Ablauf der freiwillig eingegangenen Dienstverpflichtung,

c) von Rechts wegen, wenn der Soldat wehrunwürbig wird ober mit Ge=
fängnis von längerer als einjähriger Dauer ober gerichtlich zur Dienst=
entlassung verurteilt wird,

d) wenn sich herausstellte, baß nach bem Wehrgesetz ober seinen Ausführungs=
bestimmungen eine Einstellung nicht hätte erfolgen bürfen,

e) wegen Dienstunfähigkeit, wenn biese durch ben zuständigen Sanitäts=Offizier
festgestellt wird,

f) wegen unehrenhafter Hanblungen, wie Kameraden=Diebstahl, Unterschla=
gung usw.,

g) auf eigenen Antrag.

Die Entlassung auf eigenen Antrag erfolgt nur wegen wirklich berech=
tigter, häuslicher ober persönlicher Verhältnisse (Übernahme des väterlichen Ge=
werbes, Notlage ber Eltern u. a.), und frühestens nach Abschluß ber Rekrutenaus=
bildung. Der Soldat hat ben Antrag schriftlich unter Schilderung ber Gründe an
seine Kompanie (Batterie) zu richten. Mit ber Genehmigung zur Entlassung auf
eigenen Antrag gehen alle Ansprüche auf Verjorgung nach bem Wehrmachts=Ver=
sorgungs=Gesetz verloren. Unter Umständen kann ber vorzeitig Entlassene zur Wehr=
steuer herangezogen werden.

Am Entlassungstag wird ber Soldat vom Truppenarzt untersucht. Der
Soldat wird über seine Versorgungsansprüche belehrt.

Mit Ablauf des Entlassungstages gilt ber Soldat aus bem aktiven
Wehrbienst entlassen.

Eine etwa bavongetragene Dienstbeschädigung hat er spätestens vor ber
Entlassung anzumelden.

An Entlassungspapieren werden ausgehänbigt: Wehrpaß und Führungs=
zeugnis.

Für ben Fall, baß Soldaten auf Grund ihrer Leistungen und Persön=
lichkeit zum Unteroffizier geeignet und zur Weiterverpflichtung bereit sind,
ist u. U. nach Beendigung des zweiten Dienstjahres eine längere Verpflich=
tung bis zur Gesamtbienstzeit von 12 Jahren möglich. Eine solche Verpflich=
tung auf 12 Jahre bietet jebem, ber sie eingeht, die Möglichkeit, nach bem
Ausscheiden aus bem aktiven Wehrdienst als Beamter ober im freien Er=
werbsleben in eine gesicherte Lebensstellung zu kommen. Entsprechende Ge=
setze und Verordnungen haben hierzu die Grundlagen geschaffen. Sie bieten
jebem, ber sich zum Soldatenberuf eignet, einen starken Anreiz, sich auf
12 Jahre weiterzuverpflichten.

b) Unterkunft und Verpflegung.

Unverheiratete Unteroffiziere und Mannschaften werden kostenlos in
Kasernen, in Baracken ber Truppenübungsplätze usw. untergebracht ober bei
Übungen usw. einquartiert. Verheiratete Unteroffiziere wohnen außerhalb
ber Kaserne und erhalten bafür Wohnungs= und Verpflegungsgeld.

Alle Unteroffiziere und Mannschaften sind zur Teilnahme an ber
Heeresverpflegung verpflichtet. Ausgenommen hiervon sind nur

a) Verheiratete im Standort, soweit ihre Familien im Standort wohnen,

b) Soldaten, die mit Genehmigung des zuständigen Vorgesetzten außerhalb ber
Kaserne wohnen,

c) Soldaten, die durch die zuständigen Vorgesetzten von ber Teilnahme be=
freit sind. Diese Befreiung ist nur aus bienstlichen Gründen ober auf Grund
eines militär=ärztlichen Gutachtens statthaft.

Die Verpflegung wird nur für die eigene Person, nicht für Familienangehörige,
entweder in Natur ober in Gelb gewährt.

Die **Tagesverpflegung** besteht aus der Brotportion und der Beköstigungsportion.

Die **Brotportion** in Höhe von täglich 750 Gramm wird dem Soldaten unabhängig von der Beköstigungsportion in einer oder mehreren Tagesportionen auf einmal ausgegeben. Von der Brotportion dürfen auch $^2/_3$ in Brot und $^1/_3$ in Weißbrot oder Brötchen verabfolgt werden.

Einer Tagesbrotportion von 750 Gramm entsprechen auch 500 Gramm Feldzwieback oder 400 Gramm Eierzwieback.

Soldaten, die mit ihrer bestimmungsmäßigen Brotportion nicht auskommen, können auf Grund eines militärärztlichen Zeugnisses eine Brotzulage erhalten.

Die **Beköstigungsportion** wird in zubereiteter Form als Morgen-, Mittags- und Abendkost verabreicht.

Es wird das Bestreben der Vorgesetzten sein, immer für eine gute und abwechslungsreiche Verpflegung ihrer Untergebenen zu sorgen. Wenn der Soldat auch auf die Höhe, Zusammensetzung und Zubereitungsart der Verpflegung keinen Einfluß hat, sondern sie dem sachverständigen Ermessen und der pflichtgemäßen Fürsorge seiner dafür zuständigen Vorgesetzten überlassen muß, so hat er doch das Recht, seinem Kompaniechef (Batteriechef) über mangelhafte Verpflegung eine Meldung zu machen oder ihm etwaige Wünsche vorzutragen.

Wird die Truppe bei einer Truppenübung mit Verpflegung einquartiert, so steht dem Soldaten Verpflegung nach dem Naturalleistungsgesetz zu. Bei unzureichender oder schlechter Kost wendet sich der Soldat an seinen Zug-, Kompanieführer oder Hauptfeldwebel. Diese werden dann für eine entsprechende genügende Verpflegung sorgen.

Das Verpflegungsgeld wird ausgezahlt, wenn der Soldat aus dienstlichen Gründen nicht an der Truppenverpflegung teilnimmt oder beurlaubt ist. Nimmt ein Soldat aus anderen Gründen und ohne besondere Erlaubnis der Kompanie (Batterie) an der Truppenverpflegung nicht teil, so wird das Verpflegungsgeld im allgemeinen trotzdem einbehalten.

Soldaten, die, ohne beurlaubt zu sein, ausnahmsweise von der Teilnahme an einzelnen Tagesmahlzeiten befreit werden wollen, müssen dies bei ihrer Kompanie (Batterie) so rechtzeitig beantragen, daß Unkosten im Küchenbetriebe vermieden werden. In diesem Falle kann ihnen der der betreffenden Mahlzeit entsprechende Teil des Verpflegungsgeldes ausgezahlt werden.

Für die Verpflegung von Lazarettkranken, Arrestanten usw. gelten Sonderbestimmungen.

c) Geldliche Gebührnisse und sonstige Rechtsverhältnisse.

Die Löhnung wird am 1., 11. und 21. Tage jedes Monats oder, wenn dieser auf einen Sonn- oder Festtag fällt, am vorhergehenden Werktage vorausgezahlt. Für selbstverschuldete Krankheit, Untersuchungshaft, Verbüßung von Freiheitsstrafen usw. gelten Sonderbestimmungen.

Jeder Soldat bedarf zur Heirat der Erlaubnis. Sie ist beim Kompanie-Chef (Batterie-Chef) zu beantragen.

Ebenso muß zu jeder mit Vergütung verbundenen Nebenbeschäftigung oder zum Betrieb eines Gewerbes Erlaubnis eingeholt werden.

Die Übernahme eines Ehrenamtes, wie z. B. Vormund, Pfleger, ehrenamtliche Tätigkeit im Reichs-, Landes- oder Gemeinde-Dienst darf ebenfalls nur mit Erlaubnis des Kompanie-Chefs (Batterie-Chefs) erfolgen.

Mannschaften, die über die aktive Dienstpflicht hinaus dienen und mit einer aktiven Wehrdienstzeit bis zu fünf Jahren entlassen werden, erhalten ein **Führungszeugnis**, ferner auf Antrag ein **Fachleistungszeugnis**, eine laufende Unterstützung und eine Dienstbelohnung.

Die laufende Unterstützung wird innerhalb des ersten Jahres nach der Entlassung gewährt, solange kein Arbeitsplatz nicht gefunden ist oder nicht nachgewiesen werden kann, oder wenn ein Arbeitsplatz ohne eigenes Verschulden einmal oder mehrere Male aufgegeben werden muß. Die laufende Unterstützung wird für eine aktive Wehrdienstzeit von weniger als drei Jahren längstens für 13 Wochen, bei weniger als vier Jahren für längstens 17 Wochen und bis zu fünf Jahren für läng= stens 26 Wochen von den Arbeitsämtern wöchentlich nachträglich gezahlt. Der Unter= stützungssatz beträgt zurzeit arbeitstäglich 2,50 RM.

Die Dienstbelohnung wird als Anerkennung für den über die aktive Dienstpflicht hinaus freiwillig geleisteten Wehrdienst gewährt und durch den Trup= penteil bei der Entlassung gezahlt. Sie beträgt bei einer aktiven Wehrdienstzeit von weniger als drei Jahren 200 RM., von mehr als drei Jahren 300 RM., vier Jahren 400 RM., viereinviertel Jahren 450 RM., viereinhalb Jahren 500 RM. und vier= dreiviertel Jahren 600 RM.

Ferner werden diejenigen Mannschaften, die über die aktive Dienstpflicht hinaus dienen und dann entlassen werden, in Arbeitsplätzen bevorzugt vermittelt. Als Ausweis wird diesen Mannschaften ein Berechtigungsschein für bevor= zugte Arbeitsvermittlung durch den Truppenteil bei der Entlassung erteilt. Die Vermittlung erfolgt durch die Dienststellen der Reichsanstalt für Arbeitsvermitt= lung und Arbeitslosenversicherung im Einvernehmen mit den Fürsorge= und Ver= sorgungsdienststellen der Wehrmacht.

d) Heilfürsorge.

Die Soldaten der Wehrmacht haben Anspruch
auf freie ärztliche Behandlung,
auf freie Lazarettpflege und
auf den kostenfreien Gebrauch aller zur ärztlichen Behandlung notwendigen
Arznei=, Verband= und Kurmittel.

Kostenfreie Zahnbehandlung wird nur gewährt, wenn sie nach Urteil des zu= ständigen Sanitätsoffiziers zur Erhaltung oder Wiederherstellung der Dienstfähig= keit notwendig ist.

Soldaten werden stets durch den zuständigen Sanitätsoffizier versorgt. Ein Heranziehen von Fachärzten erfolgt nur durch diesen San.=Offz.

Wenn ein Soldat schwer erkrankt und Eltern, Pflegeeltern, Ehefrau, Kinder, Geschwister oder ein sonst Nahestehender auf Veranlassung des zuständigen Sanitäts= offiziers herangerufen werden, so kann ihnen bei nachgewiesener Bedürftigkeit durch Vermittlung der Kompanie (Batterie) eine Beihilfe gewährt werden.

Scheidet ein Soldat wegen Krankheit aus dem Dienst, so übernehmen die zivilen Fürsorgestellen die weitere Behandlung nach den für sie gültigen Bestimmungen.

e) Beschwerdeordnung.

Jeder Soldat, der glaubt, daß ihm durch unwürdige Behandlung oder aus irgendeinem anderen Grunde von Vorgesetzten oder Kameraden ein Unrecht zugefügt ist, hat das Recht, sich hierüber zu beschweren.

Wer glaubt, sich beschweren zu müssen, tut jedoch gut, vorher den Rat eines Vorgesetzten oder eines älteren Kameraden einzuholen. Manche vor= eilige Beschwerde wird dadurch vermieden.

Falls eine Kränkung durch Vorgesetzte oder Kameraden Anlaß zur Beschwerde gibt, ist besondere Besonnenheit notwendig. Zwischen absichtlicher Kränkung und einer, oft wohlverdienten, scharfen Rüge ist ein großer Unterschied. Eine Zurecht= weisung an sich bietet nicht Veranlassung zu einer Beschwerde, sondern zu dem ernsten

Vorſatz des Soldaten, ſeinen Dienſt künftig beſſer zu tun. Nur krankhaftes Ehrgefühl fühlt ſich durch jedes, vielleicht harte Wort verletzt. Der Soldatenſtand fordert große Genauigkeit und Selbſtzucht im Dienſte. Ohne eine gewiſſe Schärfe geht es dabei nicht ab. Ehe deshalb ein Soldat den Beſchwerdeweg betritt, muß er ernſtlich er= wägen, ob in dem Verhalten des Vorgeſetzten die Abſicht einer Kränkung liegt. Gewinnt der Soldat nach reiflicher Überlegung die Überzeugung, daß er wirklich einen Grund zur Beſchwerde hat, ſo bringe er ſie vor im vollſten Vertrauen, daß der entſcheidende Vorgeſetzte ihm zu ſeinem guten Rechte verhelfen wird. Zeichen einer ſchlechten, unkameradſchaftlichen Geſinnung iſt es, wenn ältere Soldaten in leicht= fertiger Weiſe einem jüngeren Kameraden zu einer unbegründeten Beſchwerde zureden.

Für den Beſchwerdeweg ſind beſondere Beſtimmungen erlaſſen, die genau einzuhalten ſind. Wer leichtfertig oder wider beſſeres Wiſſen eine auf un= wahre Behauptungen gegründete Beſchwerde vorbringt, wird ſtreng be= ſtraft. Ebenſo iſt der Soldat ſtrafbar, welcher eine Beſchwerde unter Ab= weichung von dem vorgeſchriebenen Dienſtwege oder unter Nichteinhaltung der feſtgeſetzten Friſten anbringt. Wegen unbegründeter Beſchwerde an ſich wird niemand beſtraft.

Wer ſich beſchweren will, nehme zuvor die Beſchwerdeordnung zur Hand — ſie kann auf der Schreibſtube eingeſehen werden — oder erkundige ſich eingehend nach den notwendigen Formalitäten.

Grundſätzlich aber ſei an dieſer Stelle darauf hingewieſen, daß gemeinſchaftliche Beſchwerden mehrerer Perſonen verboten und damit ſtraf= bar ſind und daß eine Beſchwerde früheſtens nach Ablauf einer Nacht, ſpäteſtens innerhalb von 7 Tagen angebracht werden darf.

Anſprüche oder Ausſtellungen an Beſoldung, Bekleidung, Verpflegung und Unterkunft werden nicht auf dem Beſchwerdewege, ſondern durch eine Meldung an den zuſtändigen Vorgeſetzten vorgebracht und von dieſem geregelt.

f) Militärſtrafrecht.

Denjenigen, der ſeine Pflicht verletzt, trifft die verdiente Strafe. Der Soldat unterſteht wegen aller ſtrafbaren Handlungen allein der Militär= gerichtsbarkeit. Handlungen gegen die militäriſche Zucht und Ordnung, die keinem Strafgeſetz unterfallen, können durch die Diſziplinar=Vorgeſetzten beſtraft werden.

An **Diſziplinarſtrafen** können gegen Mannſchaften verhängt werden:
1. Kleinere Diſziplinarſtrafen:
   a) Verweis,
   b) Dienſtverrichtungen außer der Reihe, wie Strafexerzieren, Strafwachen, Strafdienſt in der Kaſerne, im Stall, auf Kammer, in den Schießſtänden, Antreten in beſtimmtem Anzug uſw.,
   c) Beſoldungsverwaltung bis zur Dauer von 2 Monaten,
   d) Ausgangsbeſchränkung, d. h. Verpflichtung zu einer beſtimmten Stunde vor Zapfenſtreich in die Kaſerne zurückzukehren, bis zur Dauer von 4 Wochen.
2. Arreſtſtrafen:
   a) Kaſernen= oder Quartierarreſt bis zu 4 Wochen,
   b) gelinder Arreſt bis zu 4 Wochen,
   c) geſchärfter Arreſt bis zu 3 Wochen,
   d) ſtrenger Arreſt (kommt nur für Sonderabteilungen in Frage).

Als gerichtliche Strafen kommen in Frage:

Geldstrafen,

Freiheitsstrafen, wie Gefängnis, Festungshaft Haft, Stubenarrest, gelinder Arrest, geschärfter Arrest.

Ehrenstrafen, wie Degradation, Entfernung aus dem Heere, Dienstent-lassung, Aberkennung der bürgerlichen Ehrenrechte usw.

die Todesstrafe, insbesondere bei Vergehen vor dem Feinde, Fahnenflucht und unerlaubter Entfernung.

Es wird das Bestreben jedes ehrliebenden Soldaten sein, während seiner Dienst-zeit das Beste in der Ausübung seines Dienstes zu leisten und dadurch jede Bestrafung wegen Unaufmerksamkeit, Nachlässigkeit oder Pflichtverletzung zu vermeiden. Wird ihm doch einmal auch wegen einer ungewollten und unbewußten, aus Abspannung oder Ermüdung, Vergeßlichkeit, Nachlässigkeit oder Fahrlässigkeit begangenen straf-baren Handlung eine **Disziplinarstrafe** auferlegt, so ist das kein Grund, den Mut sinken zu lassen. Aufkommende Unlust und Verstimmung muß er unterdrücken und einen doppelten Diensteifer an den Tag legen, um das Geschehene wiedergutzumachen. Seine Vorgesetzten werden dann auch bald sehen, daß seine Verfehlung nicht auf Gleichgültigkeit oder mangelndem Pflichtgefühl beruhte, und sein aufrichtiges Be-mühen um treue und sorgfältige Pflichterfüllung erkennen. Hat der Soldat aber aus Leichtsinn oder mangelndem Ernst in der Auffassung seiner Pflichten bewußt und gewollt eine dienstliche Verfehlung begangen, so trägt der wahre Soldat männlich seine Strafe und zieht einen starken Schlußstrich unter sein bisheriges Verhalten. Er reißt sich zusammen und sucht durch treueste und gewissenhafteste Pflichterfüllung jede weitere Verfehlung und Bestrafung auszuschließen. Auch in diesem Falle werden seine Vorgesetzten nach geraumer Zeit ihr bisheriges Mißtrauen verlieren und dem Soldaten seine einmalige Verfehlung und Bestrafung nicht nachtragen.

Über sein Verhalten während der Verbüßung einer Disziplinarstrafe und die ihm dabei zustehenden Gebührnisse und Rechte wird der Soldat vor dem Antritt dieser Strafe eingehend belehrt.

Hat sich der Soldat einer militärgerichtlich zu ahnenden Straftat verdächtig oder schuldig gemacht, so wird gegen ihn das **militärgerichtliche Strafverfahren** durch-geführt. Es wird durch den zuständigen militärischen Gerichtsherrn verfügt und besteht im Ermittlungsverfahren und in der Hauptverhandlung vor dem Kriegs-gericht, welche mit der Verurteilung oder Freisprechung des Angeklagten endet. Gegen das Urteil der ersten Instanz steht dem Verurteilten das Recht der Berufung zu. Wird der Berufung stattgegeben, so wird die Straffache nochmals vor dem zustän-digen Oberkriegsgericht verhandelt. Gegen das Urteil des Oberkriegsgerichts ist die Revision zulässig.

Über sein Verhalten vor dem Militärgericht (Kriegsgericht) und die ihm beim Strafverfahren zustehenden Rechte (Berufung usw.) wird der Soldat jedesmal ein-gehend durch das Gericht selbst und durch seinen Verteidiger oder u. U. auch durch seine unmittelbaren militärischen Vorgesetzten belehrt.

Bei Übertretungen oder Vergehen nach dem Reichsstrafgesetzbuch kann u. U. der Gerichtsherr auch ohne gerichtliches Strafverfahren eine **Strafverfügung** gegen den Beschuldigten erlassen. Gegen diese Strafverfügung kann der Soldat binnen 1 Woche Einspruch erheben, wonach dann die Straffache vor Gericht verhandelt wird.

Soldaten haben auch Ladungen von Zivilgerichten als Beschuldigte, Zeugen oder Sachverständige Folge zu leisten. Sind sie dienstlich unabkömmlich, so ist dies der ladenden Stelle unverzüglich mit der Bitte um Terminverlegung mitzuteilen. Abwesenheit zur Teilnahme an Terminen rechnet nicht als Urlaub.

Soldaten als Zeugen dürfen über Umstände, die sich auf militärische An-gelegenheiten beziehen, nur mit Genehmigung ihrer vorgesetzten Dienststelle aussagen.

g) Festnahme und Waffengebrauch.

Außer Dienst hat der Soldat die gleichen Rechte wie jeder andere Staatsbürger.

Er darf jede andere Person zur gerichtlichen Strafverfolgung festnehmen, wenn sie auf frischer Tat betroffen oder verfolgt wird und wenn sie entweder der Flucht verdächtig oder ihrer Persönlichkeit nach nicht sofort feststellbar ist.

Von der Waffe darf der Soldat Gebrauch machen, wenn es die Notwehr erfordert.

Notwehr ist diejenige Verteidigung, die erforderlich ist, um einen gegenwärtigen rechtswidrigen Angriff von sich oder einem anderen abzuwehren, ohne Unterschied, ob der rechtswidrige gegenwärtige Angriff sich gegen Leib, Leben, Ehre oder Eigentum richtet.

Im Dienst ist der Soldat außerdem zum Waffengebrauch berechtigt, um eine Störung seiner dienstlichen Tätigkeit zu beseitigen.

Die Waffe darf nur insoweit gebraucht werden, als es für die zu erreichenden Zwecke erforderlich ist.

Die Schußwaffe ist nur zu verwenden, wenn die blanke Waffe nicht ausreicht. Wird mit Waffen oder anderen gefährlichen Werkzeugen angegriffen oder Widerstand geleistet, so ist der Gebrauch der Schußwaffe ohne weiteres zulässig. Der Schußwaffe stehen Sprengmittel (Handgranaten, Sprengmunition, geballte Ladungen usw.) gleich.

Ist der Gebrauch der Schußwaffe zum Zerstreuen von Menschenansammlungen erforderlich, so hat eine Warnung voranzugehen, deren Form der jeweiligen Lage anzupassen ist.

Schreitet die Wehrmacht **zur Aufrechterhaltung oder Wiederherstellung der öffentlichen Sicherheit und Ordnung** ein, so steht den hieran beteiligten Soldaten und Wehrmachtbeamten **in Ausübung ihres Dienstes** der Waffengebrauch ohne weiteres **zu:**

1. um einen Angriff oder eine Bedrohung mit gegenwärtiger Gefahr für Leib oder Leben abzuwehren oder um Widerstand zu brechen;
2. um der Aufforderung, die Waffen abzulegen oder bei Menschenansammlungen auseinanderzugehen, Gehorsam zu verschaffen;
3. gegen Gefangene oder vorläufig Festgenommene, die einen Fluchtversuch unternehmen, nachdem ihnen bei ihrer Übernahme oder Festnahme angedroht worden ist, daß bei Fluchtversuch die Waffe gebraucht werde;
4. um Personen anzuhalten, die sich der Befolgung rechtmäßiger Anordnungen trotz lauten Haltrufs durch die Flucht zu entziehen suchen;
5. zum Schutz der ihrer Bewachung anvertrauten Personen oder Sachen. Auch in diesem Fall hat dem Waffengebrauch, wenn die Lage es zuläßt, ein lauter Haltruf voranzugehen.

In demselben Umfang steht der Waffengebrauch den Soldaten im **Wachdienst** zu.

Alle zum Wachdienst kommandierten Offiziere, Unteroffiziere und Mannschaften sind außerdem befugt, Personen **festzunehmen,** und zwar:

a) zur gerichtlichen Strafverfolgung
1. wenn jemand bei Ausführung einer strafbaren Handlung oder gleich nach derselben betroffen wird und seine Persönlichkeit nicht sofort mit Sicherheit festgestellt werden kann (bzw. wenn befürchtet werden muß, daß der Betreffende sich einer späteren Bestrafung durch Flucht entziehen würde).

Besteht die strafbare Handlung in einem offenbaren Verbrechen oder einer Tat, deren Ungehörigkeit als allgemein bekannt vorausgesetzt werden kann, so ist ohne weiteres zur Festnahme zu schreiten. Handelt es sich dagegen nur um eine Polizei-Übertretung oder eine Handlung, welche der Dienstanweisung des

Postens zuwiderläuft, so macht der Posten bzw. die Streife zunächst in bestimm=
tem, aber nicht unhöflichem Tone darauf aufmerksam. Befolgt die Person das
Verbot oder die Anordnung des Postens nicht sofort, so wird sie wegen Un=
gehorsams gegen den Posten bzw. die Streife festgenommen;

b) aus Schutz= oder Sicherheitsgründen   .

1. wenn die Festnahme zum Schutz der ihrer Bewachung anvertrauten Personen oder
   Sachen erforderlich ist;
2. bei einem Angriff, bei Tätlichkeiten oder Beleidigungen, auf Wache, Posten oder
   Streifen, deren Fortsetzung nur durch die Festnahme verhindert werden kann
   (bei Tumulten, Aufläufen, Schlägereien die Anstifter und Rädelsführer);   '
   c) aus Gründen der Manneszucht, wenn Mannschaften.
1. ohne gültigen Truppenausweis betroffen werden;
2. sich nach Zapfenstreich unberechtigt außerhalb ihrer Unterkunft aufhalten;
3. der unerlaubten Entfernung von der Truppe verdächtig sind;
4. das Ansehen der Wehrmacht erheblich schädigen.
   Außerdem kann eine Festnahme erfolgen:
5. auf Befehl der Wachvorgesetzten;
6. auf schriftlichen Befehl eines untersuchungführenden Kriegsgerichtsrates oder eines
   Gerichts;
7. auf Antrag der Polizeibehörde, der Staatsanwaltschaft sowie einzelner Polizei=
   oder Sicherheitsbeamter. Der Posten bzw. Streifenführer hat sich in solchem
   Fall den Namen des betreffenden Beamten zu erbitten.

Bei der Festnahme einer Person sind alle unnötigen Redensarten sowie
alle wörtlichen und tätlichen Beleidigungen zu unterlassen. Andererseits aber
ist die Festnahme nötigenfalls, nach Maßgabe der Vorschriften über den
Waffengebrauch, mit Gewalt zu erzwingen.

Die Festnahme selber erfolgt, indem der Streifenführer, Posten usw.
dicht an die betreffende Person herantritt und derselben unter Handauf=
legen oder Berühren mit der Waffe ausdrücklich erklärt: „Sie sind fest=
genommen!" (Der bloße Zuruf: „Halt!" oder „Sie sind festgenommen!"
ohne Handauflegen oder Berühren mit der Waffe genügt nicht.) Dem Fest=
genommenen ist sofort zu erklären, daß bei Fluchtversuch von der Waffe Ge=
brauch gemacht werden würde. Waffen und Werkzeuge sind ihm abzunehmen.

Auf Posten werden festgenommene Personen mit dem Gesicht nach der
Wand in das Schilderhaus gestellt. Der Posten pflanzt das Seitengewehr
auf und stellt sich so vor das Schilderhaus, daß er den Festgenommenen unter
Augen hat. Er erweist keine Ehrenbezeigungen. Vorübergehende Soldaten
und Zivilpersonen sind zu ersuchen, die Wache zu benachrichtigen. Soldaten
kann der Posten dies befehlen. Ist eine Zivilperson festgenommen, so
kann der Posten auch einen Polizeibeamten rufen lassen, wenn dies schneller
zum Ziele führt.

Streifen nehmen den Festgenommenen in ihre Mitte, der Führer geht
hinten. Festgenommene Soldaten werden nach der nächsten militärischen
Wache gebracht. Das gleiche gilt für Zivilpersonen, sofern nicht eine Polizei=
wache dem Festnahmeort näher liegt. Sind Zivilpersonen auf einer mili=
tärischen Wache eingeliefert, so ist die Polizei sofort zur Abholung auf=
zufordern.

Sobald die Festnahme erfolgt ist, steht der Festgenommene unter dem
Schutz der Wache. Führt er Sachen bei sich, für deren Aufbewahrung er
nicht selbst Sorge tragen kann, so ist die einstweilige Sicherstellung Sache

(Fortsetzung S. 27)

Die Vorgesetzten

Rangklasse der Offiziere

	Generale					Stabsoffiziere			Hauptleute oder Mittmeister	Leutnante	
	Dienstgrad					*Dienstgrad*			*Dienstgrad*	*Dienstgrad*	
Heer und Luft= waffe	General= feldmarschall	General= oberst	General d. Inf., Kav., Art. oder Flieger	General= leutnant	General= major	Oberst	Oberst= leutnant	Major	Hauptmann oder Mittmeister	Ober= leutnant	Leutnant
Sanitäts= dienst des Heeres	—	—	General= ober= stabsarzt	General= stabsarzt	General= arzt	Oberst= arzt	Ober= feldarzt	Ober= stabsarzt	Stabsarzt	Oberarzt	Assistenzarzt
Veterinär= dienst des Heeres	—	—	General= oberstabs= veterinär	General= stabs= veterinär	General= veterinär	Oberst= veterinär	Ober= feld= veterinär	Ober= stabsvete= rinär	Stabs= veterinär	Ober= veterinär	Veterinär
Kriegs= marine	Groß= admiral	General= admiral	Admiral	Vizeadmiral	Konter= admiral	Kapitän z. See	Fregatten= kapitän	Korvetten= kapitän	Kapitän= leutnant	Oberleutnant z. See	Leutnant z. See

Rangklasse der Unteroffiziere

	der Unteroffiziere				Fähnriche u. Unteroffiziere ohne Portepee		
	Unteroffiziere mit Portepee						
Heer und Luft= waffe	Stabs= feldw. (Hauptwacht= meister) der Truppe	Oberfähr.	Feldwebel (Wacht= meister)	Unterfeldw. (Unterwacht= meister)	Unteroffizier (Oberjäger)	Fähnrich	Fähnrich
Sanitäts= dienst des Heeres	San.-Haupt= feldwebel der Truppe	Unterarzt	San.= Feldwebel	San.-Unter= feldwebel	San.-Unter= offizier	Fähnrich (i. San. Korps)	Fähnrich (i. San. Korps)
Veterinär= dienst des Heeres	Hufbeschlag= lehrmeister	Unter= veterinär	Beschlag= meister	Beschlag= schmied Unterfeldw. (=Unter= nachschmeister)	Beschlag= schmied Unteroffizier	Fähnrich (i. Vet. Korps)	Fähnrich (i. Vet. Korps)
Kriegs= marine	Oberboots= mann (usw.) z. See (usw.)	Oberfähnrich (usw.) Bootsmann (usw.)	Oberboots= mannsmaat	Bootsmanns= maat	Oberboots= mannsmaat	Fähnrich z. See	Fähnrich z. See

Rangklasse der Musikmeister

der Mannschaften

	Stabs= musik= meister	Ober= musik= meister	Musik= meister	Gefreiter*)	Oberschütze, Oberkanonier usw.	Schütze, Kanonier oder Flieger
Heer und Luft= waffe	Stabs= musik= meister	Ober= musik= meister	Musik= meister	Gefreiter*)	Oberschütze, Oberkanonier usw.	Schütze, Kanonier oder Flieger
Sanitäts= dienst des Heeres	—	—		San.= Gefreiter	San.= Obersoldat	San.-Soldat
Veterinär= dienst des Heeres	—	—		Beschlag= schmied= Gefreiter	Beschlag= schmied-Ober= gefr. usw.	Beschlag= schmied, Schütze oder Kanonier
Kriegs= marine	Stabs= musik= meister	Ober= musik= meister	Musik= meister	Matrosen= Gefreiter Matrosen= obergefreiter Matrosen= hauptgefr.	—	Matrose

*) ... gibt es außerdem noch weiterhin Obergefreite und Hauptgefreite. Bei der Luftwaffe ...

Gradabzeichen ufw. für Unteroffiziere und Mannfchaften

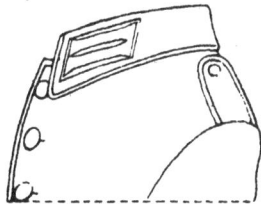

Unteroffiz.
Infanterie

Unterfeldw.
(Fähnrich weiße
Metallnummer)
Jäger

Feldw.
Geb.- Panzer
Jäger-Abt.

Oberwachtm.
(Oberfähnrich)
Artillerie

Kradfchützen-Batl.
Waffenrock

Oberfähnrich
(O.-F. ohne Treffen an
Kragen und Ärmeln)
Nachrichtentruppe
Waffenrock

Infanterie-
Regiment
Groß-Deutfchland
Unteroffizier

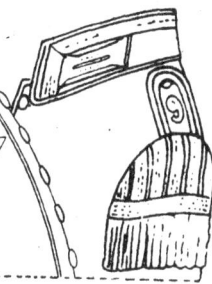

Batl.-Hornift
Infanterie
Waffenrock

Kragen
Mannfch.

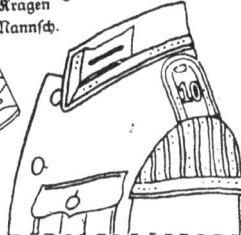

Hauptfeldwebel
Infanterie
Feldbluse

**Sanitäts-
Unteroffiz.**
Waffenrock

Trompeter-Unteroffiz
Kavallerie
(b unberitt. Truppen
Mufiker)
Feldbluse

1 Stufe

Feldwebel
Wehrerfatzdienftftellen hier
Wehr-Bez.-Kommando
im Wehrkreis III
Waffenrock

12. Stufe

Schießauszeichnungen

Richtkanonier
Feldbluse

Neu eingeführt ift der Dienftgrad des Stabsfeldwebels. Der Stabsfeldwebel ift der rangältefte Portepee-Unteroffizier. Er trägt drei Sterne auf der Schulterklappe.

Dienftgrad- und Uniformabzeichen der Kriegsmarine

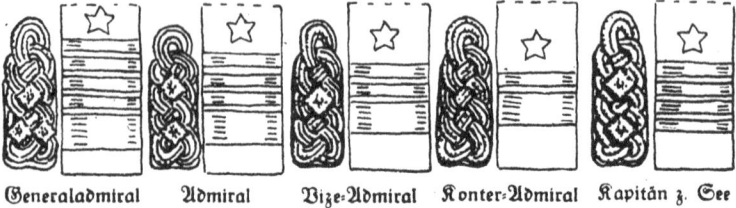

Hut
der Admirale

Hut
der Seeoffiziere

Mütze*)

der Maate
und Matrofen

Generaladmiral Admiral Vize-Admiral Konter-Admiral Kapitän z. See

Fregatten-Kapitän Korvetten-Kapitän Kapitänleutnant Oberleutnant zur See

Dienftftellung-Abzeichen der Offiziere

Beamte tragen weiß metallene Knöpfe und Aermelftreifen und
als Abzeichen über dem Aermelftreifen einen filbernen Adler

Leutnant z. S

See-Offiziere

Offiziere des
Ingenieurwesens

Sanitäts-
Offiziere

Verwaltungs-
Offiziere

Offiziere der
Artiller.-Sperr-
Waffen

Ober-
Fähnrich z. S.

Ärmel
ohne Befaß

Fähnrich z. S

Ärmel
ohne Befaß

blau
Stabs-Mufikmftr

Ober-
Mufik-
mftr.
Boots-
mann
ufw. je
1 Stern

Ober-Bootsm.
Steuermann
Mafchin. ufw

Ober-
Bootsm.-Maat

Steuerm.-
Maat

wie
beim
Gefreiten

Mafchinisten-
Maat

Obermaat Maat

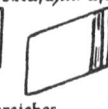

Überzieher
Kragenpatten

Matrofen-
Obergefreiter

Sitz
am
lt.
Ärmel

*) Feldwebelmüße mit schwarzledernem unbeftictem Schirm. Beamte haben an Stelle
des Sturmriemens eine filberne Kordel

Die Müße zeigt die Schirmstictereı für Leutnante, Oberleutnante und Kapitänleutnante.
Stabsoffiziere haben breitere, Admirale ganz breite Schirmstictereı.

Referveoffiziere haben unter dem Dienftftellungsabzeichen auf den Ärmeln je 2 kleine
goldene Eichenblätter

Abzeichen am Waffenrock der Offiziere*) ujw. Achjelbänder

Rechte Kragenpatten

 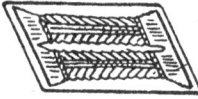 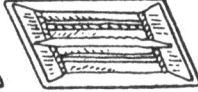 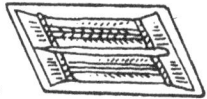

Ärmel=
patte
u.
Schulter=
jtück

Generalleutnant
Gen. d. Inf., Kav., Art. 2,
Gen.-Oberjt 3 Sterne

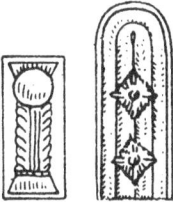

Hauptmann
Generaljtab

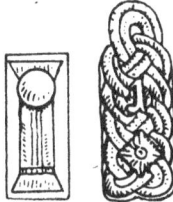

Oberjtleutnant
Kavallerie

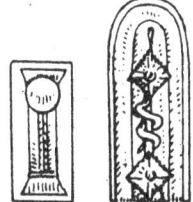

Stabsarzt

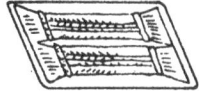  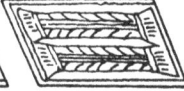

Beamte

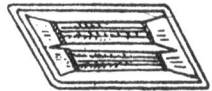

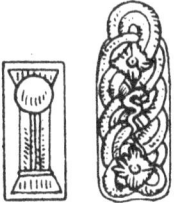

Oberjtveterinär

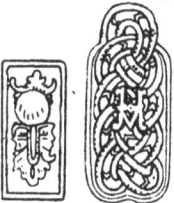

**Minijterial=Dirigent
u. Korpsintendant**
für Korpsintendant jedoch
hochrote Vorjtöße

Minijterialrat

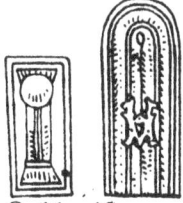

**Zahlmeijter u.
a. p. Zahlmeijter**

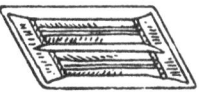

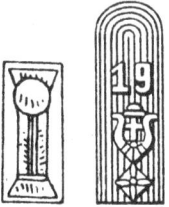

**Ober=Mujikmeijter
Infanterie**

**Achjelband
für
Generale
golden**

**Adjutant
zum**

Dienjtanzug

Hoheits= Abzeichen

Reichskokarde

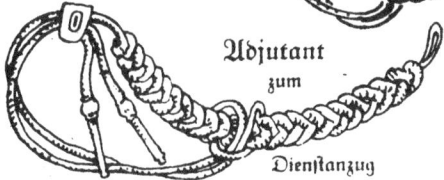

Feldbinde

*) Rejerve= u. Landwehroffiziere tragen unter den Schulterjtücken unter der Waffenfarbe
noch hellgraue Tuchunterlagen

Uniformen des Reichsheeres

General	Oberstleutn. (Inf.)	Hauptmann	Hauptwachtm	Unteroffiz.
kl. Ges.-Anzug (auch Wehrmachtbeamte im Generalsrang)	groß. Gesellsch.-Anzug	Generalstab d. Heeres u. d. Kommandobehörden Dienstanzug	Nachr.-Truppe Ausgehanzug	Artillerie Dienstanzug

Neu eingeführt ist für Offiziere und Wehrmachtsbeamte im Offiziersrang ein weißer Uniformro

Kommandoflaggen an Gefechtsständen und Kraftwagen

Führer u. Reichskanzler	Der Chef D. K. W.	Oberbefehlshaber des Heeres

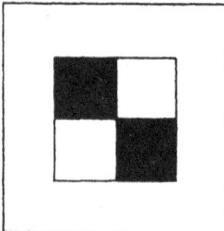

Oberbefehlshaber eines Heeresgruppen-Kommandos	Kommand. General eines Korps	Kommandeur einer Division	Offizier oder Beamter des Heeres

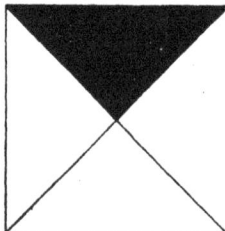

2*

Dienstgrad- und sonstige Abzeichen der Luftwaffe

Reichskokarde mit Eichenlaub

Stahlhelm Schirmmütze f. Offiziere Fliegermütze

Hoheitsabzeichen

Flieg.-Dolch m. Portepee

General der Flieger. Kleiner Rock   Offizier im Parade- anzug (Rock)   Offiziers-Bluse   Fliegendes Personal   Flugzeug- Personal

Hauptfeldwebel †) Rock   Flieger-Bluse   *) General Gen.- Gen.- Oberst Oberst- Major
    b. Flieger ltn. major   ltn.

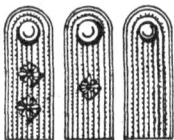  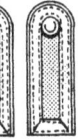 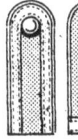   

Haupt- Ober- Leut- Musik- Haupt- Feld- Unter- Unter- Haupt- Ober- Gefr. Flieger
mann   ltn. nant meister feldw. webel feldw. offz. gefr. gefr.
                                              Untf.-Anw.

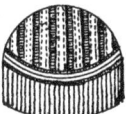    

Stabshornist   Musiker   Leibriemenschloß für Mannschaften   Flugzeug- führer   Beobachter   Flzgf. u. Beobachter

---

*) Generalfeldmarschall, gekreuzte Marschallstäbe. Generaloberst 3 Sterne, auf dem Kragenspiegel Kranz mit einem Hoheitszeichen. **Schulterstücke und Schulterklappen**, sowie sonstige Dienstabzeichen wie im Heere. **Waffenfarben**: Generale und Regt. „General Göring" weiß. Generalstab karmesin- rot. Reichs-Luftfahrtministerium schwarz. Flieger goldgelb. Flak hochrot. Luftnachrichten-Truppe hell- braun. Reichs-Luftaufsicht hellgrün. Sanitätswaffe dunkelblau. E-Offiziere hellgrau als Nebenfarbe unter dem Schulterstück. Ingenieure rosa. Beamte dunkelgrün. Luftwaffen-Reserve hellblau.
†) Stabsfeldwebel haben 3 Sterne a. d. Schulterklappen.

Orden und Ehrenzeichen der heutigen Wehrmacht.

Eisernes Kreuz
II. Klasse

Deutsches Kreuz.

Eisernes Kreuz
I. Klasse

Ritterkreuz des Eisernen Kreuzes.

Ritterkreuz mit Eichenlaub u. Schwertern.

Spange zur II. Klasse
des Eisernen Kreuzes
des Weltkrieges.

Kriegsverdienstkreuz
I. Kl. (silber) II. Kl. (bronze)
(Ohne Schwerter für Verdienste ohne
feindliche Waffeneinwirkung.)

Spange zur I. Klasse
des Eisernen Kreuzes
des Weltkrieges.

Infanterie-
Sturmabzeichen.

Sturmabzeichen.

Panzerkampf-
abzeichen.

Verwundeten-
abzeichen.

Weitere bekannte Orden und Ehrenzeichen der deutschen Armee und der Bewegung.

Eisernes Kreuz I. Kl.
(II. Kl. mit schwarz-
weißem Band).
Weltkrieg.

Pour le Mérite.

Militär-
verdienstkreuz.

Goldenes Partei-
abzeichen
der NSDAP.

Ehrenzeichen am Bande
vom 9. November 1923.
(Blutorden.)

Medaille zur Erinnerung
an den 13. 3. 1938.

Medaille zur Erinnerung an
den 1. 10. 1938 (mit Spange
hierzu bei Teilnahme an der
Besetzung Böhmens u. Mäh-
rens im März-April 1939.)

Spanien-Ehrenkreuz.

Dienstauszeichnung I. Kl.
für 25jähr. Dienstzeit
(vergoldet), für 18jähr.
Dienstzeit (versilbert).

Dienstauszeichnung III. Kl.
für 12jähr. Dienstzeit
(bronziert), für 4jähr. Dienstzeit (mattsilbern).

Ehrenkreuz
für Frontkämpfer.
(Für nicht
Frontkämpfer
ohne Schwerter.)

Kommandoflaggen.

Flagge für den Stab einer Reiterbrigade.

SCHWARZ
GELB
SCHWARZ

Flagge für den Stab des Artilleriekommandeurs einer Infanteriedivision.

SCHWARZ
ROT
SCHWARZ

Flagge für den Stab eines Infanterieregiments.

SCHWARZ
WEISS 8
SCHWARZ

Flagge für den Stab eines Infanteriebataillons.

II/10
SCHWARZ
WEISS

Flagge für den Stab eines Reiterregiments.

SCHWARZ
8 GELB
SCHWARZ

Flagge für den Stab einer berittenen Aufklärungsabteilung einer Infanteriedivision.

5 GELB SCHWARZ GELB

Flagge für den Stab einer berittenen Aufklärungsabteilung einer Kavalleriedivision.

4 GELB
SCHWARZ
GELB

Flagge für den Stab einer motorisierten Aufklärungsabteilung.

2
SCHWARZ
GELB

Flagge für den Stab eines Artillerieregiments.

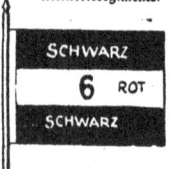

SCHWARZ
6 ROT
SCHWARZ

Flagge für den Stab einer Artillerieabteilung.

I/7 ROT
SCHWARZ
ROT

Flagge für den Stab einer Beobachtungsabteilung.

B1
SCHWARZ
ROT

Flagge für den Stab eines Pionierbataillons.

5
SCHWARZ
WEISS

Stab einer Panzer-Abw.-Abt.

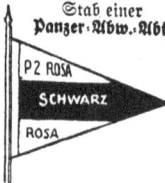

P2 ROSA
SCHWARZ
ROSA

Flagge für den Stab einer Nachrichtenabteilung.

6
SCHWARZ
GELB

Flagge für den Stab einer Kraftfahrabteilung.

1
SCHWARZ
BLAU

Flagge zum Bezeichnen der vorderen Linie.

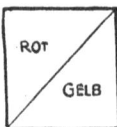

ROT
GELB

Seite zur eigenen Truppe.

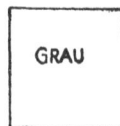

GRAU

Feindseite (Feldgrau oder Buntfarbenanstrich).

(Fortſetzung von S. 17)

der Wache. Feſtgenommenen Verbrechern ſind ſofort alle gefährlichen und verdächtigen Werkzeuge, ſowie Papiere und Briefſchaften, die ſie bei ſich führen, abzunehmen. Die Sachen werden an die Behörde abgegeben, an welche der Feſtgenommene überliefert wird. Der Wachhabende darf dieſe Papiere nur mit Genehmigung des Feſtgenommenen durchſehen.

2. Die Vorgeſetzten und ihre Abzeichen.

Alle Offiziere und Unteroffiziere der Wehrmacht ſind in und außer Dienſt Vorgeſetzte aller Mannſchaften. Sie ſind als ſolche berechtigt, den Mannſchaften Befehle zu erteilen. Zu den Offizieren und Unteroffizieren rechnen auch die Sanitäts- und Veterinär-Offiziere ſowie die Unteroffiziere des Sanitäts- und Veterinär-Dienſtes.

Gefreiten oder Mannſchaften kann vom Kp.-Chef (Battr.-Chef) die dauernde Befehlsbefugnis über einen beſtimmten Kreis von Mannſchaften übertragen werden. Jede derartige Übertragung muß allen Beteiligten dienſtlich bekanntgegeben werden. Stubenälteſte, Rekrutengefreite uſw. er-halten ſo dauernde Befehlsbefugniſſe und Vorgeſetzteneigenſchaften gegen-über ihrer Stube, ihrer Rekrutenabteilung uſw. auch außer Dienſt. Vorüber-gehende Befehlsbefugnis über einen beſtimmten Kreis von Mannſchaften kann jeder Vorgeſetzte jedem Gefreiten oder Mann für eine beſtimmte Dienſtverrichtung übertragen. Der Soldat, der beauftragt wird, eine Ab-teilung vom Schießſtand nach Hauſe zu führen, oder der als Spähtruppführer eingeteilt wird, erhält ſo Befehlsbefugniſſe über die ihm zugeteilten Kame-raden. Die Übertragung derartiger Befehlsbefugniſſe wird von dem Be-auftragten ſelbſt jeweils den Beteiligten bekanntgegeben.

Ein allgemeines Vorgeſetzenverhältnis der Wehrmachtsbeamten gegen-über den Soldaten beſteht nicht. Soldaten haben jedoch die dienſtlichen Anordnungen von Wehrmachtsbeamten, unter denen ſie Dienſt tun, zu befolgen.

Uniformen, Dienſtgradabzeichen uſw. zeigen die Tafeln auf den Seiten 19—23. Von den Mannſchaftsdienſtgraden tragen am linken Oberärmel des Waffenrods, der Feldbluſe und des Mantels auf bläulich dunkelgrünem Abzeichentuch aufgenäht:

a) Oberſchützen uſw.: 1 vierzackigen Stern aus Aluminiumgeſpinſt,
b) Gefreite: 1 nach oben offenen Winkel aus Aluminium-Treſſe,
c) Obergefreite und überzählige Obergefreite mit weniger als 6jähriger Ge-ſamtdienſtzeit: 2 Winkel,
d) Obergefreite mit mindeſtens 6jähriger Geſamtdienſtzeit: 1 Winkel mit einem vierzackigen Stern,
e) Stabsgefreite (ſoweit noch vorhanden): 2 Winkel mit einem vierzackigen Stern.

Als Dienſtgradabzeichen tragen außerdem alle Offiziere jeweils 2 Streifen, alle Unteroffiziere 1 Streifen, und zwar
am Sporthemb ſchwarze Streifen um den Halsausſchnitt,
am Trainingsanzug weiße Streifen auf beiden Oberärmeln.

Truppengattungen des Heeres und Waffenfarben.

Das Heer ſetzt ſich aus verſchiedenen Truppengattungen zuſammen, die äußerlich durch verſchiedene Waffenfarben gekennzeichnet ſind.

Die Waffenfarben sind an der Uniform jedes Soldaten an folgenden Stellen angebracht:
an der Feldmütze vorne neben der Kokarde,
an der Dienstmütze als Biesen um den Mützenrand und um den Besatzstreifen,
an der Feldbluse als Einfassung der Schulterstücke und bei Mannschaften und Unteroffizieren als Regiments= bzw. Abteilungs=Nummer, ferner als Längs=streifen in den Doppellitzen am Kragen,
am Waffenrock an den Schulterstücken bzw. =klappen als Kragen= und Ärmel=patten sowie als Biesen um Kragen und Ärmelaufschläge,
an der langen Ausgehhose als Biesen.

Die Waffenfarbe ist
Oberkommando der Wehrmacht, des Heeres und des Generalstabes karmesinrot.

Infanterie	weiß.	Nebeltruppe	bordorot.
Jäger und		Panzer=, Panzerjägertruppe	rosa.
Gebirgsjäger	dunkelgrün.	Schützen=Regiment	hellgrün.
Kavallerie	goldgelb.	Fahr= u. Kraftfahrtruppe	hellblau.
Artillerie	hochrot.	Sanitätsabteilung	kornblumenblau.
Pioniere	schwarz.	Wehrersatzorganisation	orangerot, mit römischen
Nachrichtentruppe	zitronengelb.		Nummern auf den
			Schulterstücken.

Beamte dunkelgrün mit einer zweiten Nebenfarbe um Kragenspiegel und Schulterstück, z. B.: Zahlmeister Nebenfarbe weiß. Unterkunftsbeamte
Techn. Beamte (Waffenmeister) Nebenfarbe hellbraun usw.
Nebenfarbe schwarz. Heeresjustizbeamte
Nebenfarbe hellblau.

Außerdem werden die einzelnen Verbände auf den Schulterklappen bzw. =stücken durch Nummern und große Buchstaben in den Waffenfarben gekennzeichnet.

Es tragen alle Truppenteile ihre Regiments= bzw. selbständige Abtei=lungsnummern in arabischen Zahlen. Außerdem tragen
reit. Art.=Abt. ein R mit Nr. die Lehrtruppen ein L
Beob.=Abt. ein B mit Nr. Korpskommando römische Nummern
Krad.=Schütz.=Batl. ein K mit Nr. MG.=Bataillone ein M mit Nr.
die Kriegsschulen ein KS mit Anf.= Radfahrbataillon ein R mit Nr.
Buchstaben des Standortes Nebeltruppe ein N mit Nr.
die Unteroffizierschulen ein US. mit Wehrersatzdienststellen ein lat. W mit
Anfangsbuchstaben des Standortes römischer Nummer des Wehrkreises
Gruppenkommandos ein G mit Nr. Inf.=Rgt. Großdeutschland ein gotisches
Divisionskommandos ein D mit Nr. GD, dazu auf dem rechten Unter=
die Wachtruppe Berlin ein W arm einen dunkelgrünen Streifen
Pz.=Jäger=Abt. ein P mit Nr. darauf gestickt „Großdeutschland“.
Aufkl.=Abt. ein A mit Nr. Gebirgstruppen ein Edelweiß.
die Waffenschulen ein S mit weißer Unterlage

Offiziere des Beurlaubtenstandes (Res., Landwehr) tragen unter den Schulterstücken außer der Waffenfarbe noch eine hellgraue Tuchunterlage.

3. Ehrenbezeigungen, Benehmen gegen Vorgesetzte, Meldungen und Gesuche.

a) Ehrenbezeigungen des Einzelnen in Uniform werden erwiesen
dem Führer und Reichskanzler,
allen Vorgesetzten einschließlich der Wehrmachtsbeamten, sowie den ehe=maligen Angehörigen des alten Heeres und der alten Marine in Uni=form,
den Fahnen und Standarten, auch des alten Heeres.

Alle Ehrenbezeigungen sind kurz, kraftvoll und mit straff aufgerichtetem Körper auszuführen. Sie beginnen sechs Schritte vor und enden zwei Schritte hinter dem Vorgesetzten oder werden beim Betreten und Verlassen von Räumen erwiesen. Der Vorgesetzte ist dabei anzusehen unter gleichzeitigem Folgen des Kopfes durch Drehen bis zur Schulter.

In öffentlichen Verkehrsmitteln, Wartesälen, Gasthäusern, Gartenwirt= schaften, Theatern, Konzert=, Vortragsälen usw. ist eine Ehrenbezeigung zu erweisen, wenn Vorgesetzte und Untergebene sich auf Grußweite nähern. Die Ehrenbezeigung wird den Umständen entsprechend im Gehen, Stehen oder im Sitzen ausgeführt. Ehrenbezeigungen im Sitzen sind jedoch nur ge= stattet, wenn die Ehrenbezeigung im Stehen nicht ausführbar ist, z. B. im geschlossenen Fahrzeug, auf offenen Fahrzeugen in Bewegung, in niedrigen Kammern usw. Sonst erhebt sich der Soldat zum Erweisen einer Ehren= bezeigung.

Soldaten, die in einer Abteilung Dienst tun, erweisen einzeln keine Ehren= bezeigungen. Auch dürfen sie Zivilpersonen usw. im allgemeinen nicht grüßen. Nur wenn sich ein Soldat in einer in „Rührt Euch" marschierenden Ab= teilung befindet, darf er Zivilpersonen usw. auch einzeln grüßen.

Kraftfahrzeugführer, Radfahrer usw. erweisen Ehrenbezeigungen nur, wenn sie dadurch nicht die Verkehrssicherheit gefährden.

Ehrenbezeigungen zu Pferde werden im Schritt ausgeführt, wenn ein dienstlicher Auftrag dies nicht verhindert. Untergebene, die reitend Vor= gesetzte überholen wollen, haben hierzu außer bei Truppenübungen um Er= laubnis zu bitten.

Meldereiter erweisen im allgemeinen keine Ehrenbezeigungen.

Wer einen Vorgesetzten zuerst bemerkt, macht seine Kameraden rechtzeitig auf das Erweisen einer Ehrenbezeigung aufmerksam.

Alle Soldaten, die außerhalb des Standortbezirks einem Vorgesetzten im Offi= zierrang begegnen, melden sich bei diesem. Dasselbe gilt für Soldaten als Führer von Abteilungen.

Ehrenbezeigungen des Einzelnen ohne Gewehr.
Ohne Kopfbedeckung.

Im Gehen wird die Ehrenbezeigung durch Vorbeigehen in gerader Haltung und Erweisen des Deutschen Grußes ausgeführt. Der Vorgesetzte ist frei anzusehen. Der gestreckte rechte Arm wird kurz nach vorn aufwärts gehoben, Fingerspitzen der ge= streckten Hand in Scheitelhöhe. Der linke Arm wird ungezwungen stillgehalten, ohne daß er den Körper berührt. Nach der Ehrenbezeigung wird unter gleichzeitigem Geradeausnehmen des Kopfes der rechte Arm schnell heruntergenommen.

Im Stehen wird die Ehrenbezeigung durch Stillstehen mit der Front zum Vor= gesetzten und Erweisen des Deutschen Grußes ausgeführt. Der Vorgesetzte ist frei anzusehen.

Bei Meldungen und Gesprächen mit Vorgesetzten wird der rechte Arm sofort heruntergenommen, die Grundstellung jedoch beibehalten. Beim Verlassen des Vor= gesetzten wird die Ehrenbezeigung in gleicher Weise wiederholt. Wird bei Meldungen im geschlossenen Raum die Kopfbedeckung in der rechten Hand gehalten, so erfolgt die Ehrenbezeigung nur durch Stillstehen.

Mit Kopfbedeckung.

Im Gehen wird die Ehrenbezeigung durch Anlegen der rechten Hand an die Kopfbedeckung und freies Ansehen des Vorgesetzten erwiesen. Freier Schritt ist beizubehalten. Die rechte Hand wird kurz an die Kopfbedeckung gelegt, das Hand=

gelenk leicht nach unten gewinkelt, die Finger wie in der Grundstellung. Zeige- und und Mittelfinger berühren den unteren Rand der Kopfbedeckung etwa über dem äußeren Winkel des rechten Auges. Der rechte Ellenbogen wird etwa in Schulterhöhe gehoben, der linke Arm ungezwungen stillgehalten, ohne daß er den Körper berührt. Nach der Ehrenbezeigung wird der rechte Arm schnell heruntergenommen.

Im Stehen wird die Ehrenbezeigung durch Stillstehen mit der Front zum Vorgesetzten und Anlegen der rechten Hand an die Kopfbedeckung erwiesen. Der Vorgesetzte wird frei angesehen.

Bei Ehrenbezeigungen im Gehen und Stehen ist die Säbelscheide unter dem Ringband mit Zeige-, Mittelfinger und Daumen der linken Hand derart zu umfassen, daß Zeigefinger und Daumen sich berühren. Die beiden letzten Finger der linken Hand liegen hinter der Scheide. Der linke Arm ist stillzuhalten. Die Scheide liegt flach am Oberschenkel und ist so weit zurückgenommen, daß, von der Seite gesehen, der Bügel nicht über die Lende hinausragt. Der rechte Arm bleibt in der vorgeschriebenen Lage. Die Haltung des linken Armes und der linken Hand ist bei eingehaktem oder nicht eingehaktem Säbel die gleiche. Der Säbel ist senkrecht zu halten.

In geschlossenen Räumen wird, soweit die Mütze getragen wird, diese abgenommen, in der linken Hand gehalten und der Deutsche Gruß erwiesen.

Ehrenbezeigung des Einzelnen vor dem Führer und Obersten Befehlshaber auch mit Kopfbedeckung ist stets der Deutsche Gruß.

Als Fahrer, Radfahrer oder Reiter sowie im Sitzen
werden Ehrenbezeigungen ohne oder mit Kopfbedeckung nur durch „Stillsitzen" erwiesen.
Bei Behinderung
durch Tragen oder Halten von Gegenständen usw. oder wenn die Raumverhältnisse die Ausführung des Deutschen Grußes verbieten, wird die Ehrenbezeigung nur durch Vorbeigehen in gerader Haltung, durch Stillstehen oder Stillsitzen erwiesen.

Ehrenbezeigungen des Einzelnen mit Gewehr
erfolgen im Gehen durch Vorbeigehen in gerader Haltung, im Stehen durch Stillstehen mit der Front zum Vorgesetzten. Der Vorgesetzte wird frei angesehen.

Im Gehen wird bei „Gewehr ab" das Gewehr senkrecht getragen. Beide Arme werden stillgehalten.

Bei „umgehängtem Gewehr" wird das Gewehr senkrecht gehalten, die rechte Faust umfaßt den Riemen in Brusthöhe, Daumen unter dem Riemen. Der linke Arm wird stillgehalten. Bei „Gewehr auf dem Rücken" und „Gewehr um den Hals" werden beide Arme stillgehalten.

Im Stehen wird bei „umgehängtem Gewehr", bei „Gewehr auf dem Rücken" und bei „Gewehr um den Hals" die Gewehrlage beibehalten. In allen anderen Fällen wird das Gewehr bei Fuß genommen.

b) Ehrenbezeigungen geschlossener Abteilungen werden erwiesen
dem Führer und Reichskanzler,
allen Offizieren in Uniform,
den Fahnen und Standarten, auch des alten Heeres.

Ehrenbezeigungen geschlossener Abteilungen werden nur innerhalb des Standortbezirks oder der Ortsunterkunft erwiesen.

Wehrmachtsangehörigen, denen keine Ehrenbezeigung der geschlossenen Abteilung zusteht, wird nur vom Führer einzeln eine Ehrenbezeigung oder ein Gruß erwiesen.

Marschierende Abteilungen zu Fuß erweisen die Ehrenbezeigungen im Exerziermarſch. Kommando: (aus dem Marſch ohne Tritt: „Im Gleichſchritt!) — Achtung! Augen — rechts! (Die Augen — links!)“ Auf „Achtung“ beginnt der Exerzier= marſch. Zur Beendigung der Ehrenbezeigung wird kommandiert: „Im Gleich= ſchritt!“, wenn ohne Tritt marſchiert werden ſoll:„Ohne Tritt!“.

Mit Fahrzeugen marſchierende Abteilungen erweiſen Ehrenbezeigungen auf Kom= mando oder Zeichen des Führers, das von Fahrzeug zu Fahrzeug weitergegeben wird. Es wird ſtillgeſeſſen. Der Vorgeſetzte wird frei angeſehen.

Für **haltende Abteilungen** kommandiert der Führer: „Stillgeſtanden! Augen — rechts! (Die Augen — links!)“. Der Vorgeſetzte wird angeſehen. Geht oder reitet er an der Abteilung entlang, ſo wendet jeder Kopf und Blick nach ihm, bis er zwei Schritte vorbei iſt und wendet dann Kopf und Blick von ſelbſt geradeaus. Die Ehren= bezeigung wird durch das Kommando: „Rührt Euch!“ beendet.

Abteilungen mit Fahrzeugen erweiſen im Halten die Ehrenbezeigungen auf Be= fehl des Führers ſinngemäß.

Geſchloſſene **Abteilungen ohne Kopfbedeckung** erweiſen die gleichen Ehrenbezei= gungen wie geſchloſſene Abteilungen mit Kopfbedeckung. In dieſem Fall erweiſt jedoch der Führer der Abteilung als Ehrenbezeigung den Deutſchen Gruß, ſofern auch er ohne Kopfbedeckung iſt.

Wenn der **Führer und Reichskanzler** ſich raſtenden Verbänden und Einheiten im Gefecht und auf dem Marſch nähert, erheben ſie ſich und grüßen gleich ob mit oder ohne Kopfbedeckung mit dem Deutſchen Gruß, während der Führer der Truppe mit dem Deutſchen Gruß meldet.

Dies gilt auch für Bahntransporte. Wird die Truppe durch den Oberſten Be= fehlshaber begrüßt, ſo antwortet die Truppe mit „Heil mein Führer“.

c) Eine **Grußpflicht** beſteht gegenüber allen Angehörigen der Wehrmacht, der Polizei und der Gendarmerie, den Forſt=, Poſt= und Bahnſchutzbeamten, den Beamten der Reichszollverwaltung, den Angehörigen des RLB., der SA., der ⚡, des NSKK., des NSFK. und des RAD., den pol. Leitern der NSDAP. und den Amtswaltern ihrer Gliederungen, ſowie beim Spielen des Deutſchland= und Horſt=Weſſel=Liedes, beim Herantreten an Ehrenmale oder beim Betreten von Ehrenmalen und vor allen Leichen= begängniſſen.

Der im Dienſtgrad Niedere oder im Dienſtalter Jüngere ſoll mit dem Gruß zuvorkommen. Es iſt — insbeſondere auch dem zu grüßenden Nicht= angehörigen der Wehrmacht gegenüber — Ehrenſache des Soldaten, jeden Gruß ſoldatiſch ſtramm zu erweiſen.

d) Achtung und Ehrerbietung, die der Soldat ſeinen Vorgeſetzten ſchuldig iſt, äußern ſich außer in den Ehrenbezeigungen auch in ſeinem ganzen Be= nehmen ihnen gegenüber.

Ernſte und beſcheidene Zurückhaltung ohne Scheu und Befangenheit, Aufmerkſamkeit und Zuvorkommenheit ohne Aufdringlichkeit und Kriecherei, ſtete Wahrung einer ſtreng militäriſchen Form in Haltung, Bewegung und Ausdrucksweiſe ſind die Grundbegriffe ſoldatiſchen Benehmens. Vordrängen, Liebedienerei und Schuſterei ſind unſoldatiſch.

Im einzelnen gelten folgende **Regeln im Verkehr mit Vorgeſetzten:**

1. Die Anrede eines Vorgeſetzten erfolgt ſtets mit Herr unter Hinzufügung des Dienſtgrades, z. B. „Herr Hauptmann, Herr Feldwebel“ (Wachtmeiſter) uſw. Spricht der Soldat von einem Vorgeſetzten, ſo ſpricht er ſtets von dem „Herrn Hauptmann“ bzw. „Herrn Feldwebel“ (Wachtmeiſter) und nicht bloß vom „Hauptmann“ oder „Feldwebel“.
2. In der Unterhaltung läßt der Soldat zuerſt den Vorgeſetzten ſprechen und unterbricht ihn nicht. Er ſchweigt, wenn ihn der Vorgeſetzte unterbricht. Auf

Fragen antwortet er laut und deutlich, ohne zu schreien, ohne Phrasen und Redensarten, kurz, klar und bestimmt. Er blickt dem Vorgesetzten offen ins Auge.

3. Auf den Ruf eines Vorgesetzten antwortet der Soldat laut mit „Hier, Herr Hauptmann" bzw. „Herr Hauptfeldwebel" und eilt auf dem kürzesten Wege zu dem betreffenden Vorgesetzten. In drei Schritt Entfernung bleibt er stramm stehen (mit Gewehr ab!) und erwartet das Weitere. Ist der Vorgesetzte zu Pferde, so achtet der Soldat darauf, daß er durch das Herantreten nicht das Pferd erschrickt. Wird er entlassen, so geht er mit einer strammen Rechtswendung. Im Gliede, auch im Rühren, spricht der Soldat nur, wenn er angeredet wird. Zwischen einem Vorgesetzten und dessen Abteilung hindurchzulaufen, ist unschicklich. Muß der Soldat einen Vorgesetzten begleiten, so geht er auf dessen linker Seite.

4. Will ein Vorgesetzter absitzen oder aufsitzen, so hilft ihm der Soldat dabei, indem er mit der linken Hand den rechten Bügel straff nach unten drückt und mit der rechten das Pferd am Backenstück des Zaumzeuges festhält.

5. Will der Soldat einen Vorgesetzten sprechen, der sich in Begleitung eines älteren oder höheren Vorgesetzten befindet, so hat er den letzteren zunächst um Erlaubnis zu bitten, z. B. mit den Worten: „Gestatten, Herr Hauptmann, daß ich den Herrn Leutnant spreche". Ist seine Angelegenheit nicht dringend, so wartet er in einiger Entfernung, bis die Vorgesetzten sich trennen oder ihre Unterhaltung unterbrechen. Weiß der Soldat nach einem Gespräch mit einem Vorgesetzten nicht, ob er schon gehen darf, so fragt er den Vorgesetzten danach, z. B. „Haben Herr Leutnant noch Befehle für mich?"

6. Bei Begegnung mit einem Vorgesetzten auf einem schmalen Weg oder Gang (Flur, Treppe), bittet der Soldat, vorübergehen zu dürfen, und erweist danach im Vorbeigehen seine Ehrenbezeigung. Auf engen Wegen macht er dem Vorgesetzten Platz.

7. Besucht der Soldat einen Vorgesetzten in dessen Wohnung, so läßt er sich durch das Dienstpersonal anmelden. Vor Betreten eines Zimmers hat er anzuklopfen und erst auf „Herein" einzutreten. Nach der Erlaubnis zum Eintreten öffnet und schließt er die Tür leise. Dann bleibt er im Zimmer neben der Tür stehen, Kopfbedeckung in der linken Hand und erweist den Deutschen Gruß. Sein Anliegen oder seine Meldung bringt er erst vor, wenn er danach gefragt wird. Wird er entlassen, so geht er ohne Kehrtwendung und leise.

8. Betritt ein Vorgesetzter die Stube, so ruft der Soldat, der ihn zuerst erblickt, laut „Achtung!" Alles steht still mit Front zum Vorgesetzten, bis dieser abwinkt bzw. „Rühren" oder „Weitermachen" anordnet.

9. Die vom Soldaten seinem Vorgesetzten zu erweisende Aufmerksamkeit und Zuvorkommenheit zeigt sich u. a. darin, daß er dem Vorgesetzten die Tür öffnet und schließt, einen Stuhl anbietet (im Geschäftszimmer), in den Mantel hilft, das Streichholz zum Zigarrenanzünden reicht und in jeder Lage hilfreich beispringt.

10. Bei Bierabenden oder dgl. ist es unschicklich, Vorgesetzte zu Getränken einzuladen oder ihnen zuerst zuzutrinken. Trinkt ein Vorgesetzter einem Untergebenen zu, so steht dieser auf und trinkt stehend in gerader Haltung. Zurufe wie Prosit oder Bewegungen mit dem Glas unterbleiben.

e) Auch für den Schriftverkehr mit Vorgesetzten sowie für **Meldungen und Gesuche** gelten bestimmte Regeln.

Der Soldat schreibt in kurzen, klaren Sätzen ohne Fremdworte.

Die Unterschrift — in deutscher oder lateinischer Schrift — muß frei von Schnörkeln und so klar und deutlich sein, daß jeder sie lesen kann. Unleserliche Unterschriften verstoßen gegen den Anstand.

Alle Schriftstücke sind so zu schreiben, daß sie auch bei schlechtem Licht lesbar sind. Die Zeilen sollen gleichweit voneinander und nicht zu eng stehen. Das erste Wort jedes Schreibens und jedes Absatzes wird eingerückt; auf jeder Seite oben und unten, sowie links (1. und 3. Seite) oder rechts (2. und 4. Seite) bleibt ein Rand frei, so daß alle Schriftstücke auch eingeheftet gelesen werden können.

Muß etwas geändert werden, so wird es deutlich durchgestrichen und das Richtige darübergesetzt, nicht radiert oder eingeklammert.

Nachstehende **Beispiele** können als Anhalt für das Abfassen von Meldungen, Gesuchen usw. dienen:

1. Beispiel:

Urlaubsgesuch eines Schützen.

(Falls mündlich nicht zu erledigen oder kein Urlaubsheft vorhanden.)

(Viertel= oder Achtelbogen.)

M. . . . .   Stargard/Pom., 10. 11. 1942.
Schütze 14./J.=R. 25.

An

bie 14. Kompanie.

Ich bitte um Urlaub vom 16. 11. bis 22. 11. 42 nach

. . . .

Begründung: . . . .

. . . .

M. . . . .

2. Beispiel: Krankmeldung.

(Viertel= oder Achtelbogen.)

B. . . . .   Neiße, 6. 5. 1942.
Schütze 5./J.=R. 25.   Breslauer Str. 21 I.

An

5./J.=R. 25.

Meldung.

Ich bin an Grippe erkrankt.
Ärztliche und behördliche Bescheinigung liegen bei.
Voraussichtliche Dauer der Erkrankung 14 Tage.
Arzt: Dr. L. . . . .
Ich werde in meiner Wohnung behandelt. (Oder: Ich werde morgen in
das Standortlazarett Neiße überwiesen.)   B. . . . .

3. Beispiel:

Nichtdienstlicher Brief eines Schützen an einen Vorgesetzten.

Bad Kissingen, 15. 5. 1942.
Heereskurlazarett.

Hochverehrter Herr Hauptmann!

Von meinem Kuraufenthalt in Bad Kissingen gestatte ich mir Ihnen Grüße zu senden. Ich traf hier Herrn Oberleutnant X., der mich bat, Grüße zu bestellen.

Heil Hitler!

R.

Schütze der 1. Komp. MG.=Batl. 6.

v. Wedel=Pfafferott, Der Schütze. 6. Aufl.   3

4. Verhalten in und außer Dienst.
a) Kasernen- und Stubenordnung.

Das Zusammenleben vieler Menschen in Gemeinschaftsunterkünften, wie Kasernen, Baracken auf Truppenübungsplätzen usw. erfordert gegenseitige Rücksichtnahme. Mangelnde Reinlichkeit gefährdet und belästigt die Kameraden. Lärmen und Geräusche stören andere in der notwendigen Ruhe oder in ihrer Arbeit.

Für die Ordnung in den Kasernen, Baracken und in den Stuben sind deshalb überall örtlich verschiedene Anordnungen gegeben. Die strenge Beachtung dieser Anordnungen ist Gehorsams- und auch kameradschaftliche Pflicht.

Für jede Stube ist vom Kompaniechef (Batteriechef) ein **Stubenältester** bestimmt. Dieser ist für Ruhe, Ordnung und Sauberkeit in der Stube verantwortlich und wacht darüber, daß alle Vorschriften der Stubenordnung genauestens befolgt werden. Er ist in der Stube Vorgesetzter aller Stubenangehörigen. Der Stubenälteste bestimmt täglich einen Mann zum „Stubendienst" (Tagesdienst).

Der **Mann vom Stubendienst** läßt sich bei Antritt seines Dienstes sämtliche Stubengerätschaften in ordentlichem Zustande von seinem Vorgänger übergeben. Er besprengt die Stube, um den Staub niederzuschlagen, mit Wasser, fegt aus (stets nach der Tür zu), und zwar sorgfältig auch in den Ecken und unter den Lagerstätten, schafft den Kehricht fort, wischt Türen und Fenster, sowie die Stubengeräte ab, reinigt die Wassergefäße und besorgt das nötige Trink- und Waschwasser. In manchen Truppenteilen wird täglich ein besonderer Soldat zum „Wasserdienst" eingeteilt. Der Mann vom Stubendienst hat im Winter nötigenfalls den Ofen zu heizen. In unmittelbarer Nähe des Ofens dürfen im Winter keine Gerätschaften aufgestellt werden. Der Mann vom Stubendienst darf, nach Erfüllung aller ihm obliegenden Verrichtungen nur ausgehen, wenn er die Erlaubnis dazu erhalten und für einen Vertreter gesorgt hat.

Während des Reinigens der Stube müssen zu allen Jahreszeiten Fenster und Türen geöffnet werden. Im Sommer sind die Zimmer außerdem fleißig zu lüften.

Verlassen alle Mannschaften die Stube, so hat der Mann vom Stubendienst sie zu verschließen und den Schlüssel an den hierfür befohlenen Platz zu hängen. Diese Pflicht fällt sonst dem die Stube zuletzt verlassenden Manne zu.

Für die Reinigung der Flure, Treppen, Höfe usw. werden ebenfalls Mannschaften bestimmt. Ihre besonderen Pflichten werden ihnen jeweils vom Stubenältesten oder Korporalschaftsführer bekanntgegeben.

Falls der zum Stuben-, Wasser- oder Flur- usw. Dienst bestimmte Mann mit Arbeit überlastet ist oder mit seiner Arbeit trotz Bemühens nicht fertig wird, ist es kameradschaftliche Pflicht der anderen Stubenangehörigen, zu helfen.

Im übrigen haben alle Stubenbewohner die selbstverständliche Pflicht, selbst für Ordnung und Sauberkeit in ihrer Stube zu sorgen.

Das Ausklopfen der Tabakspfeifen, Fortwerfen von Zigarrenresten erfolgt nur in die Kohlenkasten, das Auswerfen des Speichels nur in die mit Wasser gefüllten Spucknäpfe. Aus den Fenstern darf nichts hinausgeworfen, nach der Straße zu auch nichts hinausgehängt werden. Bei nasser Witterung sind vor dem Betreten der Stube die Füße zu reinigen.

Jedes Beschädigen und Beschmutzen der Wände, Türen, Fenster, Ofen, Tische, Bettstellen und des Fußbodens ist untersagt. Jeder Mann ist für den von ihm angerichteten Schaden verantwortlich.

Die Spinde müssen stets sauber und ordentlich sein. Bei Nacht, während der Putzstunde, sowie bei Abwesenheit der Soldaten müssen sie verschlossen sein. Für die Ordnung in Spinden ist die „Spindordnung" maßgebend. Ungereinigt dürfen weder Bekleidungs- noch Ausrüstungsstücke verwahrt werden. Luftlöcher in der Spindtür dürfen nicht verklebt werden.

Geld und Wertsachen dürfen niemals im Spinde aufbewahrt werden. Derartige Wertsachen trägt der Soldat, auch bei Nacht, stets bei sich.

Scharfe und Platzpatronen in den Stuben oder Spinden aufzubewahren ist ver= boten.

Ist nach einer Übung, nach der Wache usw. das Benutzen der Lagerstätten am Tage gestattet, so darf dies nur in den dazu festgesetzten Stunden geschehen. Die Fußbekleidung ist dabei abzulegen; die Betten sind nach dem Ruhen sofort wieder in Ordnung zu bringen.

Den Soldaten ist verboten, Angebote von Personen oder Firmen zum Absatz von Waren und zur Vermittlung von Geschäften jeder Art in der Truppe anzu= nehmen oder auszuführen.

b) Körperpflege.

Der Soldat hat die Pflicht, seine Gesundheit und Leistungsfähigkeit zu erhalten.

Reinlichkeit des Körpers ist von großer Bedeutung für die Gesundheit. Kalte Abreibungen und Bäder erfrischen und stärken den Körper.

Alle Morgen wäscht sich der Soldat mit kaltem Wasser und Seife Gesicht, Hals, Ohren, Brust und Hände. Das Hemd wird hierzu bis auf die Hüften herab= gelassen.

Nach dem Waschen trocknet der Soldat sich tüchtig ab, um ein Aufspringen der Haut zu vermeiden.

Nach jedem Exerzieren oder jeder Übung, wobei er staubig geworden, hat der Mann sich gleichfalls zu waschen, sobald er abgekühlt ist.

Die Hände sind so oft sie schmutzig geworden, namentlich vor jedem Essen, nach jeder Putzstunde, zu waschen.

Zur Erhaltung der Gesundheit ist eine regelmäßige Pflege des Mundes und der Zähne unerläßlich. Auch ist daran zu denken, daß krank werdende Zähne durch sach= gemäße zahnärztliche Behandlung lange Jahre erhalten werden können. Eine solche zahnärztliche Behandlung ist jedem Manne leicht zugänglich (Meldung im Revier).

Mindestens wöchentlich einmal, in der Regel des Sonntags, muß der Soldat ein reines Hemd und eine reine Unterhose anziehen. Die Fußlappen oder Strümpfe sind mindestens alle 3 Tage oder, sobald sie naß bzw. schmutzig geworden, zu wechseln.

Der Soldat trägt sein Haar kurz geschnitten, gut gekämmt und gebürstet. Im Sommer wäscht er seine Haare außerdem mehrmals mit Wasser und Seife.

Der ordentliche Soldat erscheint zu jedem Dienst gut rasiert. Selbstrasieren macht unabhängig vom Barbier und spart Geld.

Waschsachen, Zahnbürste, Kamm und Bürste müssen stets sauber gehalten werden.

Von besonderer Wichtigkeit für den Soldaten ist die **Fußpflege.** Der fußkranke Soldat ist dienstunbrauchbar.

Zur Fußpflege gehört im Sommer tägliches Waschen und Abseifen der Füße in kaltem Wasser, im Winter mindestens 3 mal wöchentliches Waschen möglichst in warmem Wasser. Nach jeder Waschung sind die Füße tüchtig trocken zu reiben. Die Fußnägel werden von Zeit zu Zeit beschnitten.

Wer an Schweißfüßen leidet, muß unter allen Umständen seine Füße täglich mit kaltem Wasser und Seife waschen und so oft wie möglich rein= gewaschene Strümpfe anziehen. Einstreuen von Schweißpulver ist emp= fehlenswert.

Wer sich eine Blase am Fuß gelaufen hat, darf sie nicht selbst auf= stechen oder =schneiden. Sie wird vielmehr vom Arzt oder vom Sanitäts= unteroffizier beseitigt.

Wer sich leicht durchreitet, kann dem durch ein kaltes Sitzbad und leichtes Ein= fetten mit Salizyltalg vorbeugen. Wer sich durchgeritten hat, muß sich in Revier= behandlung begeben.

c) Verhalten bei Erkrankung, Urlaub, Kommandos.

Fühlt sich der Soldat ernstlich **krank**, so hat er dies morgens beim Wecken dem Unteroffizier vom Dienst und seinem Korporalschaftsführer, während des Tages dem Hauptfeldwebel (Hauptwachtmeister) oder seinem Korporal= schaftsführer oder dem Leiter des jeweiligen Dienstes zu melden. Die ge= nannten Vorgesetzten veranlassen dann seine Vorführung vor den Truppen= arzt zur Untersuchung. Der Truppenarzt entscheidet auf Grund seines Unter= suchungsbefundes, ob der Soldat dienstfähig ist, ob er geschont werden und wie er sich dabei verhalten soll, oder ob er als revierkrank zu behandeln bzw. ins Lazarett zu überführen ist.

Der Versuch, sich durch Vorschützen eines Unwohlseins oder einer Krank= heit dem Dienste zu entziehen, ist unehrenhaft. Auf der anderen Seite soll aber der Soldat eine Krankheit auch nicht aus Furcht vor der ärztlichen Untersuchung oder dem Lazarett verschweigen. Die Verheimlichung einer ansteckenden Krankheit wird bestraft.

Auf jeden Fall sofort zu melden sind ernstere Verletzungen an Füßen, Händen und Fingern, Eiterbeulen, Geschwüre, Hautausschlag, Augenent= zündungen und Augenverletzungen, Durchfall, Verstopfung, starke Hals= schmerzen, heftigere Stiche in Leib und Brust, Blutspucken, Schmerzen in der Leistengegend und vor allen Dingen Geschlechtskrankheiten. Diese machen sich bei ihrem Beginn kenntlich durch kleine Pickel oder Schwellungen am Glied, sowie durch Ausfluß aus der Harnröhre und Brennen oder Stechen beim Urinlassen. Wer Geschlechtskrankheiten verheimlicht, kann mit Ge= fängnis bestraft werden.

Bei allen Erkrankungen muß sofort gemeldet werden, ob Dienstbeschädi= gung vorliegt, damit sofort ein Protokoll darüber aufgenommen werden kann.

Die ihm für sein Verhalten während der Krankheit gegebenen Vor= schriften hat der Soldat genau zu befolgen. Im Krankenrevier und Lazarett hat er sich streng der Revier= und Hausordnung und den Anweisungen des Sanitäts= und Verwaltungspersonals zu fügen.

Erlaubt es sein Krankheitszustand, so hat er vor dem Abgang ins Lazarett seine Bekleidungs= und Ausrüstungsstücke usw. bei den zuständigen Funktionsunteroffizieren gut verpackt und mit einem beigegebenen Verzeich= nis abzuliefern. Ebenso hat er sich bei seinen unmittelbaren Vorgesetzten bis hinauf zum Kp.=Chef (Battr.=Chef) abzumelden. Nach seiner Rückkehr aus dem Lazarett hat der Soldat sich bei den genannten Vorgesetzten wieder zu melden und seine abgelieferten Sachen zu holen.

Kranke Kameraden im Lazarett zu besuchen, ist eine Pflicht der Kame= radschaft. Der Soldat hat sich, wenn er zu diesem Zweck das Lazarett be= tritt, bei dem Polizei=Unteroffizier zu melden und auf Verlangen vorzu= zeigen, was er dem Kranken etwa mitbringt.

Beim **Urlaub** unterscheidet man Erholungs=, Sonder=, Sonntags= und Nacht= urlaub. Ein Anspruch besteht für den Soldaten nicht. Alle Urlaubsarten werden vom Kp.=Chef (Battr.=Chef) nur gewährt, wenn die hierfür erlassenen Bestimmungen und die dienstlichen Belange es zulassen.

Von ordnungsmäßig erteiltem Urlaub, gleich welcher Art, kann der Soldat aus dienstlichen Gründen jederzeit zurückgerufen werden.

Für Urlaub nach dem Auslande gelten Sonderbestimmungen, die von Fall zu Fall bei der Kompanie (Batterie) erfragt werden müssen.

Für jede Urlaubsreise wird von der Kompanie (Batterie) ein Urlaubsschein ausgestellt.

Soldaten im 1. Dienstjahr steht kein Erholungsurlaub zu, Soldaten im 2. Dienstjahr kann bis zu 14 Tagen Erholungsurlaub gewährt werden.

Sonderurlaub darf zu Ostern, Pfingsten, zu Weihnachten und Neujahr gewährt werden. Auch in besonders begründeten dringenden und unaufschiebbaren Familienangelegenheiten sowie zur Hilfeleistung bei unaufschiebbaren landwirtschaft= lichen Arbeiten (Ernteurlaub) kann Sonderurlaub beantragt werden.

Im übrigen können die Vorgesetzten Sonderurlaub für besondere hervorragende Leistungen und zur sportlichen Betätigung bewilligen.

Sonntagsurlaub wird von Sonnabendnachmittag nach Beendigung des Dienstes bis Sonntagabend erteilt.

„Alle Soldaten im 1. Dienstjahr sind dem Zapfenstreich unterworfen, d. h. sie müssen zu bestimmter Zeit*) in der Kaserne sein, Mannschaften im 2. Dienstjahr dürfen bis 24.00 Uhr ausbleiben. Auf Antrag kann darüber hinaus jedem Sol= daten vom Kompaniechef (Batteriechef) Nachturlaub bis zu einer bestimmten Stunde oder bis zum Wecken**) erteilt werden. Er erhält dann als Ausweis einen Nachturlaubsschein.

Urlaub wird in der Regel schriftlich unter Angabe der Art, Dauer und des Ortes, gegebenenfalls auch des Grundes bei der Komp. (Battr.) beantragt. In dringenden Fällen z. B. Tod von Angehörigen usw. kann auch der älteste anwesende Offizier des Truppenteils Urlaub genehmigen."

Vor Antritt jedes Urlaubs (außer Sonntags= und Nachturlaub) gibt der Soldat seine sämtlichen Sachen, die er nicht mitnimmt, auf Kammer bzw. an den zuständigen Funktionsunteroffizier ab. Dann meldet er sich bei seinem Korporalschaftsführer, Hauptfeldwebel (Hauptwachtmeister) und Kompanie= chef (Batteriechef) ab. Vom Hauptfeldwebel (Hauptwachtmeister) erhält er hierbei seinen Urlaubsschein. Nur gegen Vorzeigen des abgestempelten Ur= laubsscheines wird von der Fahrkartenausgabe des Bahnhofes eine Militär= fahrkarte verabfolgt, die für 1½ Pf. pro km zur Benutzung der 3. Klasse der Personen= und Eilzüge berechtigt. Benutzung von Schnell= und D=Zügen ist nur in Ausnahmefällen zulässig. Nötigenfalls müssen zur Militärfahr= karte die entsprechenden Zuschläge gelöst werden.

Für die Dauer des Krieges gelten besondere Urlaubs= und Reisebestimmungen.

Jeder Beurlaubte hat durch Angabe seiner genauen Urlaubsanschrift auf der Schreibstube dafür zu sorgen, daß ihn während des Urlaubs Befehle usw. erreichen können.

Während seines Urlaubs darf der Soldat nie vergessen, daß nach seinem Aussehen und Auftreten sein ganzer Truppenteil, ja das ganze Heer beur= teilt wird. Im Kriege hat er sich bei dem Standortältesten des Urlaubsortes zu melden.

Er muß deshalb besonders sorgfältig auf seinen Anzug und die ge= gebenen Anzugsbestimmungen achten. Schiefer Mützensitz, offener Mantel, heraushängende Uhrketten, unvorschriftsmäßige, schmutzige oder zerrissene Bekleidungsstücke bezeichnen den liederlichen und ungehorsamen Soldaten. Wer bestrebt ist, seinem Truppenteil und der Wehrmacht Ehre zu machen, wird derartige Verstöße vermeiden. Für den Urlaub nach der Reichs= hauptstadt Berlin gelten besondere Bestimmungen, die der Soldat vor

---

*) Im Sommer und Winter 22.00 Uhr. Vorverlegung des Zapfenstreiches auf eine frühere Zeit kann von dem Disziplinarvorgesetzten von Fall zu Fall ange= ordnet werden.

**) „Wecken" ist der Zeitpunkt des Weckens der Kompanie. Den Zeitpunkt be= fiehlt der Kompaniechef (Batteriechef).

Urlaubsbeginn genauestens zu kennen hat. Bestimmte Lokale sind für den Soldaten verboten.

Bei seiner Rückkehr vom Urlaub meldet sich der Soldat wieder bei den Vorgesetzten, bei denen er sich abgemeldet hat, zurück und nimmt die ab= gegebenen Sachen wieder in Empfang.

Erkrankt ein beurlaubter Soldat, so meldet er dies entweder selbst oder durch einen Angehörigen dem Kommandanten bzw. Standortältesten oder der Ortsbehörde, behufs Aufnahme oder Beförderung in das nächste Standort= ortlazarett. Sollte dies nicht möglich sein, so zeigt er entweder selbst, durch einen Angehörigen oder durch die Ortsbehörde seine Erkrankung seiner Kompanie (Battr.) schriftlich an, wobei er in den beiden ersten Fällen eine ärztliche Bescheinigung und eine Bescheinigung der Behörde über die Un= möglichkeit, den Rückweg anzutreten, beilegen muß.

Nur wenn bei plötzlicher schwerer Erkrankung ein Sanitätsoffizier nicht rechtzeitig erreichbar ist, kann ein Zivilarzt vorübergehend in Anspruch ge= nommen werden. Diesem muß jedoch mitgeteilt werden, daß die Behand= lung aus Reichsmitteln bezahlt wird.

Wird ein Soldat auf der Rückreise ohne Verschulden durch Zugver= spätung usw. aufgehalten, so hat er sich von dem betreffenden Bahnhofs= vorsteher eine Bescheinigung zu erbitten.

Eine Verlängerung des Urlaubs ist im allgemeinen nicht angängig. Nur bei sehr dringenden Veranlassungen, z. B. Tod oder lebensgefährlicher Er= krankung eines ganz nahen Familien=Mitgliedes, kann Nachurlaub erbeten werden. Dem Gesuch, welches nicht an die Person des Kompanie= (Batterie=) Chefs, sondern an die Kompanie (Batterie) zu richten ist, muß eine amtlich beglaubigte Bescheinigung beigefügt sein. Dieses Gesuch muß so zeitig ab= gehen, daß der Soldat, falls der Nachurlaub nicht bewilligt wird oder ihn die Antwort auf sein Gesuch nicht rechtzeitig erreicht, noch mit Ablauf seines Urlaubs zurückkommen kann.

Im Felde wird je nach Möglichkeit „Kriegsurlaub" gewährt. Der Urlauber erhält einen Wehrmachtsfahrschein, der zur kostenlosen Benutzung der Eisenbahn berechtigt.

Eigenmächtige Urlaubsüberschreitung wird mit Freiheitsstrafe bis zu 6 Monaten, im Kriege unter Umständen mit dem Tode bestraft.

Jedes selbständige Kommando ist ein Zeichen besonderen Vertrauens.

Während seines ganzen Kommandos muß sich der Kommandierte immer bewußt bleiben, daß er ein Vertreter seines Truppenteils und für dessen An= sehen im Heere verantwortlich ist. Die vielfach fehlende Dienstaufsicht darf keinesfalls zu Nachlässigkeiten oder Pflichtwidrigkeiten verleiten.

Vor Antritt, während des Kommandos und nach Rückkehr gelten die für den Urlaub gegebenen Hinweise sinngemäß.

Wo, in welcher Form und in welchem Anzug sich der Soldat zum An= tritt des Kommandos zu melden hat, wird ihm im allgemeinen bei Bekannt= gabe des Kommandos mitgeteilt.

Falls dies nicht erfolgte, meldet sich der Kommandierte sofort nach Eintreffen im Kommandoort im Meldeanzug bei seiner Kommandostelle (Schreibstube usw.).

d) Verhalten auf Truppenübungsplätzen und bei Einquartierung.

Wird die Truppe auf einen Tr.=Üb.=Pl. verlegt, so werden die für das Verhalten auf dem Platz wichtigen Bestimmungen vorher im Unterricht bekanntgegeben.

Während des ganzen Aufenthaltes auf einem Tr.-Üb.-Pl. muß sich jeder Soldat immer vor Augen halten,

daß das engere Zusammenleben mit den Kameraden infolge der engeren und primitiveren Unterbringung im Lager besondere Rücksichten fordert, daß der Platz selbst nicht nur in diesem einen Jahre zu Übungen benutzt wird, sondern auf lange Zeit hinaus hierzu dient und daß infolge der auf dem Tr.-Üb.-Pl. abzuhaltenden Scharfschießen einige Sicherheitsbestimmungen besonders zu beachten sind.

Für das Verhalten im Lager gelten nachstehende besondere Richtlinien:

1. Während des ganzen Übungsplatzaufenthaltes hat jeder Soldat seinen Truppenausweis ständig bei sich zu führen.

2. Für Beschädigungen und Verluste an Reichseigentum wird, wie auch im Standort, der Urheber haftbar gemacht, wenn der Schaden aus Vorsatz, Mutwillen oder Fahrlässigkeit verursacht wird.

3. Das Verunreinigen und Verstopfen der Wasserzapfstellen, Wassertröge usw., sowie das Hineinfegen von Sand in Senkschächte ist verboten. Kehrricht, Asche, Abfälle aller Art außer Speiseresten dürfen nur in die Müllbehälter geworfen werden. Besonders gilt dies für Drähte, Konservenbüchsen, Glas, Papier, Lumpen. Alle diese Dinge dürfen auf keinen Fall in Dunggruben oder Aborte geworfen werden. Scharfe oder Übungsmunition oder irgendwelche Ausrüstungsstücke in Müllbehälter zu werfen, ist streng verboten. Schmutz- und Spülwasser gehört in die vorhandenen Ausgüsse und Abflußröhren. Ausgießen von Schmutzwasser aus den Fenstern ist verboten. Speisereste dürfen nur in die dafür bestimmten Fässer fortgeworfen werden. Zur Verhütung der Fliegenplage müssen diese Fässer, ebenso wie die Müllbehälter, stets verschlossen gehalten werden.

4. Das Fortwerfen brennender oder glimmender Gegenstände, wie Streichhölzer, Zigarren usw. ist streng verboten. In oder bei Munitionsanstalten, Verpflegungsanlagen, Werkstätten, Tankstellen, Ställen usw. darf keinesfalls geraucht oder mit brennenden Zigarren, Pfeifen usw. gegangen werden.

5. Verboten ist das Mitnehmen von Munition oder Munitionsteilen in die Baracken.

6. Sämtliche Geräte usw. gehören in den Raum, für den sie empfangen wurden. Ihr Verschleppen in andere Räume ist verboten.

7. Zwischen den Gebäuden darf nicht Fußball oder andere Ballspiele gespielt werden.

8. Grasflächen und Anpflanzungen dürfen weder betreten noch befahren werden. Ebenso ist das Reiten, Fahren oder Radfahren auf Fußgängerwegen verboten! Blumen und Sträucher dürfen nicht abgepflückt werden.

Für das Verhalten auf dem Platze sind folgende Punkte zu beachten:

1. Schonungen u. dgl., die durch Einzäunung kenntlich gemacht sind, dürfen nicht betreten werden. Einzäunungen aller Art, Bäume und Anpflanzungen dürfen nicht beschädigt werden.

   Das Fällen von Bäumen oder Abreißen von Zweigen zum Tarnen ist ebenfalls verboten.

2. Zünder, Zündladungen, oder blindgegangene Geschosse dürfen unter keinen Umständen berührt werden, weil dies mit Lebensgefahr verbunden ist. Ein Nachgraben oder Freilegen von tiefer in die Erde eingedrungenen Geschossen ist streng verboten. Dabei ist es gleichgültig, ob das Geschoß eine Mine oder Granate, ob es mit Zünder versehen ist oder nicht, ob der Finder von der Ungefährlichkeit überzeugt ist oder nicht. — Der Finder hat weiter nichts zu tun, als den Fund zu melden und nötigenfalls die Stelle kenntlich zu machen.

Die widerrechtliche Aneignung von Munition oder Munitionsteilen ist nach dem Strafgesetzbuch — je nachdem als Vergehen gegen § 291 RStrGB. oder als Diebstahl oder Unterschlagung — strafbar.

3. Beobachtungstürme, Sicherheitsstände, Maschinenhäuser usw. dürfen außerdienstlich nicht betreten werden.

4. Auf dem Platze, in Beobachtungstürmen, Sicherheits=, Fernsprech= und Zielfeuer= ständen darf kein Feuer angesteckt werden.

Auf Truppenübungsplätzen ist die Brandgefahr besonders groß. Das nötigt zu besonders sorgfältigen Vorkehrungen zur Verhütung von Bränden und zur Bekämpfung ausgebrochener Brände. Die hierfür gegebenen Vorschriften müssen von jedermann strengstens beachtet werden.

5. Auf Wild darf weder mit scharfen noch mit Platzpatronen geschossen werden.

6. Drähte, Blechbüchsen, Flaschen, Butterbrotpapier, Zigarettenschachteln dürfen auf dem Platz nicht fortgeworfen werden.

7. Der Platz darf, während geschossen wird, nicht von Unbeteiligten betreten werden. Durch Schlagbäume an den Hauptstraßen sowie durch Hochziehen bestimmter Signale, wie Flaggen, Signalkörbe usw. an bestimmten Signalmasten wird durch die Kommandantur jeweils weithin sichtbar kenntlichgemacht, wenn scharf geschossen wird.

Bei **Einquartierung in weiten Quartieren** steht jedem Mann Unter= bringung in einer Schlafkammer zu. Für jeden Mann ist außerdem 1 Bett, Bettwäsche, Decke oder Deckbett, Handtuch, Wasch= und Trinkgefäß sowie Gelegenheit zum Aufhängen oder Niederlegen der Bekleidungs=, Ausrüstungs= stücke und Waffen zuständig. In Ausnahmefällen, wenn Schlafkammer und Betten nicht gewährt werden können, muß sich der Mann mit einer Lager= stätte aus frischem Stroh begnügen.

Bei **Einquartierung in engen Quartieren** steht jedem Mann ein gegen die Witterung geschütztes Obdach mit einer Lagerstätte aus frischem Stroh sowie eine Gelegenheit zur Aufbewahrung der Bekleidungs= und Ausrüstungsstücke und Waffen zu.

In **Notunterkunft** muß sich der Mann mit einem Dach über dem Kopf und einer Lagerstätte aus frischem Stroh begnügen.

Jeder Soldat muß, ehe er in sein Quartier entlassen wird, den Appell= und Alarmplatz, die Quartiere des Kp.= (Battr.=) Chefs, Hauptfeldwebels (Hauptwachtmeisters), seines Zug= und Gruppenführers sowie des Sanitäts= unteroffiziers wissen. Für jedes Quartier wird bei Vorbereitung durch Quartiermacher ein Quartierzettel mit Angabe des Namens des Wirtes und der Belegungsstärke ausgestellt. Dieser wird dem Wirt abgegeben.

Der älteste Mann der Einquartierung übernimmt den Dienst als Quar= tierältester und bestimmt die Plätze zur Unterbringung der Waffen, des Gepäcks und der Ausrüstung. Die Gewehre und Munition eines jeden Quar= tieres müssen beisammen an einem trockenen und vom Feuer entfernten Orte aufbewahrt werden. Die übrigen Sachen werden, soweit es der Raum irgend erlaubt, in ähnlicher Ordnung wie in der Garnison, aufbewahrt. Naßgewordene Sachen sind sofort zu trocknen. Die Reinigung der Aus= rüstungs= und Bekleidungsstücke ist so bald als möglich vorzunehmen. Die Reinigung der Waffen und Geräte erfolgt im allgemeinen zu befohlener Zeit unter Aufsicht.

Der Quartierälteste ist auch für Innehaltung der im Interesse der Ge= sundheit erlassenen Bestimmungen verantwortlich.

Dienstabzeichen des Reichsarbeitsdienstes.

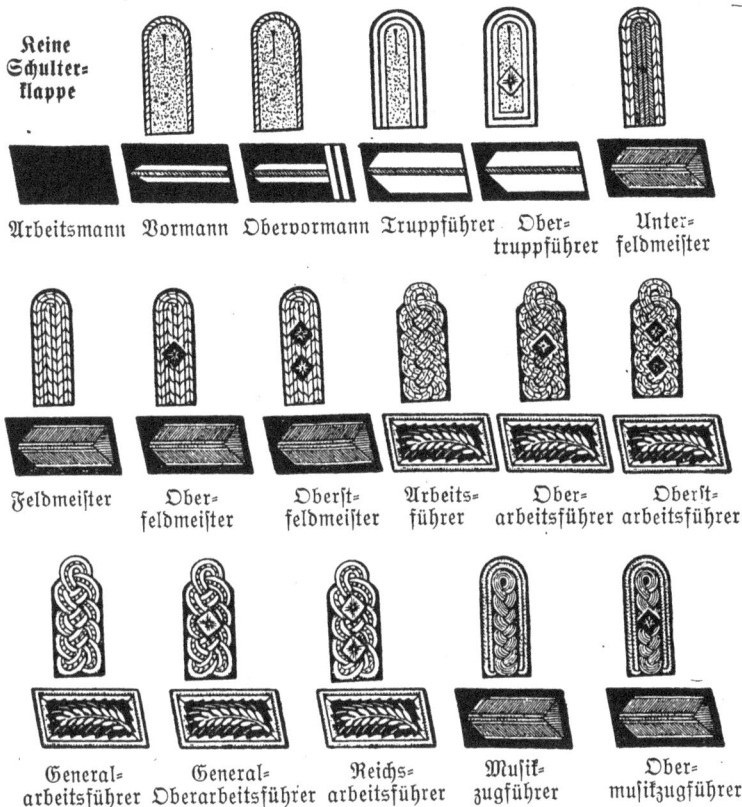

Keine
Schulter=
klappe

Arbeitsmann Vormann Obervormann Truppführer Ober=   Unter=
                                          truppführer feldmeister

Feldmeister Ober=   Oberst=   Arbeits=   Ober=   Oberst=
        feldmeister feldmeister führer arbeitsführer arbeitsführer

General=   General=   Reichs=   Musik=   Ober=
arbeitsführer Oberarbeitsführer arbeitsführer zugführer musikzugführer

Mit Feuer und Licht ist größte Vorsicht zu beobachten. Auf Höfen, in Scheunen und Ställen darf nicht geraucht werden. In jedem Quartier muß sich eine Laterne befinden.

Gegen seine Quartierwirte muß der Soldat höflich und bescheiden sein. Gibt der Wirt nicht das, was der Soldat verlangen darf, so sucht der Quartierälteste ihn durch gütliche und ernstliche Vorstellungen dazu anzu=halten. Bleiben diese fruchtlos, so darf sich der Soldat niemals Schimpf=worte oder Gewalttätigkeiten erlauben. Der Quartierälteste macht vielmehr dem Gruppen= bzw. Zugführer, dieser dem Kp.= (Battr.=) Chef Meldung.

e) Verhalten in der Öffentlichkeit.

Nach dem Auftreten des einzelnen Soldaten in der Öffentlichkeit wird meist der Wert der Wehrmacht schlechthin beurteilt.

Aufrechte, soldatische Haltung und ruhiges, bescheidenes, aber strammes und sicheres Benehmen sind daher überall am Platze.

Der aufmerkjame Soldat richtet jein bejonderes Augenmerk darauf, daß er keinen Vorgejetzen überjieht. Stramme und vorjchriftmäßige Ehren= bezeigungen jind äußere Kennzeichen für den Wert der ganzen Truppe.

Anjtändig, jauber und vorjchriftsmäßig gekleidet, joll der Soldat auch außer Dienjt allen Volksgenojjen als Vorbild dienen. Singen, pfeifen oder jchreien gehört jich ebenjowenig wie das Tragen der Hände in Hojen=, Rod= oder Manteltajchen. Es ist unjoldatijch, andere Menjchen unterzuhaken, es jei denn, daß es jich um kranke oder jchwächliche Menjchen handelt.

Älteren Menjchen, Frauen und Vorgejetzten weicht der Soldat auf der Straße aus. Allen anderen Menjchen gegenüber richtet man jich jo ein, daß man jie nicht anrempelt.

Hilfsbereites und freundliches Verhalten gegenüber anderen Volks= genojjen ist ebenjo jelbjtverjtändlich für den Soldaten wie entjchlojjenes Ein= jetzen der eigenen Perjon in Fällen der Gefahr.

Betrunkenen Menjchen geht man aus dem Wege, um Streit zu vermei= den. Ein Soldat, der jich in der Öffentlichkeit jelbjt betrinkt, jchädigt das Anjehen der Wehrmacht und wird bejtraft. Trifft man einen jolchen be= trunkenen Soldaten, gleichviel welchen Truppenteils, jo bringt man ihn durch gütliches Zureden dazu, nach Haufe zu gehen oder zum mindejten aus der Öffentlichkeit zu verjchwinden.

Nur ein jchwatzhafter Soldat jpricht in der Öffentlichkeit über militärijche Dinge. Allzu leicht macht ihn eine Bemerkung über dienjtliche Dinge zum Landesverräter.

In fajt jedem Standort ist der Bejuch einzelner Lokale verboten. Welche Wirtjchaften dies jind, wird im eigenen Standort durch die Kompanie bekanntgegeben. In fremden Standorten muß der Soldat jich rechtzeitig hierüber unterrichten, da das Betreten jolcher Lokale jtrafbar ist.

Beim Bejuch von Lokalen gelten die Grundjätze für das Verhalten des Soldaten auf der Straße jinngemäß. Die Kopfbedeckung ist beim Aufenthalt in gejchlojjenen Räumen (z. B. Zimmer, Wirtjchaften, Säle) abzunehmen. In Theatern und anderen Gebäuden, wo allgemein die Kopfbedeckung und Überkleidung in Garderoben abgelegt wird, haben auch Soldaten beide jowie das Seitengewehr abzulegen und abzugeben; jonjt bleibt umgejchnallt.

Auch in Lokalen jind eintretenden Vorgejetzten die vorgejchriebenen Ehrenbezeigungen, Angehörigen der Polizei, der nat.=joz. Verbände ujw. der vorgejchriebene Gruß zu erweijen. In der Ausführung der Ehren= bezeigung bzw. des Grußes muß aber darauf Rückjicht genommen werden, daß andere Gäjte dadurch nicht beläjtigt werden.

Die aktive perjönliche Betätigung bei innerpolitijchen Maßnahmen und Mei= nungskämpfen ist den Soldaten aus Gründen der Mannszucht verboten. Gejtattet ist dagegen die bloße Teilnahme von Soldaten an Verjammlungen und Veranjtal= tungen der NSDAP. und ihrer Gliederungen, bejonders wenn dieje Veranjtaltungen der Verdeutlichung und Fejtigung des nationaljozialijtijchen Staatsgedankens oder der Stärkung des deutjchen Nationalgefühls dienen jollen.

Der Eintritt in die NSDAP. und ihre Gliederungen ist den Soldaten nicht gejtattet. Für neueintretende Soldaten ruht die Mitgliedjchaft bei der NSDAP. oder einer ihrer Gliederungen (SA., ⚡⚡ ujw.) während der Zugehörigkeit zur Wehr= macht ohne weiteres. Rechte und Pflichten des Soldaten gegenüber der politijchen Organijation bejtehen damit nicht mehr.

Dienstgrade und Rangabzeichen der SA. und SS (sinngemäß).

Dienstgrad	Schnüre	Dienstgradabzeichen	Achselstücke
SA.-Mann	Zweifarbenschnur (Gruppenfarben) um den Kragen	—	4 nebeneinanderliegende Schnüre in Gruppenfarben. Unterlage in Farbe der Spiegel. (Breite 20 mm)
Sturmmann		1 Litze auf linkem Spiegel	
Rottenführer		2 Litzen auf linkem Spiegel	
Scharführer		1 Stern auf linkem Spiegel	
Oberscharführer		1 Litze, 1 Stern auf linkem Spiegel	
Truppführer		2 Sterne auf linkem Spiegel	
Obertruppführer		1 Litze, 2 Sterne auf linkem Spiegel	
Sturmführer	Zweifarbenschnur (Gruppenfarben) um Kragen, Spiegel und Mützendeckel	3 Sterne auf linkem Spiegel	4 nebeneinanderliegende Gold- oder Silberschnüre. Unterlage in Spiegelfarbe. (Breite 20 mm)
Obersturmführer		1 Litze, 3 Sterne auf linkem Spiegel	
Sturmhauptführer		2 Litzen, 3 Sterne auf linkem Spiegel	
Sturmbannführer	Gold- oder Silberschnur um Kragen, Spiegel und Mützendeckel	4 Sterne auf linkem Spiegel	Geflochtenes Achselstück in Gold oder Silber. (Breite 25 mm)
Obersturmbannführer		1 Litze, 4 Sterne auf linkem Spiegel	
Standartenführer	Gold- oder Silberschnur um den Kragen. Zweifarben- schnur und Gold- oder Silbertresse um Mützenaufschlag	1 Eichenblatt auf beiden Spiegeln	Geflochtenes Achselstück in Gold oder Silber. (Breite 25 mm)
Oberführer		Zweiblättriges Eichenlaub auf beiden Spiegeln	
Brigadeführer		Zweiblättr. Eichenlaub. 1 Stern auf beid. Spieg.	
Gruppenführer	Silberschnur um Kragen, Spiegel, Silbertresse um Mützenaufschlag	Dreiblättr. Eichenlaub auf beid. Spieg. in Silber	Geflochtenes Achselstück in Gold und Silber. (Breite 25 mm)
Obergruppenführer	Silberschnur um Kragen, Spieg. Silbertresse um Mützenaufschlag	Dreiblättr. Eichenl. 1 Stern a. b. Spieg. in Silber	Geflochtenes Achselstück in Gold und Silber. (Breite 25 mm)
Chef des Stabes	Goldschnur um Kragen, Spiegel, Mützen- deckel, Mützenaufschlag. Goldtresse um Mützenaufschlag	Eichenlaubkranz, darin Eichenlaub in Gold	Wie vorstehend. In der Mitte Eichenlaub

Der Eintritt in irgendeine Organisation oder irgendeinen Verein ist im übrigen nur mit Genehmigung des Kompaniechefs (Batteriechefs) gestattet.

An Vorbeimärschen und Umzügen dürfen sich einzelne Soldaten nur mit Genehmigung des Standortältesten beteiligen. Bei Veranstaltungen in Orten, die nicht Standorte sind, ist die Genehmigung des nächsten Disziplinarvorgesetzten erforderlich. Nehmen Veranstaltungen einen für Soldaten als Vertreter der Wehrmacht unwürdigen Verlauf, ohne daß die Veranstalter einschreiten, so ist eine solche Veranstaltung sofort zu verlassen. Über diese Fälle ist dem Kompaniechef (Batteriechef) sofort Meldung zu erstatten.

Jeder Angehörige der Wehrmacht ist als Vertreter der Staatsgewalt in besonderem Maße verpflichtet, alle polizeilichen Verordnungen und Anordnungen genau zu befolgen.

Auch im Dienst befindliche Soldaten haben solchen Anordnungen nachzukommen, wenn nicht dringende dienstliche Gründe dem entgegenstehen.

Einzelne Soldaten haben außer Dienst die Pflicht, den Polizeibeamten auf Anfordern Hilfe und Unterstützung zu gewähren. Das gleiche gilt auch für Soldaten im Dienst, soweit ihr Dienst dies gestattet. Ein Befehlsverhältnis zwischen Angehörigen der Polizei und der Wehrmacht besteht nicht.

Polizeibeamte im Dienst haben an sich dem Soldaten gegenüber dieselben Rechte wie gegen Zivilpersonen. Im allgemeinen soll jedoch die Polizei, wenn die Notwendigkeit hierzu besteht, einen Soldaten nur durch einen militärischen Vorgesetzten festnehmen lassen. In militärischen Dienstgebäuden darf die Polizei Festnahmen und Ermittlungen nur mit Genehmigung der militärischen Vorgesetzten durchführen. Die Polizei ist berechtigt, festgenommenen Wehrmachtsangehörigen von ihnen mitgeführte Waffen abzunehmen, sofern ein Verdacht strafbarer Handlungen besteht und sofern ein militärischer Vorgesetzter oder eine militärische Wache nicht erreichbar ist.

Das Verhältnis der Wehrmacht als Waffenträger der Nation zur Nationalsozialistischen deutschen Arbeiterpartei, dem politischen Willensträger der Nation, mit ihren Gliederungen beruht auf gegenseitiger Achtung, engster Zusammenarbeit und kameradschaftlicher Verbundenheit.

Neben ihren politischen Hauptaufgaben verfolgen die nat.-soz. Verbände (SA., ⚡, Reichsarbeitsdienst usw.) auch noch den weiteren Zweck, den Gedanken der Wehrhaftigkeit zu pflegen und gesunde, wehrhafte Männer heranzubilden. Für jeden Soldaten ist deshalb ein vorbildliches kameradschaftliches Verhältnis zu den Angehörigen der nat.-soz. Verbände Ehrenpflicht.

Die gegenseitige Grußpflicht zwischen Angehörigen der Wehrmacht und der nat.-soz. Verbände bringt dies auch äußerlich zum Ausdruck.

Es ist eine Taktfrage, daß jeweils der Jüngere den Älteren zuerst grüßt. Andererseits ist es falsch, wenn jemand auf den Gruß des anderen wartet. Irgendein Unterordnungs- oder gar Vorgesetzten-Verhältnis zwischen Angehörigen oder auch Führern der nat.-soz. Verbände und Soldaten besteht nicht. SA.- usw. Führer sind daher nicht berechtigt, von Soldaten das Vorzeigen ihres Truppenausweises, ihres Urlaubscheines usw. zu verlangen, sie zurechtzuweisen oder ihnen irgendwelche Befehle zu geben.

Falls zwischen Soldaten und Angehörigen nat.-soz. Verbände Meinungsverschiedenheiten entstehen, so ist jede Auseinandersetzung in der Öffentlichkeit zu vermeiden. Es ist vielmehr beiderseits der Name festzustellen und der Vorfall dann der Kompanie (Batterie) zu melden, die das Weitere erledigt. Die Bestimmungen über Festnahme und Waffengebrauch gelten im übrigen auch gegenüber allen Angehörigen nat.-soz. Verbände uneingeschränkt.

f) Truppenwachdienst.

Der Wachdienst ist für den Soldaten eine Schule der Pflichttreue und Gewissenhaftigkeit.

Auf sich selbst angewiesen und sich selbst überlassen, unbeobachtet von Vorgesetzten und Kameraden soll hier der junge Soldat zeigen und be= weisen, ob Verlaß auf ihn ist, ob er Entschlossenheit besitzt und selbständig verantwortlich zu handeln vermag.

Wachen dienen dem zu Wehrzwecken erforderlichen Schutz von Personen oder Sachen und der Wahrung der öffentlichen Sicherheit und Ordnung.

Wachvorgesetzte von Standortwachen sind außer dem Führer und Reichs= kanzler und dem Oberbefehlshaber des Heeres:

a) der Oberbefehlshaber der Heeresgruppe, der Befehlshaber im Wehr= kreis,

b) der Standortälteste,

c) der (die) Offizier(e) vom Ortsdienst,

d) der Wachhabende.

Wachvorgesetzte von Kasernenwachen sind:

a) die Vorgesetzten des Truppenkommandeurs, der die Wachgestellung angeordnet hat;

b) der Kommandeur, der die Wachgestellung angeordnet hat,

c) der Offizier vom Dienst des betr. Truppenteils,

d) der Wachhabende.

Außerdem sind alle mit Disziplinarstrafgewalt versehenen Offiziere des wach= habenden Truppenteils zur Prüfung des Wachdienstes der Soldaten ihrer Kompanie befugt. Für die Dauer dieser Prüfung sind sie Wachvorgesetzte.

Die Bezeichnung der wichtigsten Funktionen im Rahmen des Wach= dienstes und ihrer Aufgaben ergibt nachstehende Übersicht:

Offizier vom Ortsdienst.

Vergattern sowie Prüfen der Standortwachen einschl. deren Posten und Streifen.

Offizier vom Regiments= oder Bataillons= (Abteilungs=) Dienst.

Vergattern sowie Prüfen der Kasernenwachen einschl. deren Posten und Streifen.

Wachhabende.

Sie sind dafür verantwortlich, daß

a) die Wache ständig richtig eingeteilt und vorschriftsmäßig angezogen ist,

b) die Posten pünktlich abgelöst werden,

c) die Wache jederzeit zum Erfüllen ihrer Aufgaben bereit ist,

d) Waffen und Munition, Ausstattungs= und Bekleidungsstücke auf der Wache ordnungsgemäß verwaltet und aufbewahrt werden,

e) das Wachbuch und die sonstigen auf der Wache ausliegenden Meldebücher sauber geführt und die erforderlichen Meldungen und Eintragungen pünkt= lich und sorgfältig vorgenommen werden,

f) Ruhe, Ordnung und Sauberkeit auf der Wachstube und im Bereich des Wachgebäudes gewährleistet ist,

g) niemand sich auf der Wachstube aufhält, der nicht zur Wache gehört oder dort nicht dienstlich zu tun hat.

Der Wachhabende darf die Wache nur in besonderen Ausnahmefällen verlassen.

Er übergibt vorher das Kommando einem Vertreter.

Standortwachen.
Bewachung von Standorteinrichtungen und zu Ehrenbezeigungen.
Kasernenwachen.
Bewachung des Kasernenbereichs.
Die einzelnen Wachen unterscheiden sich nach
a) Offizierwachen, die von Offizieren, in Ausnahmefällen von Unteroffizieren mit Portepee;
b) Unteroffizierwachen, die von Unteroffizieren;
c) Mannschaftswachen, die von Mannschaften in einem Gefreitendienstgrad als Wachhabende geführt werden.
Posten.
Bewachung und Schutz von Personen oder Sachen nach besonderer Anweisung innerhalb eines bestimmten Postenbereichs.
Posten vor Gewehr.
Bewachung des Wachgebäudes, Herausrufen der Wache zum Erweisen von Ehrenbezeigungen.
Schließerposten.
Überwachen des Personenverkehrs in militärischen Unterkünften, Liegenschaften usw.
Absperrposten.
Sperren öffentlicher Wege usw. aus Sicherheitsgründen.
Posten vor Ehrenmalen.
Ehrenposten vor Heldengedenkstätten.
Innenstreifen.
Innerhalb des Wachbereichs:
Prüfen von Toren, Munitionsbehältern,
Feststellen, ob Unbefugte sich im Wachbereich aufhalten, Verhüten von Diebstahl usw.
Außenstreifen.
Außerhalb der Umgrenzung des Wachbereichs:
Prüfen der Tore und Außenfronten der Kaserne, rechtzeitiges Verhindern unbefugter Annäherung oder Übersteigens der Umzäunungen, des Einwerfens von Flugblättern, des Anklebens von Plakaten, Entfernen etwaiger angeklebter Plakate, Einsammeln von niedergelegten Flugblättern usw.
Straßenstreifen.
Militärische Straßen- und Wirtschaftspolizei:
Prüfen des Verhaltens der Wehrmachtangehörigen in der Öffentlichkeit.
Ehrenwachen und -posten.
Nur auf Befehl des Chefs d. ORW., des Oberbefehlshabers des Heeres und des Wehrkreisbefehlshabers zur Ehrenbezeigung für eine bestimmte Persönlichkeit.

Wachhabende, Posten und Streifenführer sind als solche nicht Vorgesetzte anderer Soldaten; indessen haben sie die Berechtigung, in bezug auf ihren Aufgabenkreis jedem Soldaten mit Ausnahme ihrer Wachvorgesetzten Befehle zu erteilen. Das Recht des Ranghöheren auf Achtung bleibt jedoch bestehen. Streifen haben nicht die Befugnisse einer militärischen Wache. Sie dürfen daher gegen Soldaten nur in einer Eigenschaft als Vorgesetzte einschreiten. Anderen Personen gegenüber sind sie berechtigt, innerhalb ihres Aufgabenkreises Weisungen zu erteilen.
Alle im Standort- und Kasernen-Wachdienst auftretenden Soldaten tragen den **Wachanzug.**
Die Feldmütze wird immer, Mantel und Tornister bei Bedarf nach Anordnung der Wachvorgesetzten mitgenommen.
Troddeln werden nur zu Ehrenwachen getragen.

Von dieser Anzugsregelung sind ausgenommen:

a) Straßenstreifen, die im allgemeinen Dienstanzug mit Stahlhelm, Patronen= taschen und Pistole tragen.

b) Schließerposten, die nach Anordnung des Wachvorgesetzten auch Pistole und Dienstmütze tragen dürfen.

Beim Tragen des Wachpelzes wird untergeschnallt, das Gewehr wird über der Schulter umgehängt getragen.

Aufziehen und Ablösen der Wachen und Posten erfolgt nach ganz bestimmten Regeln und Formen, die dem Schützen (Kanonier) im Wachexerzieren gezeigt und beigebracht werden.

Für den einzelnen Mann, den Posten, gibt es eine allgemeine und eine besondere Postenanweisung. Die **allgemeine Postenanweisung** enthält nachstehende Verhal= tungsmaßregeln:

Dem Posten ist, wenn nicht ausdrücklich anders bestimmt ist, verboten, die Waffe aus der Hand zu legen, sich zu setzen, zu legen oder anzulehnen, zu essen, zu trinken, zu rauchen, zu schlafen, sich zu unterhalten, soweit er nicht dienstlich Auskunft oder Weisungen zu erteilen hat, Geschenke anzunehmen, über seinen Postenbereich hinaus= zugehen oder ihn vor Ablösung zu verlassen. Die besondere Postenanweisung darf Ausnahmen oder weitere Einschränkungen zulassen.

Das Gewehr wird auf der Schulter oder unter dem Arm, mit langem Gewehr= riemen umgehängt getragen. Mit aufgepflanztem Seitengewehr sowie im Schilder= haus steht der Posten mit Gewehr bei Fuß. Die Pistole wird in der Pistolentasche getragen.

Posten vor Ehrenmalen und vor der Reichskanzlei stehen in Seitgrätschstellung mit Gewehr über. Posten vor Ehrenmalen erweisen keine Ehrenbezeigung.

Ob und welche Posten mit geladener Waffe oder mit aufgepflanztem Seiten= gewehr stehen sollen, bestimmt der Standortälteste (Kommandeur), in Ausnahme= fällen auch ein anderer unmittelbarer Wachvorgesetzter.

Das Schilderhaus darf nur bei Unwetter betreten werden. Auch im Schilder= haus darf die Aufmerksamkeit des Postens nicht nachlassen. Zum Erweisen einer Ehrenbezeigung oder sobald sein Dienst es sonst erfordert, tritt der Posten heraus.

Werden dem Posten bei der Ablösung besondere Gegenstände übergeben, so überzeugt er sich sofort von ihrem Zustande. Falls er Beschädigungen feststellt, meldet er es sofort beim Aufführenden oder dem ablösenden Posten. Nach seiner Ablösung meldet der Posten dem Wachhabenden alle außergewöhnlichen Ereignisse, die sich in seinem Bereiche zugetragen haben.

Erkrankt ein Posten, so darf er seinen Posten nicht verlassen. Er läßt vielmehr dem Wachhabenden durch einen vorübergehenden Soldaten oder eine andere Person seine Erkrankung melden und um Ablösung bitten.

Posten rufen vorbeigehende oder herankommende Personen mit „Halt — wer da!" an, wenn es zu ihrer Sicherheit nötig oder aus besonderen Gründen vor= geschrieben ist, z. B. auf entlegenen Plätzen in der Dunkelheit. Antwortet oder steht der Angerufene auf ein drittes „Halt — wer da!" nicht, so ist er festzunehmen. Bei Vorliegen der Voraussetzungen des Waffengebrauchs (z. B. tätlicher Angriff, gewalt= samer Widerstand oder Fortlaufen nach erfolgter Festnahme) hat der Posten von seiner Waffe Gebrauch zu machen.

Nähert sich bei Dunkelheit ein Wachvorgesetzter, z. B. der Offizier vom Orts= dienst (vom Regt.= usw. Dienst), dem Posten unter Zuruf des Kennworts, so erweist dieser eine Ehrenbezeigung, sobald er den Vorgesetzten erkannt hat, und meldet etwaige Vorfälle. Erkennt der Posten den Vorgesetzten nicht, oder hat er aus irgendeinem Grunde Zweifel, so erbittet er Dienstzettel oder Truppenausweis und prüft ihre Richtigkeit.

Die **besondere Postenanweisung** regelt die nach den örtlichen Verhältnissen er= forderlichen besonderen Pflichten und Aufgaben der Posten. Jeder Posten muß die für seinen Postenbereich geltenden Anweisungen genau kennen.

Falls nicht besondere Verkehrsposten aufgestellt sind, haben Posten dafür zu sorgen, daß Fahrzeuge die von ihnen bewachten Grundstücke erst verlassen, wenn der Verkehr es erlaubt.

Alle **Wachen** mit einem besonderen Posten vor Gewehr erweisen in der Zeit von 6.00 Uhr bis zum Einbruch der Dunkelheit eine **Ehrenbezeigung** durch „Stillstehen mit präsentiertem Gewehr" ohne aufgepflanztes Seiten= gewehr vor:

dem Führer und Reichskanzler,

den Offizieren der Rangklasse der Generale und Admirale, den entspre= chenden Offizieren einer ausländischen Wehrmacht, den entsprechenden ehemaligen Offizieren der Wehrmacht, der ehemaligen Reichswehr, des ehemaligen österreichischen Bundesheeres, der alten Armee und Marine, der alten österreichischen Armee und Marine in Uniform,

dem Standortältesten,

den unmittelbaren Vorgesetzten der wachhabenden Truppe vom Batl.= (Abt.=) usw. Kommandeur aufwärts,

dem Offizier vom Ortsdienst (vom Rgt.= usw. Dienst), soweit er Dienst= anzug mit Pistole und Stahlhelm trägt und Offizierrang hat,

den Trauerparaden der Wehrmacht,

den Fahnen und Standarten der Wehrmacht einschl. denen der alten Armee und der früheren Seebataillone, den mit dem Frontkämpferkreuz geschmückten Kriegsflaggen der alten Marine sowie denen der alten österreichischen Armee und Marine, ferner der Reichskriegsflagge, wenn sie von Kriegsschiffs=Besatzungsteilen als „Trageflagge" mitgeführt wird, und der Blutfahne der NSDAP.

Zum Erweisen der Ehrenbezeigung tritt die Wache ins Gewehr. Die Kommandos für die Ehrenbezeigung lauten: „Richt Euch! Augen gerade — aus! Das Gewehr— über! Achtung! Präsentiert — das Gewehr! Augen — rechts! (Die Augen — links!)" Der Posten vor Gewehr führt die Ehrenbezeigung auf das Kommando des Wachhabenden, bei verspätetem Heraustreten der Wache ohne Kommando des Wachhabenden aus. Die Wache folgt dem Offizier usw., dem die Ehrenbezeigung erwiesen wird, mit den Augen, wie es für die Parade vorgeschrieben ist.

Wachen und Posten behalten, falls sie von einem Vorgesetzten begrüßt oder angesprochen werden, diese Gewehrstellung bei. Sie erwidern eine Begrüßung durch „Guten Morgen", „Heil" usw. im gleichen Wortlaut unter Hinzufügen der Anrede.

Hat sich der Offizier usw., dem die Ehrenbezeigung erwiesen worden ist, von der Wache entfernt, so kommandiert der Wachhabende: „Augen gerade aus! — „Das Gewehr — über!" und „Gewehr — ab! Wegtreten!"

Offiziere haben nur in Uniform Anspruch auf Ehrenbezeigungen der Wachen. Unter besonderen Umständen (z. B. Bereitschaft bei inneren Unruhen, Beauf= sichtigung von Festgenommenen) tritt die Wache zu Ehrenbezeigungen nicht heraus. Der Wachhabende (oder der Posten vor Gewehr) meldet nur.

Wachen ohne besonderen Posten vor Gewehr, Wachen im Sicherheitsdienst und in Biwaks erweisen keine Ehrenbezeigung.

In der Zeit vom Einbruch der Dunkelheit bis 6.00 Uhr treten Wachen nur auf besonderen Befehl eines Wachvorgesetzten heraus. Nachdem die Wache an= getreten ist, läßt der Wachhabende Gewehr über nehmen und meldet das Kennwort und besondere Vorfälle.

Betritt ein Wachvorgesetzter die Wachstube, so ruft der Wachhabende: „Achtung!" Alle Wachmannschaften erheben sich, setzen Stahlhelm auf und stehen mit Front zu dem Wachvorgesetzten still. Der Wachhabende meldet das Kennwort, die Stärke der Wache und besondere Vorfälle. Die Wachmannschaft rührt erst, wenn der Wach=vorgesetzte den Befehl dazu gegeben oder die Wachstube verlassen hat. Verläßt der Wachvorgesetzte die Wachstube, während die Wachmannschaft rührt, so ruft der Wachhabende erneut: „Achtung!"

Betritt ein Vorgesetzter, der nicht Wachvorgesetzter ist, aber auf Grund des all=gemeinen Vorgesetztenverhältnisses dem Wachhabenden gegenüber Vorgesetzteneigen=schaft besitzt, während der für die Wache angeordneten Tageszeit (6.00 Uhr bis 22.00 Uhr) die Wachstube, so ist ebenfalls nach vorherstehender Anweisung zu ver=fahren. Betritt er sie während der Nachtzeit (22.00 bis 6.00 Uhr), so erweist nur der Wachhabende eine Ehrenbezeigung und meldet.

Posten erweisen eine Ehrenbezeigung durch Stillstehen mit präsentiertem Gewehr und Kopfwendung:

a) in allen Fällen, in denen Wachen eine Ehrenbezeigung erweisen,
b) Offizieren, ehemaligen Offizieren der Wehrmacht, der ehemaligen Reichswehr, des ehemaligen österreichischen Bundesheeres, der alten Armee und Marine, der alten österreichischen Armee und Marine sowie ausländischen Offizieren in Uniform,
c) den Trägern (Rittern oder Inhabern) der höchsten Kriegsorden (Ehrenzeichen) der ehemaligen deutschen Länder.

Die höchsten Kriegsorden (Ehrenzeichen) sind:

Großdeutsches Reich:
Großkreuz des Eisernen Kreuzes von 1939,
Ritterkreuz des Eisernen Kreuzes von 1939,
Großkreuz des Eisernen Kreuzes von 1914,
Orden Pour le mérite,
Militärverdienstkreuz.

Österreich:
Militär=Maria=Theresien=Orden,
Leopold=Orden mit Kriegsdekoration,
Goldene Tapferkeitsmedaille.

Bayern:
Militär=Max=Joseph=Orden,
Militär=Sanitäts=Orden,
Goldene und silberne Tapferkeitsmedaille.

Sachsen:
Militär=St.=Heinrichsorden (nur Großkreuz, Kommandeurkreuz 1. und 2. Klasse sowie goldene Medaille).

Württemberg:
Militär=Verdienstorden (nur Großkreuz und Kommentur),
Goldene Militär=Verdienstmedaille.

Baden:
Militär=Karl=Friedrich=Verdienstorden,
Militär=Karl=Friedrich=Verdienstmedaille.

Posten erweisen die Ehrenbezeigung durch Stillstehen mit Gewehr über (mit umgehängtem Gewehr):

a) in den obenstehend genannten Fällen, wenn das Gewehr geladen ist,
b) Wehrmachtsbeamten in Offizierrang in Uniform, den Wehrmachtsgeistlichen auch in Amtstracht,
c) allen Unteroffizieren in Uniform,
d) Offizieren und Wehrmachtsbeamten nach Abs. b in bürgerlicher Kleidung, wenn sie dem Posten bekannt sind oder sich ihm ausweisen,
e) Offizieren und Wehrmachtsbeamten im Offizierrang in Sport= oder sonstiger Sonderbekleidung,
f) vor Leichenbegängnissen.

Poften erfüllen die **Grußpflicht** durch **Stillstehen** mit **Gewehr über** (mit umgehängtem Gewehr) vor

a) Polizei= und Gendarmerieoffizieren, den Führern des RLB. vom Luftschutz= gruppenführer, den Führern der SA., ₦, des NSFK., des NSRR. vom Stan= bartenführer, den Führern des RAD. vom Arbeitsführer an aufwärts in Uniform.

b) den Fahnen der Partei und ihrer Gliederungen, der Bünde und Verbände, wenn sie in geschlossenem Zuge mitgeführt werden; ausgenommen sind die Kommando= flaggen der SA., ₦ usw., sowie die Wimpel des BDM. und des Jungvolkes.

Zum Erweisen einer Ehrenbezeigung geht der Poften schnell auf den nach der Wachvorschrift bezeichneten Plaß. Die Ehrenbezeigung beginnt, wenn sich der Offizier usw. dem Posten auf 6 Schritte genähert hat oder sich 6 Schritte vor gleicher Höhe mit ihm befindet; sie endet, sobald der Offizier usw. 2 Schritt über den Posten hinaus ist oder abwinkt. Der Posten folgt dem Offizier usw., dem die Ehrenbezei= gung gilt, durch Drehen des Kopfes. War der Offizier usw. zu spät bemerkt, so wird die Ehrenbezeigung nachgeholt.

Wird der Posten, während er das Gewehr präsentiert, von einem Vorgesetzten angesprochen, so nimmt er zuerst das Gewehr über und antwortet dann erst dem Vorgesetzten.

Bei Doppelposten richtet sich der links stehende Mann nach dem rechts stehenden.

Eine Ehrenbezeigung unterbleibt, wenn den Posten seine Postenpflicht in An= spruch nimmt, z. B. nach Festnahme einer Person, beim Offnen oder Schließen eines Tores.. Das gleiche gilt für Posten im Sicherheitsdienst und in Biwaks.

Wird der Posten von Zivilpersonen beim Betreten der Kaserne usw. mit dem Deutschen Gruß und dem Zuspruch „Heil Hitler" begrüßt, so antwortet er im gleichen Wortlaut.

Für Festnahme und Waffengebrauch im Rahmen des Wachdienstes gelten die auf S. 16 enthaltenen Bestimmungen.

Stallwachen unterliegen nicht den Bestimmungen des Truppenwachdienstes.

5. Geheimhaltung und Spionageabwehr.

Vorsicht bei Gesprächen!

Ausländischen Staaten liegt sehr viel daran, über alle Einrichtungen unseres Heeres gut Bescheid zu wissen.

Auch alltägliche Dinge, die uns ganz selbstverständlich und unwichtig erscheinen oder die sich in der breiten Öffentlichkeit abspielen, sind für fremde Heere wissenswert. Schon die Erziehung, die genaue Ausbildung und die Ausrüstung des Soldaten werden für das Ausland interessant durch die Art, wie wir sie im täglichen Dienst betreiben.

Spione fremder Mächte sind dauernd an der Arbeit.

Oft kommen Soldaten aus Mangel an Argwohn und aus Unerfahren= heit überhaupt nicht im entferntesten auf den Gedanken, mit wem sie es zu tun haben.

Solch ein Spion sucht — scheinbar ganz zufällig — die Bekanntschaft von Soldaten zu machen. Vor der Kaserne, als sogenannter Schlachtenbummler im Manöver und im Biwak, in Wirtschaften, im Eisenbahnabteil, auf Ur= laub macht er sich mit der harmlosesten Miene an den nichts Böses ahnenden Soldaten heran. Oft gibt er sich, womöglich mit Feldzugsorden usw. ge= schmückt, als Mitglied der nationalen Verbände aus. Er erzählt von seiner Dienstzeit und läßt sich darüber aus, wie sich inzwischen in der Armee alles geändert habe. Er plaudert von einst und jetzt und holt so aus dem arg= losen Soldaten alles heraus, was er wissen will.

Die üblichste Art, das Vertrauen des Soldaten zu gewinnen, ist die Bewirtung und Einladung zu Zechgelagen. In Alkoholstimmung, in die der Soldat versetzt wird, läßt er sich am leichtesten und unauffälligsten zu unbedachtsamen Äußerungen hinreißen, die ihn dann in die Hand des Agenten spielen. Der Soldat soll deshalb — schon aus persönlichem Ehrgefühl heraus — Fremden gegenüber, die ihn aus unersichtlichen Gründen bewirten wollen, Zurückhaltung üben. Häufig ist auch die Frau das geeignete Mittel des ausländischen Nachrichtendienstes, Spionagebeziehungen anzuknüpfen.

Briefliche Spionageanknüpfungen erfolgen oft unter der Maske des Darlehensvermittlers, der von dritter Seite von bestehenden Schulden gehört hat, des Schriftstellers, der Material für ein zu schreibendes Buch sucht, des Geschäftsmannes, der Nebenverdienst in Aussicht stellt, der Auskunftei, die in Verfolg eines Auftrages eine Auskunft erbittet, des Heiratsvermittlers usw.

Mit großer Vorliebe machen sich Spione an solche Unteroffiziere und Mannschaften heran, die als Schreiber, Ordonnanzen, Burschen oder Arbeiter freien Zutritt zu Geschäftszimmern, Kammern usw. haben. Sie versuchen, solche Leute zum Herausgeben von Dienstgegenständen, Druckvorschriften und sonstigem schriftlichen Material zu veranlassen. Anscheinend ganz ohne Nebenabsicht bitten sie z. B. auch um Überlassung von scharfen Patronen und Sprengstücken nach größeren Gefechtsübungen. Sie behaupten, sich daraus einen Leuchter herstellen zu wollen oder was dergleichen Vorwände sind. Nachdem der Soldat — zunächst meist ohne sich der Strafbarkeit seiner Handlungsweise recht bewußt zu sein — derartigen Verlangen entsprochen hat, droht der Agent mit einer dienstlichen Meldung. Wenn auch schon ein kleines Vergehen begangen ist, so wendet sich der ordentliche Soldat vertrauensvoll an seinen Kompaniechef (Batteriechef). Noch können und werden aber die Vorgesetzten Milde walten lassen. Oft aber hat der Verführer sein Opfer schon zu fest umklammert. Die Folgen der ersten strafbaren Handlung werden dem Soldaten übertrieben geschildert, das Opfer wird derart eingeschüchtert, daß es von nun an oft auf alle Forderungen eingeht und nun erst zum bewußten Verräter wird. Es wird großer Geldverdienst bei geringer Mühe in Aussicht gestellt. Für ganz bestimmte Sachen werden hohe Preise — natürlich nur als Lockmittel — versprochen, anfangs auch manchmal gezahlt. Nach Art der Erpresser nutzt der Agent die Zwangslage des Mannes aus, bis dieser dann schließlich doch die dienstliche Meldung machen muß, um aus den Klauen des Verführers zu kommen. Meistens freilich, das lehren zahlreiche Fälle, wird der Verräter schon vorher entlarvt.

Einen solchen ehrlosen Gesellen erwarten dann nach unserem Strafgesetzbuch mehrjährige Zuchthausstrafen oder gar die Todesstrafe. Er ist außerdem durch seine gemeine Handlungsweise gebrandmarkt für sein ganzes Leben! Mancher, der früher ein anständiger Mensch gewesen ist, hat sich auf solche Weise für immer unglücklich gemacht! Aber auch schlechte Kerle, denen Fahneneid, Treue und Vaterlandsliebe nur leere Worte sind, werden ihres Sündenlohnes meist nicht lange froh. Die verschiedenen Fälle in den letzten Jahren haben gezeigt, daß solche Verräter fast immer rechtzeitig erkannt sind. Sehr oft ist es auch vorgekommen, daß Spione, die gefaßt und verurteilt worden sind, rücksichtslos alle ihre Beziehungen, auch die aus längst vergangenen Tagen, eingestanden haben, um ihr eigenes Schicksal durch solch ein Geständnis zu verbessern. So ist mancher Verräter noch nach Jahren ins

Zuchthaus gewandert, der glaubte, ungestört von seinem schimpflich erworbenen Gelde leben zu können.

Um solchem Treiben entgegenzutreten, ist es Pflicht eines jeden ehrliebenden und pflichtgetreuen Soldaten, über militärische Dinge die nötige Verschwiegenheit zu bewahren. Gänzlich fremden Menschen gegenüber darf der Soldat nicht vertrauensselig und mitteilsam sein. Aber auch in den Gesprächen mit Kameraden gilt es, an öffentlichen Orten Vorsicht obwalten zu lassen, besonders im Wirtshause, auf der Straßenbahn und in der Eisenbahn. Man kann nie wissen, welche Zuhörer man hat.

Glaubt ein Soldat, einen Spion vor sich zu haben, so erstattet er seinem Kompaniechef (Batteriechef) Meldung von seinem Verdacht. Dabei merkt er sich natürlich die verdächtige Persönlichkeit genau. Wenn möglich, läßt er sie weiter beobachten. Falsch ist es, sofort den als Spion Verdächtigen auf eigene Faust festnehmen zu wollen, denn dieser wird sich, sofern er nicht auf frischer Tat ertappt ist, ausreden: Auf diese Weise entgeht dem Abwehrdienst vielleicht einer der gesuchtesten Spione.

Trifft der Soldat jemand unmittelbar beim Begehen einer strafbaren Handlung, aus der er auf Spionage schließen muß, wie z. B. Photographieren an Festungswerken, Einbruch in Depots, Entwenden von Waffen oder Geräten, verdächtige Annäherung an sonst gesperrte militärische Orte ohne Zulaßkarte usw., so ist es naturgemäß jederzeit seine Pflicht, die Festnahme mit allen Mitteln zu bewirken.

Die Pflicht zur Verschwiegenheit über dienstliche Dinge bleibt auch nach der Entlassung bestehen. Keine anderweitige Verpflichtung kann den Soldaten von dieser Schweigepflicht während oder nach seiner Dienstzeit entbinden.

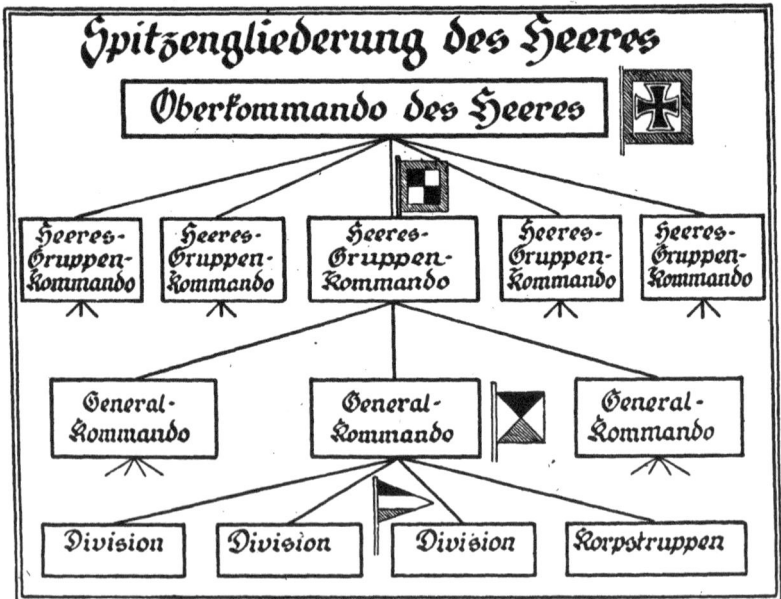

Spitzengliederung des Heeres

6. Gliederung der Wehrmacht.

Die **Wehrmacht** gliedert sich in 3 Wehrmachtteile, nämlich Heer, Kriegsmarine und Luftwaffe. Oberster Befehlshaber der Wehrmacht ist der Führer und Reichskanzler. Ihm steht das Oberkommando der Wehrmacht (OKW.) als Arbeitsstab zur Verfügung.

An der Spitze eines jeden Wehrmachtteils steht ein

Oberkommando $\left\{ \begin{array}{l} \text{des Heeres} \\ \text{der Kriegsmarine} \\ \text{der Luftwaffe} \end{array} \right\}$ OKH., bzw. OKM., bzw. OKL.

Oberbefehl über das Heer hat der Führer übernommen,
Oberbefehlshaber der Kriegsmarine ist Großadmiral Dönitz,
Oberbefehlshaber der Luftwaffe ist Reichsmarschall Göring.

Im Frieden ist das Heer in Heeresgruppenbereiche unterteilt, die dem Oberkommando des Heeres unterstehen. An der Spitze jedes Heeresgruppenkommandos steht ein Oberbefehlshaber.

Zu jedem **Heeres-Gruppenkommando** gehören mehrere Armee-Korps (Generalkommandos), an deren Spitze ein kommandierender General steht. Jedes **Armee-Korps** besteht aus 2—3 Divisionen und einigen Sonderformationen, sogenannten Korpstruppen.

Die **Infanterie-Division** gliedert sich im allgemeinen in:

3 Infanterie-Regimenter,	1 Pionier-Bataillon,
1 Artillerie-Regiment,	1 Nachrichten-Abteilung,
1 Beobachtungs-Abteilung,	1 Sanitäts-Abteilung.
1 Panzerjäger-Abteilung,	

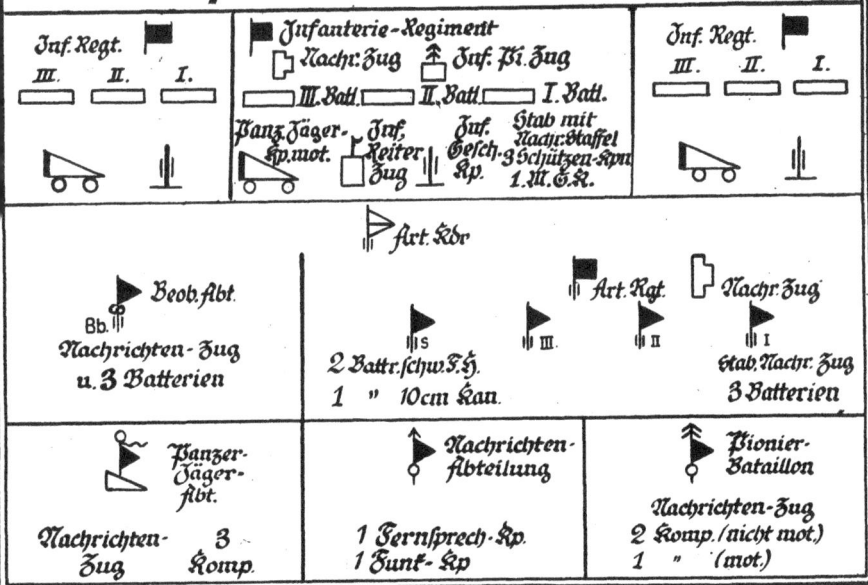

Im allgemeinen besteht jedes Infanterie-Regiment aus:
  1 Stab mit Nachrichten-Zug und Infanterie-Pionier-Zug,
  1 Reiter-Zug,
  3 Bataillonen,
  1 Infanterie-Geschütz-Kompanie,
  1 Panzerjäger-Kompanie.

Das Bataillon aus:
  1 Stab mit Nachrichten-Staffel,
  3 Schützen-Kompanien,
  1 Maschinen-Gewehr-Kompanie.

Das Artillerie-Regiment aus:
  1 Stab mit Nachrichten-Zug,
  3 leichten Abteilungen,
  1—2 schweren Abteilungen,
  1—2 Beobachtungsabteilungen.

Die leichte Abteilung aus:
  1 Stab mit Nachrichten-Zug u. Artl.-Vermessungstrupp,
  3 Batterien leichter Feldhaubitzen.

Die schwere Abteilung aus:
  1 Stab mit Nachrichten-Zug u. Artl.-Vermessungstrupp,
  3 Batterien schwerer Feldhaubitzen.

Das Pionierbataillon (t. mot.) aus:
  1 Stab mit Nachrichten-Staffel,
  2 Pionier-Kompanien,
  1 Pionier-Kompanie (mot.)

Die Panzerjägerabteilung hat:
  1 Stab mit Nachrichten-Zug,
  3 Panzerjäger-Kompanien.

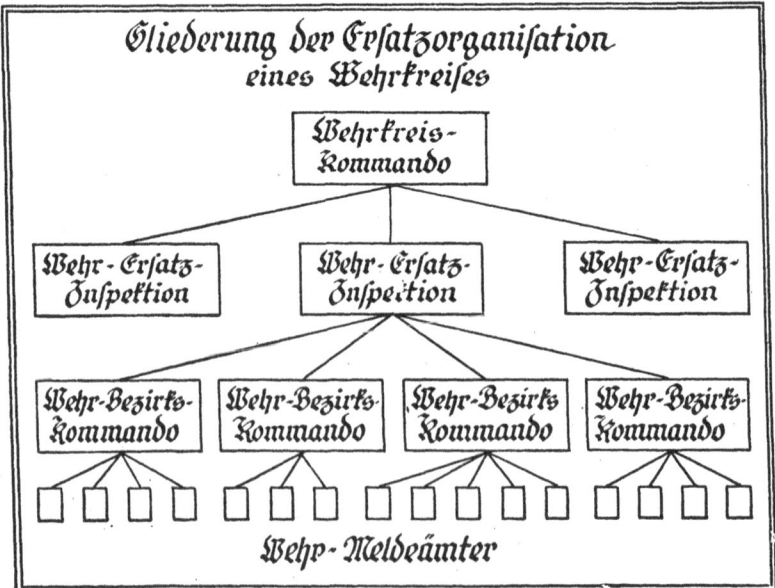

Gliederung der Ersatzorganisation
eines Wehrkreises

Wehrkreis-Kommando

Wehr-Ersatz-Inspektion — Wehr-Ersatz-Inspektion — Wehr-Ersatz-Inspektion

Wehr-Bezirks-Kommando — Wehr-Bezirks-Kommando — Wehr-Bezirks-Kommando — Wehr-Bezirks-Kommando

Wehr-Meldeämter

Die Divisions=Nachrichten=Abteilung aus:
1 Stab,
1 Fernsprech=Kompanie,
1 Funk=Kompanie.

Wehrkreiseinteilung.

Zur Erleichterung der Zusammenarbeit mit den Zivilbehörden sowie zur Muste= rung und Erfassung des Ersatzes ist das Reichsgebiet in 17 Wehrkreise mit den Generalkommandos I bis XIII und XVII bis XXI eingeteilt. An der Spitze jedes Wehrkreises steht ein Befehlshaber, der zugleich Kommandierender General des in dem betreffenden Wehrkreis liegenden Armee=Korps ist. Die Ersatz=Organi= sation innerhalb der einzelnen Wehrkreise mustert und hebt den Ersatz für die gesamte Wehrmacht, Heer — Kriegsmarine — Luftwaffe aus.

Die Anzahl der zu einer Ersatz=Inspektion gehörenden Wehrbezirkskommandos ebenso wie die Zahl der zu einem Wehrbezirkskommando gehörenden Wehrmelde= ämter ist örtlich verschieden.

Eine besondere Stellung im deutschen Heere nehmen die Gebirgs=Divi= sionen ein. Sie bilden eine Truppe, die durch ihre Ausstattung befähigt ist, unter den besonders erschwerten Verhältnissen im Hochgebirge zu kämpfen.

Schon äußerlich ist die Gebirgstruppe an einem besonderen Abzeichen, dem Edel= weiß, das auf dem rechten Oberarm getragen wird, zu erkennen. Ferner deuten auch Bergmütze, Berghose und Bergstiefel, die von allen Gebirgseinheiten getragen wer= den, auf Zugehörigkeit zu dieser Truppengattung hin.

Die Verwendung im Hochgebirge bedingt eine andere Gliederung als die der Flachlandtruppen.

Zu einer Gebirgs=Division gehören 2 Gebirgsjäger=Regimenter.

Die drei Gebirgsjäger=Bataillone sind anders zusammengesetzt wie die Infan= teriebataillone. Sie bestehen aus:
3 Gebirgsjäger=Kompanien zu je 12 Gruppen und einer s. MG.=Gruppe. Die Ausstattung mit le. MG. und le. GrW. ist die gleiche wie bei den Schützenkompanien.
1 schwere Kompanie, die über le. JG. und s. Granatwerfer verfügt.
1 Stabskompanie, die sich aus einem Gebirgspionier=, 1 s. MG.=Zug und einem Nachrichtenzug zusammensetzt.
Das Gebirgsartillerie=Regiment besteht aus 2 Abteilungen zu je 3 Gebirgs= batterien und 1 schweren Abteilung.

Die Gebirgs=Panzerjäger=Abteilung verfügt nur über 2 Gebirgs=Panzerjäger= Komapnien, da im Gebirge nur in beschränktem Maße mit feindlichen Panzerkräften zu rechnen ist.

Das Gebirgspionier=Bataillon (t. mot.) hat 2 Gebirgspionier=Kompanien, davon eine motorisiert. Die Gebirgsnachrichten=Abteilung besteht aus je einer Funk= und einer Fernsprechkompanie.

Auch die Bekleidung muß den Verhältnissen des Hochgebirges angepaßt sein. Außer den eingangs erwähnten Bekleidungsstücken trägt die Gebirgstruppe statt des Tornisters einen Rucksack, der einen größeren Fassungsraum hat als der Tornister und die Truppe zeitweise von Pferden und Fahrzeugen unabhängig macht. Ski= ausrüstung und Schneereifen für einen bestimmten Teil der Gebirgstruppe ermöglichen ihr auch ein Fortkommen im verschneiten Gebirge.

Wesentlich ist der Unterschied zwischen Gebirgs= und Flachlandtruppe in bezug auf die Fahrzeugausstattung. Da bespannte Fahrzeuge im Gebirge selten verwendbar sind, werden Waffen, Munition und Gerät auf Trageteieren vermittels besonderer Tragsättel befördert. Nur das für das Gefecht nicht unbedingt Notwendige, z. B. ein Teil des Gepäcks, wird auf Lastkraftwagen der sogenannten Talstaffel auf den Talstraßen befördert.

Die Waffen und Munition der Gebirgsjäger, Gebirgs-Panzerjäger, Pionier- und Nachrichteneinheiten sind die gleichen wie die der Infanterie. Die Gebirgsbatterien sind mit Gebirgsschützen versehen, die in einzelnen Teilen verlastet werden können. Die Ausbildung der Gebirgstruppe erfolgt zunächst wie die aller entsprechenden Flachlandtruppen. Hierzu tritt die Sonderausbildung im Gebirge, die besondere Anforderungen an jeden einzelnen stellt.

Der Kampf im Hochgebirge erfordert in besonderen Maßen Mut, Entschlossenheit, Selbständigkeit und Einsatzbereitschaft des einzelnen, gute körperliche Durchbildung und Vertrautheit mit den Naturgewalten.

Die Gebirgstruppe ergänzt sich in erster Linie aus den Bewohnern von Gebirgsgegenden, die von Hause aus mit den Verhältnissen im Gebirge vertraut sind. Ein großer Teil des Ersatzes wird jedoch aus allen Gauen des deutschen Vaterlandes aus der Reihe derer gestellt, die für den Dienst im Hochgebirge Lust und Liebe und die erforderlichen körperlichen Eigenschaften mitbringen.

III. Bekleidung und Ausrüstung.

1. Allgemeines.

Die dem Soldaten gelieferten Bekleidungs- und Ausrüstungsstücke sind Eigentum des Truppenteils. Der Soldat muß sie möglichst schonend behandeln. Jedes Aneignen von Dienstsachen ist Diebstahl oder staatlichem Eigentum und wird bestraft. Ohne Genehmigung der Vorgesetzten dürfen Sachen auch nicht untereinander ausgetauscht werden. Niemand darf ohne Erlaubnis die Sachen eines anderen tragen. Nachlässiges Verlieren, mutwilliges Beschädigen oder absichtliches Preisgeben der Sachen ist strafbar.

Alle Soldaten dürfen mit Genehmigung des Kompaniechefs (Batteriechefs) außer Dienst eigene Bekleidungs- und Ausrüstungsstücke tragen. Diese müssen den Vorschriften entsprechen und dürfen aus feinerem und leichterem Stoff oder Leder und nach Maß hergestellt sein. Zu Röcken und langen Hosen ist auch Trikot, zu Reit- und Stiefelhosen Trikot oder Kord und zu Mänteln wasserdichter Stoff zulässig.

Für die Farbtöne der eigenen Bekleidungsstücke sind die ausgegebenen, besiegelten Farbtonproben maßgebend, die bei der Kompanie (Batterie) eingesehen werden können.

Zur langen Hose ohne Stege dürfen nur Schnürschuhe ohne Sporen (keine Zugstiefel oder Halbschuhe) getragen werden.

Alles Schuhzeug muß geschwärzt sein.

Knöpf- und Halbschuhe dürfen überhaupt nicht getragen werden.

Außer Dienst sind Kragen und Manschetten erlaubt.

Kragen dürfen jedoch nicht mehr als 0,5 cm über dem Rockkragen zu sehen sein, Manschetten nicht mehr als 0,5 cm über den unteren Ärmelrand hervorstehen.

2. Benennung und Sitz der einzelnen Bekleidungs- und Ausrüstungsstücke.

Die Feldmütze wird etwas schief nach rechts derart getragen, daß der untere Rand etwa 1 Zentimeter über dem rechten und etwa 3 Zentimeter über dem linken Ohr, von vorn gesehen etwa 1 Zentimeter über der rechten Augenbraue sitzt, Kokarde über der Mittellinie des Gesichts. Die Mütze muß so verpaßt sein, daß sie den Hinterkopf bedeckt.

Die **Schirmmütze** soll von vorn gesehen waagerecht auf dem Kopf sitzen, die Kokarde in der Mittellinie des Gesichts. Sie muß weit genug sein, den Hinterkopf zu bedecken. Der untere Rand des Schirmes soll an seiner tiefsten Stelle mit den Augenbrauen abschneiden.

Die **Feldbluse** muß über eine Wolljacke so verpaßt sein, daß sie im Rumpfteil weit und blusig sitzt und der Mann in seiner freien Bewegung nicht behindert wird. Die durch den blusenartigen Schnitt beim Umschnallen des Leibriemens sich bildenden Falten sind so zu verteilen, daß sie nicht drüden.

Das Koppelschloß sitzt zwischen den beiden unteren Knöpfen. Der Kragen ist so eingerichtet, daß er offen und geschlossen getragen werden kann. Offengetragen, werden die oberen Brustränder der Vorderteile bis zum zweiten Knopf bzw. Knopfloch umgeklappt. Offen und geschlossen soll die K r a g e n b i n d e etwa 0,6—1 Zentimeter über den Kragen=Umbugrand hinausragen; bei geschlossenem Kragen, vorn über dem Kragenschluß, etwa 2—3 Zentimeter. Sie soll so lose sitzen, daß die Blutgefäße am Halse von jedem Druck frei sind.

Der **Waffenrock** muß im Rumpfteil leicht anliegen, ohne vorn Falten zu schla= gen und ohne zu zwängen.

Der rechte Vorderschoß darf unter dem linken nicht hervortreten.

Bei gefüllten Taschen dürfen die Rockschöße vorn und hinten nicht auseinander= stehen.

Die Ärmel müssen im Armloch so weit sein, daß der Träger die Arme frei bewegen kann; er darf kein Kneifen unter der Achsel verspüren.

Die Kragenbinde muß eingeknöpft rings um den Hals etwa 0,5 cm über den Umbug des Kragens hinausragen.

Die Länge des Rocks ist so bemessen, daß das Gesäß bedeckt wird.

Der **Drillichrock** muß im Rumpfteil und Kragen weit und bequem sitzen. Beim Verpassen ist das Einlaufen des Stoffes beim Waschen in den Längen= und Weiten= maßen zu berücksichtigen.

Das linke Vorderteil muß mit seinem vorderen Rand eine gerade Linie bilden. Das rechte Vorderteil darf unter dem linken nicht hervortreten.

Die Länge ist so bemessen, daß das Gesäß knapp bedeckt wird.

Beim umgeschnallten Koppel muß das Schloß zwischen dem vierten und fünften Knopf sitzen.

Der **Mantel** soll bis zur Mitte des Unterschenkels reichen. Er muß so sitzen, daß der Mann nicht im geringsten in seiner freien Bewegung beeinträchtigt wird.

Der umgeschnallte Leibriemen liegt überm Rückengurt und läßt ihn frei.

Die Ärmel reichen bei ausgestrecktem Arm etwa 1—2 Zentimeter über die Rock= ärmel hinaus.

Der Kragen liegt hinten leicht am Rockkragen an und muß vorn so bequem sitzen, daß eine flache Hand zwischen Rock= und Manteltragen Platz hat.

Der hochgeklappte Kragen soll bis über den Mund völlig geschlossen werden können.

Der **Übermantel** soll bis etwa 10 cm oberhalb des Knöchels reichen; er muß so weit sein, daß der untergezogene Mantel und die Ausrüstung bequem darunter getragen werden können, ohne die freie Bewegung des Mannes zu beeinträchtigen. Die Ärmel reichen bei ausgestrecktem Arm etwa 1—2 cm über die gewöhnlichen Mantelärmel hinaus.

Der Kragen liegt hinten am gewöhnlichen Mantelkragen leicht an und muß diesen bedecken.

Der hochgeklappte Kragen soll bis über den Mund völlig geschlossen werden können.

Die **Tuchhose** (Reithose) ist mäßig stramm — bis auf etwa 1—1½ Finger= breite — gegen den Spalt zu ziehen. Die Beinenden dürfen hinten nur bis zur obern Absatzkante des Stiefels reichen, vorn sind sie soweit ausgerundet, daß die Hose auf dem Fuß nicht staucht. Der Schnallgurt muß dicht oberhalb der Hüften fiten. Der umgeſchnallte Leibriemen ſoll auf dem Hoſenbund unterhalb der Knöpfe liegen.

Die **Drillichhoſe** iſt mäßig ſtramm — bis auf etwa 1½ Fingerbreite — gegen den Spalt zu ziehen; ſie muß mit ihrem unteren Ende bis zur oberen Abſatzkante des Stiefels reichen. Der Schnallgurt muß dicht oberhalb der Hüften ſitzen. Der umgeſchnallte Leibriemen ſoll ebenfalls auf dem Hoſenbund unterhalb der Knöpfe liegen.

Beim Verpaſſen iſt das Einlaufen des Stoffes beim Waſchen zu berückſichtigen.

Beim **Stahlhelm** ſoll der Vorderſchirm mit den Augenbrauen abſchneiden.

Beim Verpaſſen der Helme muß unbedingt die Helmgröße gewählt werden, die der Kopfweite entſpricht. Zwiſchen Kopf und Helmrand bleibt ein Zwiſchenraum, der bei Einbeulungen des Helms eine Verletzung des Schädels verhindert. Der ſorgfältig verpaßte Stahlhelm ſitzt feſt. Stahlhelme mit Innenausſtattung alter Art werden der Kopfform dadurch angepaßt, daß die Kiſſen in den Polſtertaſchen verſtärkt oder verringert werden. Dieſe Polſterkiſſen verlieren mit der Zeit an Feder= kraft. Daher müſſen ſie von Zeit zu Zeit durch Kneten und Drücken aufgelockert werden. Auch können Tuch= oder Papierſtreifen in die Taſchen hinter die Kiſſen ein= gelegt werden, ſo daß die urſprüngliche Stärke der Polſterung wieder erreicht wird.

Zur Lüftung des Helms dienen die Löcher in den Seitenbolzen und die Zwiſchen= räume zwiſchen den drei Polſtern der Innenausſtattung alter Art. Um bei ſtür= miſchem Wetter die Luftzufuhr zu vermeiden oder läſtige Gehörſtörungen (Sauſen) zu verhindern, genügt es, die Löcher mit Papier, Werg uſw. zu verſtopfen. Gegen Kälte ſchützt außerdem die unter dem Helm aufgeſetzte Feldmütze oder ein in den Helm eingelegtes Taſchentuch.

Vom Kinnriemen werden beide Riemen mit den Enden durch die Öſen des Hänge= blechs am Bund der Innenausſtattung des Stahlhelms gezogen, und zwar von innen nach außen, und dann mit den Doppelknöpfen feſtgeknöpft. Die Stegſchnalle wird auf der linken, bei Linksſchützen auf der rechten Geſichtsſeite getragen.

Im Frieden wird der Stahlhelm nur durch Anbringen von Zweigen, Gras uſw. getarnt. Beſtreichen mit Erde, Lehm uſw. iſt verboten. Im Felde wird jede Tarn= möglichkeit ausgenützt.

Iſt der Farbüberzug beſchädigt, ſo ſoll er möglichſt bald durch Anſtrich erneuert oder ergänzt werden. Je beſſer der feldgraumatte Anſtrich erhalten wird, um ſo weniger bildet ſich Roſt. Putzen, Einladen oder Einfetten der Stahlhelme iſt ver= boten, ſie verlieren dadurch ihr ſtumpfes, mattes Ausſehen.

Sitz der Säbeltroddel bzw. des Fauſtriemens.

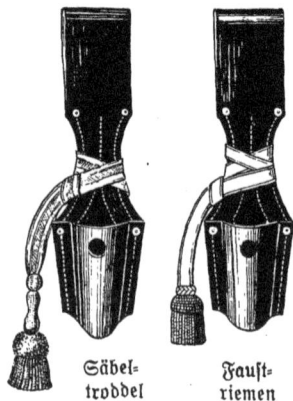

Säbel= troddel   Fauſt= riemen

Der **Leibriemen** muß ohne Gepäck ſo an= liegen, daß man mit zwei Fingern nebeneinander leicht hineingreifen kann. Er liegt beim Waffen= rock auf den Rückenknöpfen, bei der Feldbluſe auf den Seitenhaken, beim Mantel auf den durch die Schlitze ragenden Seitenhaken der Feldbluſe und über dem Hüftgurt.

Die Seitengewehrtaſche liegt unmittelbar hinter dem Seitenhaken der linken Hüfte, beim Waffenrock und Mantel an der entſprechenden Stelle.

Das Schloß ſitzt derart, daß der Schließ= haken durch die Seitenwände des Schloßkaſtens verdeckt wird. Die Mitte des Adlers deckt ſich beim Rock und bei der Feldbluſe mit der vor= deren Knopfreihe, beim Mantel mit der Mittel= linie der Knopfpaare. Das Schloß liegt bei der Feldbluſe zwiſchen den zwei unterſten Knöpfen, beim Mantel in der Mitte zwiſchen den zwei unterſten Knopfpaaren.

Der Tornister besteht aus:

dem Tornisterkasten,

der Tornisterklappe mit dem Wäschebeutel und den beiden Patronenbehältern
sowie

den Trageriemen.

Der Tornister wird grundsätzlich mit um den Tornister gelegtem, gerolltem
Mantel verpaßt. Hierbei muß die obere Fläche des Mantels ungefähr mit dem
unteren Kragenrand des Rocks oder der Feldbluse abschneiden *); die untere Tornister=
kante soll etwa auf der Mitte des Leibriemens liegen.

Die Tornistertragriemen müssen mittels der Gelenkknöpfe so am Tornister be=
festigt werden, daß beim vorschriftsmäßigen Sitz die Doppelnietknöpfe, die die
Hilfstrageriemen und Trageriemen verbinden, etwa in Höhe der Achselhöhle liegen.
Nietknöpfe und Hilfstrageriemen dürfen nicht drücken, letztere auch nicht unter den
Armen einschneiden.

Die Messinghaken am unteren Tornisterriemenende sind so zu verstellen, daß
sie die Patronentaschen mittragen, ohne diese oder den Leibriemen hochzuziehen.
Der Dorn soll hierbei möglichst nicht in das unterste Loch eingreifen, damit die
Trageriemen auch bei angezogenem Mantel benutzt werden können, ohne sie am
oberen Ende durch Lösen der Gelenkknöpfe verlängern zu müssen.

Die Hilfstrageriemen sollen nicht zu straff angezogen sein, damit der Druck der
unteren Tornisterkante in das Kreuz des Mannes nicht noch vermehrt wird.

Auf Märschen ist gestattet, Trageriemen und Hilfstrageriemen nach Bedarf
länger oder kürzer zu schnallen.

Für das **Packen des Tornisters** gilt nachstehende Anleitung:

Rasierzeug

Rasierzeug

Handtuch, Hemd, Wasch=
u. Nähzeug in Beuteln,
gleichmäßig verteilt

Mantel, gerollt

Im Kochgeschirr u. a.:
Zwiebackbeutel

Unter Kochgeschirr und
Schuhen: Strümpfe

Im Schuh: Bürste,
Auftragbürste

Kochgeschirrhülle

Im Schuh: Schuh=
creme, Putzlappen

Gewehrreinigungsgerät

Fleischkonserven

Zeltleine

a) **Kasten:**

1. 1 Paar Strümpfe auf den Boden des offenen, leeren Tornisters so legen, daß
möglichst der ganze Tornisterboden bedeckt wird. Dadurch soll der Druck auf den
Rücken des Trägers gemindert werden;

*) Beim Paradeanzug: die obere Fläche der über den Mantel gelegten Zeltbahn.

2. Kochgeschirr in Kochgeschirrhülle in die Mitte des Tornisters, Deckel und Stiel nach oben; Kochgeschirrdeckel liegt an der oberen Kastenwand an;

3. Schnürschuhe: Sohlen an die Kastenwände, Hacken unten, Schäfte einschlagen, linker Schuh links, rechter Schuh rechts. In den Schnürschuhen das Putzzeug (Bürsten, Lappen, Schuhcreme usw.) gleichmäßig verteilt;

4. Gewehrreinigungsgerät, verkürzte eiserne Portion (Fleischkonserven und Zwiebad=beutel), Zeltleine in den unteren freien Raum zwischen Kochgeschirr, Schnür=schuhe und untere Kastenwand legen; bei Ausstattung der Truppen mit dem Kochgeschirr a./A. (2,5 l) ist der Zwiebadbeutel im Kochgeschirr unterzubringen;

5. In den freien Räumen zwischen den Seitenwänden des Tornisterkastens und den Schnürschuhen können kleine Bedarfsgegenstände untergebracht werden.

b) Wäschebeutel:

1. Hemd und Handtuch flach auslegen, daß die ganze Fläche des Beutels bedeckt ist;

2. Wasch= und Nähzeug, kleine Bedarfsgegenstände in Beuteln gleichmäßig verteilen.

Vor dem Zuschnallen des Beutels muß die Schnallstrippe durch die beiden knopflochartigen Einschnitte in den Seitenklappen und durch die Lederschlaufe an der oberen Klappe des Beutels gezogen werden.

c) Patronenbehälter:

Rasierzeug (Apparat, Seife usw.) — auf beide Behälter verteilt.

d) Zwischen Tornisterklappe und Tornisterkasten:

Zeltbahn — in Kastengröße viereckig gefaltet. Damit der Zeltbahnstoff geschont wird, ist das Falten der Zeltbahn öfter zu wechseln.

e) Um den Tornisterkasten:

Mantel lang gerollt — Enden nach innen umgeschlagen. Der gerollte Mantel muß mit dem unteren Rand des Tornisterkastens abschneiden. Langes Rollen des Mantels und Umschlagen der Mantelenden ist notwendig, damit der Mantel bei anderweitigem Tragen ohne Tornister nicht erst auseinandergenommen und neu gerollt werden muß.

Festschnallen des gerollten Mantels am Tornisterkasten mit drei Mantel=riemen. Riemenenden unter dem Mantel durchziehen; sie müssen nach dem Rücken des Mannes zeigen.

f) Beim Zuschnallen des Tornisterkastens und der Tornisterklappe dürfen die Riemen nur mäßig fest angezogen werden; sonst wölbt sich der Tornister und drückt den Mann.

Bei den **Patronentaschen** müssen die Trageschlaufen so straff sein, daß die Rück=wand der Taschen möglichst mit ihrer ganzen Fläche am Leibriemen anliegt. Der Sitz der Taschen regelt sich durch die Widerhalte am Leibriemen und Schloß.

Der **Brotbeutel** wird am Leibriemen auf der rechten Seite getragen; hintere Trageschlaufe und Hakenstrippe zwischen den beiden Rückenknöpfen, vordere Trage=schlaufe zwischen dem rechten Rückenknopf und dem Seitenhaken des Rocks.

Die **Feldflasche** mit aufschnallbarem Trinkbecher wird mit dem Karabinerhaken in den linken (hinteren), bei Berittenen und den Schützen 1 und 2 der MGK. in den rechten (vorderen) Ring auf der Brotbeutelklappe eingehalt.

In Einführung befindet sich ein neues Marschgepäck. Dieses besteht aus:

a) Koppeltragegestell aus Leder mit Hilfstrageriemen. Es wird stets in Verbindung mit dem belasteten Koppel, auch ohne Rückengepäck getragen;

b) Gefechtsgepäck, bestehend aus Gurtbandtragegerüst, Beutel und Riemen zum Befestigen des Beutels, der Zeltbahn und des Kochgeschirrs. Das Gefechtsgepäck wird auf dem Marsche und im Gefecht getragen;

c) für die mit Tornister Ausgestatteten der Tornister 39 ohne Trageriemen und Kochgeschirrhülle. Er weist zwei Hakenkappen und zwei Haken zum Einhaken in die Reuse am Koppeltragegestell auf. Der Tornister wird auf dem Gefechtswagen des Zuges verladen. Muß der Tornister ausnahmsweise auf längere Strecken getragen werden, ist das Gefechtsgepäck auf seiner Oberseite zu befestigen.

3. Anzugsarten.

Es gibt folgende Anzugsarten (siehe Bilder auf S. 63):
Feldanzug (1), Dienstanzug (2), Wachanzug (3), Paradeanzug (4), Meldeanzug (5), Ausgehanzug (6), Sportanzug (7).

Zum **Feldanzug** gehören:
Stahlhelm, Feldmütze, Feldbluse, Kragenbinde, Tuchhose, Marschstiefel (Berittene: Reithose, Reitstiefel), Mantel, Tornister, Koppel, Brotbeutel, Feldflasche mit Trinkbecher, Seitenwaffe, Gasmaske, Zeltausrüstung, Patronentaschen, Kochgeschirr, Schanzzeug.

Zum Feldanzug gehört außerdem das vollständige Gepäck.

Man unterscheidet zwischen Gefechts- und Tornistergepäck. Gefechtsgepäck (Zeltbahn, Kochgeschirr, 1 wollene Schlupfjacke, 1 verkürzte eiserne Portion, 1 Zeltleine, Gewehrreinigungsgerät. Im Bedarfsfalle Mantel). Tornister (1 Mantel gerollt, 1 Paar Schnürschuhe, 1 Hemd, 2 Paar Strümpfe, Drillichhose, Drillichrock, 1 Unterhose, 1 Kragenbinde, 1 Handtuch, Wasch-, Putz- und Nähzeug, 1 Zeltstock [einteilig], 2 Zeltpflöcke).

Das Gefechtsgepäck wird vom Schützen getragen. Tornister, Mantel und alles nicht für das Gefecht Notwendige wird auf dem Gefechtswagen des Zuges verladen.

Zum **Dienstanzug** gehören:
Feldmütze, Feldbluse, Kragenbinde, Tuchhose, Marschstiefel (Berittene: Reithose, Reitstiefel), Koppel, Troddel, Seitenwaffe.

Es kann befohlen werden, daß zum Dienstanzug angelegt werden:
Stahlhelm, Mantel, Tornister, Patronentaschen, Brotbeutel, Feldflasche, Schanzzeug.

Zum **Wachanzug** gehören:
Stahlhelm, Feldmütze, Feldbluse (für Ehrenwachen und Ehrenposten Waffenrock), Kragenbinde, Tuchhose, lange, Marschstiefel (für Unberittene), Reithose, Reitstiefel (für Berittene), graue Handschuhe — für Mannschaften nur als Kälteschutz — Koppel, Portepee, Troddel, Faustriemen, Sporen für Berittene, Schützenschnur, Mantel — je nach Witterung; Mitnehmen bestimmt der den Wachdienst anordnende Vorgesetzte —, Tornister für Unberittene, Patr.-Taschen — nur bei Ausrüstung mit Gewehr —, kurzes Seitengewehr, Schützenschnur.

Zum **Paradeanzug** gehören:
Stahlhelm, Waffenrock, Kragenbinde, Tuchhose mit Vorstoß in der Waffenfarbe, Marschstiefel (Berittene: Reithose, Reitstiefel), Koppel, Troddel, Seiten-

waffe, Patronentaschen für Gewehrträger, Tornister mit umgelegtem Mantel, Kochgeschirr, Schützenschnur.

Es kann befohlen werden, daß zum Paradeanzug Mantel und graue Handschuhe angezogen werden.

Zum **Meldeanzug** gehören:

Schirmmütze, Feldbluse, Tuchhose, Marschstiefel (Berittene: Reithose, Reitstiefel), Kragenbinde, Koppel, Troddel, Seitenwaffe, Schützenschnur.

Zum **Ausgehanzug** gehören:

Schirmmütze, Waffenrock (in der Woche die Feldbluse), Tuchhose, Kragenbinde, Schuhzeug, Koppel, Troddel, Seitenwaffe, Schützenschnur.

Zum Ausgehanzug können Mantel und Handschuhe getragen werden.

Zum **Sportanzug** gehören:

Sporthemd, Sporthose, Laufschuhe und zum Wassersport die Badehose.

Wann und bei welchen Gelegenheiten die einzelnen Anzugsarten angelegt werden, bestimmt die Anzugsordnung.

Für Sonderfälle gelten folgende Bestimmungen:

Zuschauer bei Truppenübungen tragen Dienstanzug mit einer weißen Binde am rechten Oberarm.

Bei militärischen Leichenbegängnissen mit Trauerparade wird Paradeanzug getragen; nicht Eingetretene evtl. Dienstanzug.

Bei sonstigen Trauerfeiern wird der Ausgehanzug getragen.

Einzelne Soldaten tragen bei Gottesdienst und kirchlichen Feiern den Ausgehanzug.

Bei allen sonstigen Festlichkeiten wird ebenfalls der Ausgehanzug angelegt.

Bei allen Gerichtsverhandlungen vor Militär= oder Zivilgericht wird der Dienstanzug getragen.

Für Meldungen und Gesuche ist der Meldeanzug vorgeschrieben. Vor, während oder im Anschluß an einen Dienst ist jedoch stets die für diesen Dienst vorgeschriebene Anzugsart gestattet.

Außer Dienst wird außerhalb des Kasernenbereiches Sonntags stets der Ausgehanzug getragen. In der Woche die 2. Garnitur Feldbluse und Hose ohne Biese.

Das Anlegen von **Trauerabzeichen** in Form eines etwa 6 cm breiten schwarzen Flors ist nur außer Dienst am linken Oberarm des Mantels oder Rockes gestattet.

Unteroffizieren und Mannschaften ist das Führen von **Schußwaffen** außerhalb des Dienstes verboten, gleichviel ob es sich um dienstlich gelieferte oder um eigene Waffen handelt. Einzelausnahmen dürfen nur durch den Komp.= (Battr.=) Chef genehmigt werden. Für den Erwerb und das Führen von Jagdwaffen gelten die allgemeinen polizeilichen Bestimmungen.

An **Orden und Ehrenzeichen** dürfen zur Uniform getragen werden:

a) die im Namen des Führers verliehenen Auszeichnungen,

b) die Rettungsmedaille,

c) alle bis zum 10. 8. 1919 von einem ehem. Landesherrn oder einer verbündeten Regierung verliehenen Orden und Ehrenzeichen, sowie der Schlesische Adler und das Baltenkreuz,

1   2   3   4   5   6   7

7   6   5   4   3   2   1

d) die Ehrenzeichen des Deutschen Roten Kreuzes,

e) ausländische Orden und Ehrenzeichen, deren Annahme besonders genehmigt ist,

f) die Ehrenzeichen der nationalsozialistischen Bewegung, und zwar das Koburger Abzeichen, das Nürnberger Parteitagsabzeichen von 1929, das Abzeichen vom SA.=Treffen Braunschweig 1931, das Ehrenzeichen der NSDAP. für Parteigenossen mit der Nummer unter 100 000, der Blutorden vom 9. November 1923, das Traditions=Gau=Abzeichen, das goldene HJ.=Abzeichen,

g) das vom Generalfeldmarschall v. Hindenburg gestiftete Ehrenkreuz für Teilnahme am Weltkriege,

h) die Dienstauszeichnungen der Wehrmacht,

i) zur Uniform genehmigte Sportehrenzeichen: Wehr=Sportabzeichen, deutsches Reichssportabzeichen einschl. des früher verliehenen Turn= und Sportabzeichens, Reichsjugendsportabzeichen, Jungfliegersportabzeichen, HJ.=Leistungsabzeichen, deutsches Reiterabzeichen I. und II. Kl., deutsches Fahrabzeichen, deutsches Jugendreitabzeichen, NSRR.=Sportabzeichen, Meisterschaftsabzeichen der DRL., Ehrenzeichen für Verdienste um die Pflege der Leibesübungen.

Bürgerliche·Kleidung darf der Soldat nur mit besonderer Genehmigung seines Komp.= (Battr.=) Chefs tragen. Die im 1. und 2. Dienstjahr stehenden Soldaten tragen auch auf Urlaub stets Uniform. **Für besondere Verhältnisse kann bürgerliche Kleidung genehmigt werden.**

4. Behandlung und Instandhaltung der Bekleidung und Ausrüstung.

Die Behandlung der Bekleidungs= und Ausrüstungsstücke lernt der Soldat vor allen Dingen praktisch in der Putz= und Flickstunde.

Alle Bekleidungs= und Ausrüstungsstücke müssen möglichst sofort nach Gebrauch wieder gereinigt werden. Ferner ist sogleich nachzusehen, ob nichts daran schadhaft geworden ist. Ist eine Naht aufgegangen, das Futter zerrissen oder ein Knopf los, so muß der Soldat diese Schäden selbst beseitigen (Nähte nur von innen nähen, mit Zwirn von richtiger Farbe). Sind größere Ausbesserungen erforderlich, die nur von geschulten Handwerkern gemacht werden können, so wird das betreffende Stück dem Korporalschaftsführer vorgestellt, damit es auf Handwerkerstube gebracht wird. Ist ein Bekleidungsstück naß geworden, so wird es zunächst auf der Leine getrocknet. Hierauf wird der grobe Schmutz durch Reiben von Tuch auf Tuch entfernt. Dann wird es ausgeklopft.

Nach dem Ausklopfen wird das Kleidungsstück auf den Tisch gelegt und nach dem Strich ausgebürstet, ohne über die Knöpfe zu bürsten. Staub= und Fettflecke lassen sich durch warmes Wasser mit Seife, schwarzer Seife, Spiritus, Benzin oder Terpentinöl beseitigen. Bei offenem Licht, oder mit brennender Zigarre (Zigarette, Pfeife) mit Benzin zu reinigen, ist verboten. Bei den Blusen der Gebrauchsgarnitur ist wöchentlich das Ärmelfutter, soweit solches vorhanden, mit warmem Wasser und Seife auszuwaschen. Bei der Hose der Gebrauchsgarnitur soll das Stoßfutter wöchentlich ausgewaschen werden.

Drillichzeug wird vom Mann selbst mit Seife und warmem Wasser (möglichst Fluß= oder Regenwasser) gewaschen. Anwendung scharfer Mittel (Lauge, Chlor) ist verboten.

Die **Halsbinde** ist möglichst nach jedem Gebrauch vom Staub und Schweiß zu reinigen und mindestens wöchentlich einmal mit kaltem Wasser zu waschen.

Die **Feldmütze** wird nach jedem Gebrauch ausgebürstet. Gewaschen darf nur die schlechteste Gebrauchsgarnitur werden. Hierzu ist kaltes Wasser zu verwenden. Um Seifenflecke zu vermeiden, muß sehr gründlich nachgespült werden.

Nachstehendes Bild zeigt, wie Stempel und Namen in den einzelnen Bekleidungsstücken anzubringen sind.

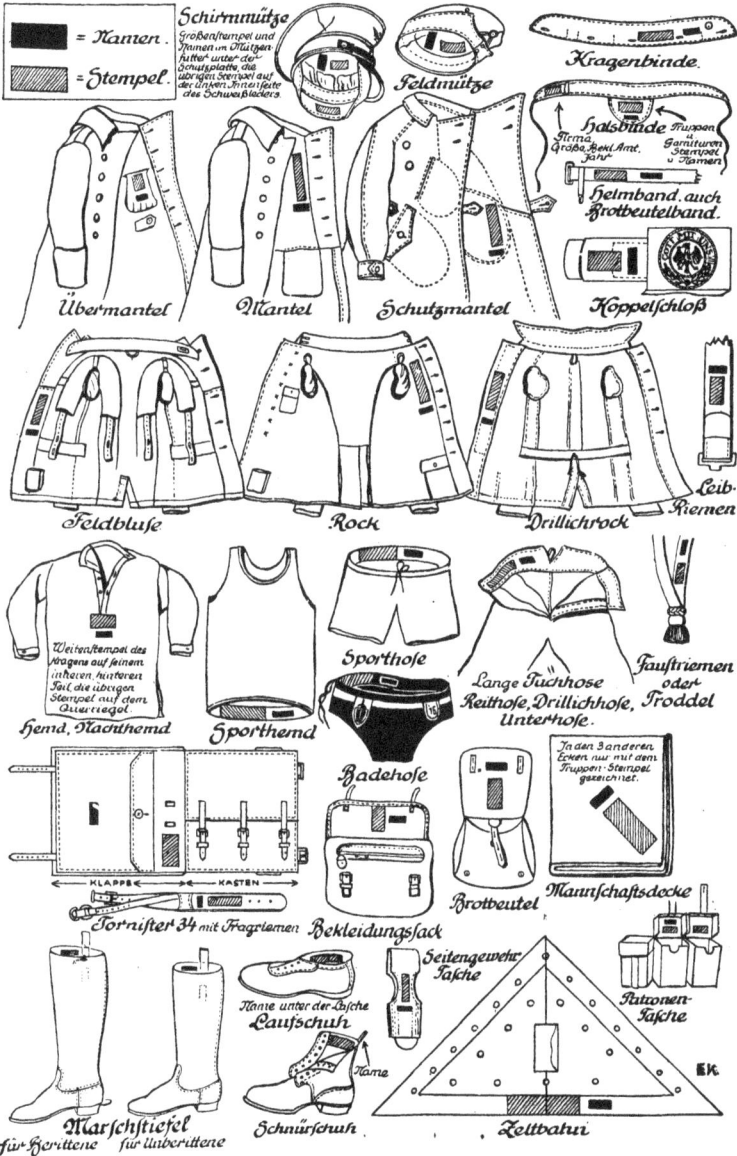

= Namen.

= Stempel.

Schirmmütze
Großenstempel und Namen im Mützen futter unter der Schutzplatte, die übrigen Stempel auf der Untern Innerseite des Schweißleders

Feldmütze

Kragenbinde.

Halsbinde Truppen u. Firma Größe Bekl.Amt. Garnituren Jahr. Stempel u. Namen

Helmband. auch Brotbeutelband.

Übermantel

Mantel

Schutzmantel

Koppelschloß

Feldbluse

Rock

Drillichrock

Leib-Riemen

Weitenstempel des Kragens auf seinem Innern, hinteren Teil, die übrigen Stempel auf dem Querriegel.

Hemd, Nachthemd

Sporthemd

Sporthose

Lange Tuchhose Reithose, Drillichhose, Unterhose.

Faustriemen oder Troddel

Badehose

In den 3 anderen Ecken nur mit dem Truppen-Stempel gezeichnet.

KLAPPE KASTEN

Tornister 34 mit Tragriemen

Bekleidungssack

Brotbeutel

Mannschaftsdecke

Seitengewehr Tasche

Laufschuh
Name unter der Lasche

Patronen-Tasche

Marschstiefel
für Berittene   für Unberittene

Schnürschuh

Name

Zeltbahn

EK.

Nasse und schmutzige **Koppel** sind zunächst zu trocknen, dann mittels eines feuchten Lappens vom Schmutz zu befreien. Die Benutzung scharfer Gegenstände hierzu ist verboten. Das Koppel wird alsdann mit Lederputz abgerieben. Ist die Säbeltrobbel schmutzig, so ist sie mit Seife und warmem Wasser auszuwaschen. Hierzu wird der Schieber losgemacht, der Kranz mit einem Lappen umwickelt. Nach dem Waschen wird die Trobbel mit einem reinen Handtuch trockengerieben und zum Trocknen aufgehängt.

Brotbeutel werden mit Seife und warmem Wasser ausgewaschen.

Die **Feldflasche** ist vor und nach dem Gebrauch ordentlich auszuspülen. Das Lederzeug daran wird wie der Leibriemen behandelt. Bei der Aufbewahrung im Spinde bleibt der Verschluß geöffnet. Falls der Stift am Karabinerhaken abgenutzt ist, wird die Feldflasche sofort dem Bekleidungsunteroffizier, der Erneuerung des Stiftes veranlaßt, vorgestellt, da sie sonst leicht verloren geht.

Patronentaschen werden wie das übrige schwarze Lederzeug behandelt. Ist die Tasche sehr rauh und zerkratzt, so ist vorher die oberste Kruste vom alten Lederputz glatt zu schleifen. Rückseite, Schlaufen und Boden brauchen nicht zu glänzen. Die Messingknöpfe sowie die Öse an der Rückseite sind mit Putzpomade oder dgl. zu putzen. Das Innere der Taschen wird mit feuchtem Lappen ausgewischt.

Am **Schanzzeug** ist zunächst der Schmutz mit einem Holzspan zu entfernen, danach das ganze Schanzzeug abzuwaschen und abzutrocknen. Die Metallteile werden dann leicht mit Gewehröl eingefettet, der Stiel wie der Gewehrschaft mit Leinölfirnis behandelt. Die Futterale werden wie das übrige schwarze Lederzeug behandelt.

Der **Tornister** ist nach jedem Gebrauch im Innern auszuwischen, außen in der Richtung des Strichs auszubürsten und leicht durch 2 Mann auszuklopfen. Ist das Futter beschmutzt, so ist es mit Wasser, Seife und Bürste zu reinigen. Faltige Ecken sind glatt zu pressen, nachdem sie zuvor angefeuchtet wurden. Die Schnallen sind rostfrei zu halten. Das Tragegerüst wird wie das übrigen schwarze Lederzeug behandelt. Zur Schonung des Rocks sind die Hilfstrageriemen aber nur in Ausnahmefällen zu schwärzen. Die Messingteile werden geputzt. Selbständig neue Löcher in Trageriemen oder in Hilfstrageriemen zu stechen, ist verboten.

Die **Zeltbahn** muß nach jeder Durchnässung baldmöglichst getrocknet werden. Hiernach wird sie durch vorsichtiges Abklopfen und Abbürsten gereinigt. Die Zeltstöcke werden mit Seifenwasser abgewaschen, und dann mit Leinölfirnis bearbeitet. Beim Zusammenlegen der Zeltbahnen ist zur Vermeidung von Brüchen darauf zu achten, daß sie nicht immer in dieselben Falten gelegt werden.

Das **Schuhzeug** muß gleich nach dem Gebrauch gereinigt werden. Zunächst wird der Schmutz mit der Schmutzbürste entfernt, erforderlichenfalls mit einem Holzspan, nicht mit dem Messer abgekratzt. Dann werden die Sohlen über dem Eimer abgewaschen. Das Innere ist sorgfältig mit einem trockenen Lappen auszuwischen. Sind die Stiefel naß geworden, so füllt man sie zum Trocknen mit Hafer und Heu. Bevor die Stiefel im Spind verwahrt werden, sind sie zu putzen oder zu schmieren. Soll geschmiert werden, so wird die Schmiere mit einem Holzspane auf Fuß und unteren Teil des Schafts aufgetragen und mit dem Handballen so lange verrieben, bis sie ins Leder eingedrungen ist. Stiefel, welche länger als einen Tag nicht gebraucht werden, müssen von Zeit zu Zeit eingeschmiert werden. Reparaturen am Schuhzeug werden nur auf der Handwerkerstube ausgeführt.

IV. Waffen, Munition und Gerät.

1. Das Gewehr 98*).

a) Beschreibung des Gewehrs.

Das Gewehr besteht aus dem Lauf mit Visiereinrichtung und Verschluß, dem Schaft mit Handschutz, dem Stock und dem Beschlag. Zu jedem Gewehr gehört Zubehör und ein Seitengewehr.

---

*) Die Beschreibung des Gewehrs gilt unverändert auch für den Karabiner 98 b und Karabiner 98 k. Beim Karabiner 98 b und k ist der Gewehrriemen seitlich

Der **Lauf** ist eine äußerlich gebräunte Röhre von Stahl. Seine vordere Öffnung heißt Mündung, die hintere Laufmundstück. Der Lauf besteht aus dem gezogenen Teil und dem Patronenlager. In die Wände des gezogenen Teils sind vier Züge eingeschnitten. Die hierbei stehengebliebenen Teile heißen Felder. Im Lauf wird die Patrone zur Entzündung gebracht und dem Geschoß Bewegung und Richtung verliehen.

Die **Visiereinrichtung** dient zum Zielen. Sie ist auf dem Lauf befestigt und besteht aus Visier und Korn.

Die einzelnen Teile des Visiers sind: Visierfuß, Visierstift, Visierklappe und Visierschieber. Auf dem Visierfuß gleitet der Visierschieber. Er kann mittels eines Drückers nebst Drückerfedern auf die verschiedenen Visiermarken eingestellt werden. Visiermarken befinden sich auf der oberen und unteren Fläche des Visierfußes, und zwar rechts für die geraden und links für die ungeraden Hunderte. Der obere Rand der Visierklappe heißt Kamm, der dreieckige Ausschnitt in demselben Kimme. Der Visierstift verbindet die Visierklappe an ihrem vorderen Ende mit dem Visierfuß.

Das Korn ist mit seinem Fuß in die Kornwarze des Kornhalters eingeschoben. Es steht richtig, wenn die Einhiebe auf Kornfuß und Kornwarze eine gerade Linie bilden.

Der **Verschluß** dient zum Verschließen des Laufs nach hinten, zum Zuführen und Entzünden der Patrone, sowie zum Ausziehen und Auswerfen der Patronenhülse. Er besteht aus:

    der Hülse mit dem Schloßhalter und Auswerfer,

    dem Schloß,

    der Abzugsvorrichtung,

    dem Kasten mit der Mehrladeeinrichtung.

Die H ü l s e nimmt das Schloß in sich auf.

Man unterscheidet

    Hülsenkopf,

    Patroneneinlage,

    Kammerbahn und

    Kreuzteil.

Die Patroneneinlage ist auf der unteren Seite durchbrochen. Der hintere Teil der Kammerbahn ist oben geschlossen und heißt die Hülsenbrücke. Auf ihrer Stirnseite befindet sich der Ausschnitt zum Einsetzen des Ladestreifens. Im Innern der Hülsenbrücke befindet sich oben die Führungsnute für die Führungsleiste der Kammer, links der Durchbruch für den Schloßhalter und den Auswerfer. In der Kammerbahn befindet sich unten die Ausdrehung für die hintere Kammerwarze. Der Schloßhalter begrenzt mit dem Haltestollen die Rückwärtsbewegung des Schlosses. Der Auswerfer und der Schloßhalter sind durch die Schloßhalterschraube mit der Hülse beweglich verbunden und werden durch die Doppelfeder betätigt. Beim Zurückführen der Kammer stößt die Patronenhülse an den in die linke Kammerwarze eintretenden Auswerfer und wird hierdurch vorwärts ausgeworfen.

Zum Schloß gehören:

    Kammer,

    Schlagbolzen,

    Schlagbolzenfeder,

    Schlößchen mit Druckbolzen und Feder,

---

angebracht, der Kammerstengel gebogen. Der Karabiner 98 k ist außerdem etwas kürzer als das Gewehr 98.

Gewehr 98 k.

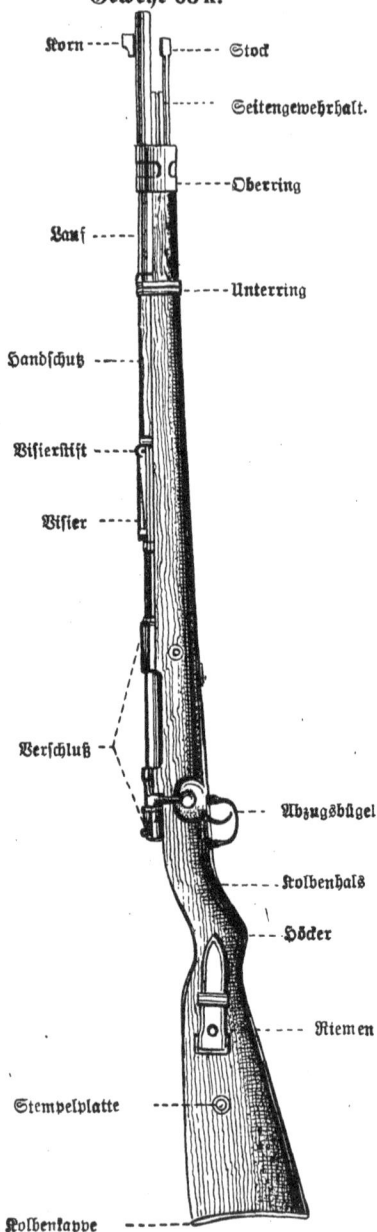

Korn — Stock
— Seitengewehrhalt.
— Oberring
Lauf —
— Unterring
Handschutz —
Visierstift —
Visier —
Verschluß —
— Abzugsbügel
— Kolbenhals
— Höcker
— Riemen
Stempelplatte —
Kolbenkappe —

Sicherung, Schlagbolzenmutter und Auszieher.

Die zur Handhabung mit Knopf und Stengel versehene Kammer schließt den Lauf nach hinten ab, sobald die drei Kammerwarzen in den entsprechenden Ausdrehungen der Hülse ruhen. Der Schlagbolzen dient zur Entzündung der Patrone. Er hat vorn eine ringförmige Verstärkung — Teller — als Widerlager für die Schlagbolzenfeder. Die Schlagbolzenfeder bewirkt das Vorschnellen des Schlagbolzens. Das Schlößchen nimmt die Sicherung und den Druckbolzen nebst Feder auf und verbindet die übrigen Schloßteile mit der Kammer. Der Druckbolzen hält das Schlößchen in seiner Lage.

Die Sicherung verhindert mit nach rechts herumgelegtem Flügel das Vorschnellen des Schlagbolzens und das Öffnen des gespannten Gewehrs und ermöglicht bei hochgestelltem Flügel das Auseinandernehmen des Schlosses. Die Schlagbolzenmutter verbindet alle Schloßteile miteinander und dient zum Spannen des Gewehrs. Der Auszieher, durch den Ring drehbar mit der Kammer verbunden, erfaßt mit seiner Kralle die Patrone beim Vorführen der Kammer und entfernt die Patronenhülse aus dem Lauf.

Die Abzugseinrichtung dient zum Abziehen und ist beim Spannen des Schlosses beteiligt. Sie besteht aus der Abzugsgabel mit dem Abzugsstollen, dem Abzug und der Abzugsfeder.

Der Kasten nimmt die Mehrladeeinrichtung auf. Er endigt in einem Bügel zum Schutze des Abzuges — Abzugsbügel —. Vor dem Bügel liegt der Haltestift mit Feder für den Kastenboden. Teile der Mehrladeeinrichtung sind Zubringer, Zubringerfeder und Kastenboden. Der Zubringer mit Feder drückt die Patrone nach oben.

Der **Schaft** besteht aus dem Anmerkung: Die Bilder zeigen den Karabiner 98 k. Das Gewehr 98 und der Karabiner 98 b sind etwas länger. Außerdem ist beim Karabiner 98 der Riemen an der unteren Seite des Schaftes angebracht und der Kammerstengel ist nicht gebogen.

Schaft

Beginn des gezogenen Teils der Seele

Lauf

Zapfen der Hülse zum Auffangen des Rückstoßes, mit Verbindungswarze

Patronenlager

Verbindungsschraube mit Halteschraube

Laufmundstück

Hülsenkopf

Ausdrehungen für die Kammerwarzen

Zubringer

Zubringerfeder

Kastenboden

Ladestreifen mit 5 Patronen

Ausdrehung der Hülse für die hintere Kammerwarze

Hülsenbrücke

Abzugbügel

Kammer

Abzug

Schlagbolzen

Kreuzschraube mit Halteschraube

Schlagbolzenfeder

Kolbenhals

Knopf mit Stengel

Handstütze

Schlößchen

Schlagbolzenmutter

Kolben

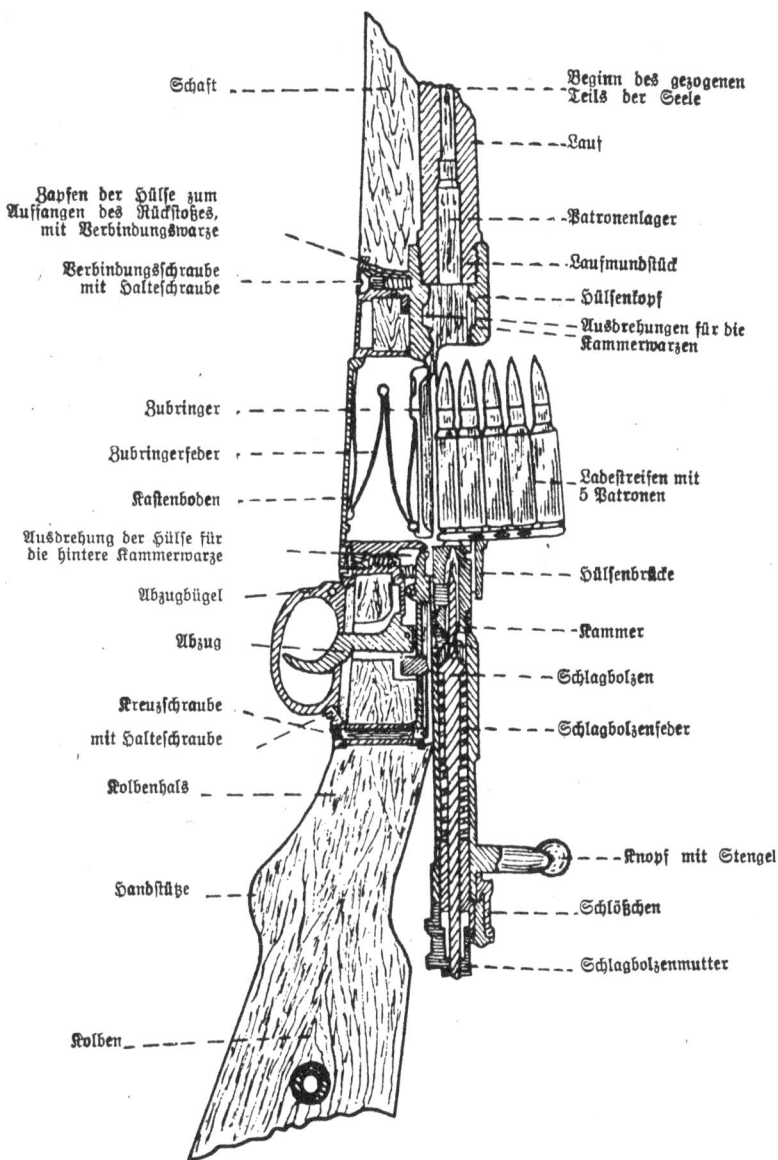

Kolben, dem Kolbenhals und dem langen Teil. Er verbindet mit Hilfe des Beschlags sämtliche Gewehrteile zu einem Ganzen, ermöglicht die Handhabung des Gewehrs und schützt den Lauf. Der vor dem Visier über einem Teil des Laufes liegende Handschutz erleichtert die Handhabung des Gewehrs bei erhitztem Lauf.

Der **Stock** dient zum Zusammensetzen der Schußwaffen in Gruppen, sowie mit zwei anderen Stöcken im Notfall im Felde als Wischstock. Am vorderen Ende befindet sich der Kopf, am hinteren der Gewindeteil zum Einschrauben in den Stockhalter. Der Kopf hat ein Muttergewinde zum Zusammenschrauben von Stöcken und einen Einstrich zur Aufnahme eines Wergstreifens.

Zum Gewehr 98 gehören zum **Beschlag:** Oberring mit Haken für den Gewehrriemen, Seitengewehrhalter mit Stift, zwei Ringfedern, Unterring mit Riemenbügel, Stockhalter, Zapfenlager mit Mutter, Verbindungsschraube und Halteschraube, Kreuzschraube mit Röhrchen und Halteschraube, Klammerfuß mit zwei Schrauben, Stempelplatte mit Schraube und Kolbenkappe mit zwei Schrauben,

und zum **Zubehör:** Der Gewehrriemen mit Haltestück, Klemmstück und Riemenschieber, sowie der Mündungsschoner. Der Mündungsschoner schützt die Mündung und das Korn, verhindert das Eindringen von Fremdkörpern in den Lauf und bewahrt ihn vor den Einflüssen der Witterung.

b) Behandlung des Gewehrs.

Es ist Ehrensache für den Soldaten, sein Gewehr in gutem und brauchbarem Zustande zu erhalten. Er muß Vertrauen und Liebe für seine Waffe besitzen und wissen, daß seine Leistungen im Schießen von der Beschaffenheit und der Behandlung der Waffe abhängen.

Für das Auseinandernehmen und Zusammensetzen des Gewehrs 93 gelten nachstehende Regeln:

Die Waffe wird jedesmal nur soweit als notwendig auseinandergenommen. Schloß, Mehrladeeinrichtung, Stock, Mündungsschoner und Riemen dürfen von den Mannschaften entfernt werden und an Ort gebracht, das Schloß auch auseinandergenommen werden. Jedes weitere Zerlegen darf nur durch den Waffenmeister ausgeführt werden.

Die Teile müssen stets auf saubere Unterlagen gelegt werden, und zwar für jede Waffe gesondert, um Verwechslungen von Teilen zu vermeiden. — Erkennungszeichen der Zusammengehörigkeit der einzelnen Teile sind die Fabriknummern, von welchen auf jedes Stück — Federn ausgenommen — mindestens die beiden letzten Ziffern geschlagen sind.

Das Auseinandernehmen des Schlosses wird in folgender Weise ausgeführt:

Die rechte Hand spannt das Schloß und stellt den Sicherungsflügel senkrecht; der Daumen der linken Hand zieht den Schloßhalter zur Seite; die rechte Hand zieht das Schloß aus der Hülse. — Die linke Hand umfaßt nun die Kammer — Schlagbolzenspitze nach unten — und drückt mit dem Daumen den Druckbolzen zurück. Dann schraubt die rechte Hand das Schlößchen ab. Die linke Hand setzt den Schlagbolzen — Spitze genau senkrecht — auf die Stempelplatte des Kolbens auf. Der Daumen der linken Hand drückt den Sicherungsflügel abwärts, bis der Ansatz der Schlagbolzenmutter aus der Nute des Schlößchens tritt. Die rechte Hand dreht darauf die Schlagbolzenmutter eine Viertelwendung rechts oder links und hebt sie ab. Das Schlößchen wird — unter ständigem Widerstand gegen den Druck der Schlagbolzenfeder — abgenommen. Die Schlagbolzenfeder wird vom Schlagbolzen gestreift. Der Sicherungsflügel wird rechts gelegt und herausgenommen. Soll der Kastenboden abgenommen werden, so drückt die rechte Hand mit der Geschoßspitze einer Exerzierpatrone auf den Haltestift und schiebt den Kastenboden nach hinten.

Das Zusammensetzen und Einführen des Schlosses erfolgt in umgekehrter Reihenfolge.

Die Schlagbolzenfeder wird auf den Schlagbolzen gestreift, das Schlößchen mit der Sicherung wird auf den Schlagbolzen gesteckt. Die linke Hand setzt den Schlagbolzen — Spitze genau senkrecht — auf einen festen Gegenstand. (Zur Schonung der Spitze Unterlage aus Holz, Filz, Pappe usw.; Lappen genügen nicht als Unterlage). Steht ein Reinigungslager zur Verfügung, so ist der Schlagbolzen genau senkrecht auf die am Lager angebrachte Platte zu setzen. Die rechte Hand stellt den Sicherungsflügel hoch. Der Daumen der linken Hand drückt den Sicherungsflügel abwärts, bis die Eindrehungen des Schlagbolzens freiliegen; die rechte Hand setzt die Schlag=bolzenmutter auf den Schlagbolzen und dreht sie so, daß ihr Ansatz in die Nute des Schlößchens tritt. Die rechte Hand schraubt das Schlößchen in die Kammer, bis der Druckbolzen hörbar in die Sicherungsrast springt und ein Weiterschrauben nicht mehr möglich ist. Die rechte Hand schiebt das Schloß in die Hülse und legt die Kammer rechts und den Sicherungsflügel links. Schloßgang und Sicherungsgang werden geprüft. Das Schloß wird entspannt, indem die linke Hand den Abzug zurückzieht und die rechte Hand die Kammer vorführt und rechts herumlegt. Das Aufbringen des Kastenbodens erfolgt, indem die flache rechte Hand den Kastenboden nach vorn schiebt.

Zur Reinigung der Waffe bedient der Schütze sich des Reinigungs=gerätes 34.

Das **Reinigungsgerät 34** und die Reinigungsstoffe (außer Waffenfett, Leinölfirnis und Putztuch) sind in einem Blechbehälter untergebracht. Dieser enthält:

1 Reinigungskette,
1 Reinigungsbürste,
1 Ölbürste,
1 Öltropfer,
1 Hülsenkopfwischer,
einige Reinigungsdochte.

Die **Reinigungskette** besteht aus Gliedern aus Stahldraht mit aufgeschobenen Aluminiumhülsen sowie einer Öse mit Wirbel zum Ziehen von Bürsten und Dochten durch den Lauf.

Die **Reinigungsbürste** ist eine Borstenbürste mit Messingdrahtbürste im Mittel=teil. Sie dient mit dem auf die Bürste aufzutragenden Reinigungsöl zum Lösen der im Lauf nach dem Schießen verbliebenen Rückstände.

Die **Ölbürste** dient zum Ölen und etwaigen Nachölen des gereinigten Laufinnern.

Der **Öltropfer** dient zum Mitführen des Waffenreinigungsöls für den täglichen Bedarf und zum Ölen der Bürsten.

Der **Hülsenkopfwischer** aus Stahlblech dient zum Reinigen und Ölen des Hülsen=kopfes und des Innern der Hülse mit Hilfe eines Reinigungsdochtes.

Der **Reinigungsdocht** besteht aus Baumwollfäden, 20fädig.

Er dient:

zum Entölen des Patronenlagers und des Laufinnern,

zum Entfernen der mit der Reinigungsbürste aufgelockerten Rückstände im Patronen=lager und Lauf,

zum Reinigen und Ölen des Hülsenkopfes und des Innern der Hülse in Verbindung mit dem Hülsenkopfwischer,

zum Abtupfen oder hauchartigen Ölen aller Stahlteile der Waffe.

Bei der **Reinigung des Gewehrs** sind folgende Punkte besonders zu beachten:

Blankmachen der Waffenteile, Beseitigen von schwarzen Flecken (Regen=flecken), Rostnarben oder Rostgruben führt zum vorzeitigen Verbrauch der Waffe. Feste Rückstände im Laufinnern, welche sich nicht durch vorschrifts=mäßiges Reinigen entfernen lassen, dürfen nur in der Waffenmeisterei be=seitigt werden.

Abblasen des Staubes, Hineinblasen in Bohrungen und Ausfräsungen erzeugt leicht Rost und ist zu unterlassen. Bei schroffem Temperaturwechsel ist der Mündungsschoner so lange auf der Waffe zu belassen und der Verschluß nicht zu öffnen, bis die Stahlteile äußerlich nicht mehr beschlagen sind. Erst dann darf gereinigt werden.

Es wird zwischen „Gewöhnlicher Reinigung" und „Hauptreinigung" unterschieden.

Die **„gewöhnliche Reinigung"** erfolgt nach dem Exerzieren, nach Zielübungen usw., wenn nicht geschossen wurde und wenn die Waffe nicht naß geworden oder stark verstaubt ist.

Bei der gewöhnlichen Reinigung soll das Laufinnere frisch geölt und die Waffe äußerlich von anhaftendem Staub oder Schmutz befreit werden.

Sie erfolgt durch einen Mann in nachstehender Reihenfolge:

a) Mündungsschoner aufsetzen, Deckel öffnen.

b) Schloß entnehmen.

c) Reinigungsdocht in die Öse der Reinigungskette einlegen.

d) Reinigungskette von der Patroneneinlage aus durch den Lauf fallen lassen und Reinigungsdocht trocken durch den Lauf ziehen; hierzu Waffe mit dem Kolben auf den Boden setzen, linke Hand greift zwischen Ober- und Unterring, rechte Hand zieht die Reinigungskette durch den Lauf. Beim Ziehen ist die Reinigungskette unter wiederholtem Vorgreifen um die Hand zu wickeln, Reibung der Kette am Mündungsschoner (bei MG.- und Pistolenläufen an der Mündung) muß vermieden werden.

e) Einölen des Laufinnern mit der geölten Ölbürste. Handgriffe wie unter d. Zum Ölen der Bürste wird der Bund des Tropfventils des Öltropfers zwischen Zeige- und Mittelfinger genommen. Durch Druck mit dem Daumen auf das Lüftventil werden sodann einige Tropfen Öl freigelassen.

f) Hülsenkopf und Hülse auswischen; hierzu Hülsenkopfwischer verwenden. Bei diesem wird ein reiner oder zum Laufreinigen verwendeter noch sauberer Reinigungsdocht durch das Ohr des Hülsenkopfwischers gezogen und fest um den gezahnten Steg geknotet. Die gleichen Enden des Dochtes werden um den Stiel gewickelt.

g) Mündungsschoner abnehmen und reinigen.

h) Schloß in zusammengesetztem Zustand äußerlich abtupfen und ölen.

i) Abwischen, Abtupfen und Ölen der Waffe äußerlich mit Putztuch und geöltem Reinigungsdocht.

Es ist darauf zu achten, daß jede Berührung der Reinigungskette, Dochte und Bürsten mit dem Fußboden, Sand und dergleichen vermieden wird. Nach jeder Waffenreinigung muß auch das Reinigungsgerät gesäubert werden.

Die **„Hauptreinigung"** ist durchzuführen nach jedem Schießen mit scharfer Munition, Platzpatronen oder Zielmunition und außerdem wenn die Waffe naß geworden oder stark verstaubt ist und wenn die Waffe auf Kammer gelagert werden soll.

Die Hauptreinigung des Laufinnern bezweckt das Entfernen der durch das vorläufige Einölen gelösten Rückstände und etwaiger Fremdkörper, wie Staub, Schmutz usw. Außerdem werden hierbei alle Außen- und Innenteile der Waffe gereinigt und entsprechend behandelt, um sie vor Verrosten zu schützen.

Die Hauptreinigung erfolgt durch **e i n e n** Mann in nachstehender Reihenfolge:

a) Mündungsschoner aufsetzen und Deckel öffnen.

b) Schloß entnehmen.

c) Reinigungsbürste ölen und zweimal vom Patronenlager aus mit der Reinigungs=kette durch den Lauf ziehen.

d) Zwei bis drei Reinigungsdochte einzeln mit der Kette vom Patronenlager aus einmal durch den Lauf ziehen. Sind die Reinigungsdochte beim Durchziehen nicht zu schmutzig geworden, so ist die innere Seite der Dochte nach außen zu wenden und das Durchziehen in gleicher Weise zu wiederholen. Das Laufinnere ist rein, wenn der zuletzt durch den Lauf gezogene Reinigungs=docht rein geblieben ist.

e) Ölbürste ölen und ein= bis zweimal mit der Reinigungskette vom Patronenlager aus durch den Lauf ziehen.

f) Mündungsschoner abnehmen und reinigen.

g) Mündung reinigen und hauchartig ölen.

h) Hülsenkopf und das Innere der Hülse auswischen.

i) Schloß zerlegen, reinigen und ölen.

k) Reinigen und Ölen der übrigen Stahlteile der Waffe unter Anwendung von Reinigungsdochten und Putztuch.

l) Reinigen und Firnissen des Schaftes und Handschutzes.

m) Verstreichen der Schafteinlassungen mit Waffenfett.

Im **N o t f a l l u n d i m F e l d e** dürfen, falls das Reinigungsgerät 34 und die vorgeschriebenen Reinigungsstoffe nicht vorhanden sind, verwendet werden:

Ein Strick oder stärkerer Bindfaden als Ersatz für die Reinigungskette.

Ein wollenes Läppchen, etwa 60 × 120 mm, je nach Stärke des Stoffes, als Ersatz für die Bürsten und Reinigungsdochte. Das Läppchen wird mit Rei=nigungskette oder Strick durch den Lauf gezogen.

Ungesalzenes Schweinefett kann als Ersatz für Waffenreinigungsöl zum vor=läufigen Einfetten, Reinigen des Laufinnern und Einfetten nach dem Reinigen Verwendung finden.

Jeder Mann hat sein **Seitengewehr** täglich auf Rostbildung und Be=schädigungen zu untersuchen. Aufgefundene Fehler müssen zur Abhilfe sofort gemeldet werden.

Täglich sind Klinge, Gefäß und Scheide erst mit einem reinen trockenen Lappen abzuwischen. Dann wird der Kasten des Griffs, sowie alle Stahl= und Eisenteile mit einem leicht gefetteten Lappen aus= und abgewischt. Putzen der Stahl= und Eisenteile ist verboten. Zum Schutze gegen Rostbildung ge=nügt überall ein Fetthauch, der durch einen leicht gefetteten Wollappen auf=zutragen ist. Zu starkes Fetten wirkt nachteilig. Staub und Schmutz im Kasten des Griffs und am Haken des Haltestifts werden mit einem Holzspan, um den man einen reinen Lappen wickelt, entfernt. Beim Reinigen der Klinge ist darauf zu achten, daß sie nicht mit der Spitze gegen die Wand oder den Fußboden gesetzt wird. Das Seitengewehr ist vielmehr mit der einen Hand freizuhalten, während die andere die Klinge reinigt.

2. Das M.=G. 34 als le. M.=G.
Beschreibung des M.=G.

Das M.=G. 34 ist eine Maschinenwaffe, bei der das Zuführen, das Einführen der Patronen in den Lauf (Patronenlager), das Verriegeln des Laufes durch das Schloß und das Entzünden der Patrone sowie das Entriegeln des Laufes und das Auswerfen der Patronenhülse durch den Rückstoß in Verbindung mit der Federkraft selbsttätig ausgeführt wird. Es kann als Maschinenwaffe zur Abgabe von Dauerfeuer oder als Selbst= ladewaffe zur Abgabe von Einzelfeuer benutzt werden.

Teile des M.=G.
Lauf mit Verriegelungsstück,
Schloß,
Schließfeder,
Mantel mit Verbindungsstück, Visiereinrichtung
  und Rückstoßve.stärker (S),
Gehäuse mit G.iffstück und Abzugvorrichtung,
Bodenstück, Kolben,
Deckel mit Zuführer oder Deckel mit Trommelhalter,
Geteilter Trageriemen.
Zum M.=G. 34 gehören ferner:
Bezug zum M.=G. 34,
Platzpatronengerät 34.

Im **Lauf** wird die Patrone entzündet und dem Geschoß Richtung und Drehung gegeben. Er gleicht dem des Gewehrs, nur ist die Wandung stärker. Am vorderen Ende hat er fünf Schmutzrillen, am hinteren Ende trägt er ein Gewinde zum Aufschrauben des Verriegelungsstückes. Dieses dient zum Verriegeln des Laufs durch das Schloß (Verschlußkopf) nach hinten.

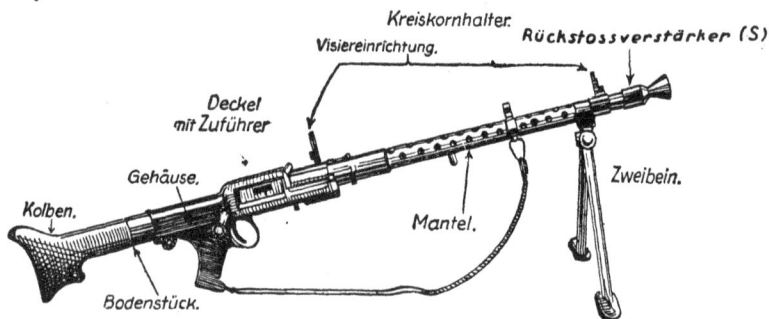

M.=G. 34 mit Gurtzuführung.

Das **Schloß** (Verschlußkopf mit Ausstoßer, Auszieher, Auswerfer, Ansätze mit Rollen, Stützhebel, Schlagbolzen, Schlagbolzenfeder, Schlag= bolzenmutter, Federlager und Schloßgehäuse) verriegelt den Lauf nach hinten, betätigt den Zuführer und dient zum Laden und Entzünden der Patronen sowie zum Ausziehen und Auswerfen der Patronenhülsen.

Der **Verschlußkopf** dient zum Verriegeln des Laufes nach hinten und in Verbindung mit dem Schloßgehäuse und Federlager zum Spannen der Schlagbolzenfeder.

Der **Ausstoßer** stößt die Patrone aus dem Patronenstahlgurt oder der Patronentrommel in den Lauf (Patronenlager).

Der **Auszieher** zieht mit seiner Kralle die Patronenhülse aus dem Lauf.

Der **Auswerfer** dient zum Auswerfen der Patronenhülse mit Hilfe des Auswerferanschlages am Gehäuse.

Die beiden Ansätze mit Rollen dienen in Verbindung mit den Kurven am Verriegelungsstück des Laufes und am vorderen Teil des Ge= häuses zur Drehung des Verschlußkopfes beim Verriegeln und Entriegeln des Laufes.

Der Stützhebel dient mit seiner Nase zum Zurückhalten des Schlagbolzens bei gespanntem Schloß und mit seinem Hebelarm zur Freigabe des Schlagbolzens bei verriegeltem Lauf.

Der Schlagbolzen dient mit Hilfe der Schlagbolzenfeder zum Entzünden der Patrone.

Die Schlagbolzenmutter verbindet den Verschlußkopf und das Schloßgehäuse mit Hilfe des Schlagbolzens und hält den Schlagbolzen bis zum Beginn der Verriegelung zurück.

Das Federlager ist in den langen Teil des Verschlußkopfes ein= gesetzt und bildet das hintere Widerlager für die Schlagbolzenfeder.

Das Schloßgehäuse dient zur Aufnahme des Verschlußkopfes zum Spannen der Schlagbolzenfeder mit Hilfe der Schlagbolzenmutter und zur Führung des Schlosses bei den Vor= und Rückwärtsbewegungen.

Die Schließfeder wirft das durch den Rückstoß zurückgeworfene Schloß wieder nach vorn und verriegelt mit ihm den Lauf nach hinten.

Der **Mantel** dient zur Lagerung und Führung des Laufes. Er ist durch das Verbindungsstück mit dem Gehäuse verbunden. Den vor= deren Abschluß bildet die Gewindebuchse mit einem Einschub für die Verwendung des Zweibeins als Vorderunterstützung. In die Ge= windebuchse wird der Rückstoßverstärker (S) zum Schießen mit scharfen Patronen eingeschraubt. Der mittlere Teil des Mantels — das Mantelrohr — ist zur besseren Abkühlung des Laufes mit Durch= brüchen versehen. Die Sperrfeder vorn unten am Mantelrohr verhindert ein selbständiges Lösen des Zweibeins aus dem Einschub. Der Ansatz mit Zapfen dient zum Festlegen des zurückgeklappten Zweibeins. Vor dem Verbindungsstück befindet sich der Einschub für das Zweibein zur Verwendung für die Mittelunterstützung. Die Sperrfeder vor dem hinteren Einschub verhindert ein selbständiges Lösen des Zweibeins aus dem Einschub. Oben auf dem Mantel befindet sich die mechanische Visiereinrichtung für den Erdzielbeschuß, das Flie= gervisier (in das Stangenvisier eingeklappt) und der Kreiskorn= halter zum Aufsetzen des Kreiskorns für den Flugzielbeschuß.

Der hintere Teil des Mantels — das Verbindungsstück — mit Bohrung für den Gehäusezapfen dient zur Verbindung des Mantels mit dem Gehäuse und zur hinteren Lagerung und Führung des Laufes. An der linken Seite befindet sich die Gehäusesperre. Sie verhindert ein selbständiges Ausdrehen des Mantels vom Gehäuse oder umgekehrt. An der rechten unteren Seite ist die Verschlußsperre angebracht, die bei

Abgabe eines Schusses das vorzeitige Zurückdrehen des Verschlußkopfes verhindert.

Das **Gehäuse** ist durch einen Zapfen und eine Leiste mit dem Mantel (Verbindungsstück) verbunden. Es dient zur Lagerung und Führung des Schlosses und zur Aufnahme der Schließfeder. Nach oben wird das Gehäuse durch den Deckel mit Zuführer oder den Deckel

1. Vorderer Einschub für das Zweibein zur Vorderunterstützung.
2. Hinterer Einschub für das Zweibein zur Mittelunterstützung.
3. Deckel und Zuführeroberteil.
4. Gehäuse.
5. Zuführerunterteil.
6. Trageriemen.
7. Hintere Sperrfeder.
8. Ansatz mit Zapfen zum Festlegen des Zweibeins.
9. Öse zum Einhaken des Trageriemens.
10. Vordere Sperrfeder.

mit Trommelhalter abgeschlossen. Am hinteren Teil ist die Boden= stücksperre mit Feder befestigt und das Bodenstück mit Kolben abnehmbar angebracht. Unten befindet sich das Griffstück mit Ab= zugsvorrichtung und Sicherung. Hinter dem Griffstück ist der Befestigungsbolzen zum Einsetzen des M.=G. in die M.=G.=

Lafette in den Zwillingssockel 36 usw., vor dem Griffstück sind Ansätze für den Hülfensack und ein Durchbruch für den Hülfenauswurf. Im linken Teil der Wandung lagert die Vorholstange mit Feder. Sie drückt den Lauf nach der Entriegelung wieder in seine alte Lage zurück. An der rechten Seite befindet sich der Spannschieber mit Blattfeder zum Anheben der Verschlußsperre, zum Zurückziehen des Schlosses und Spannen der Schließfeder sowie ein Ansatz zum Nachvornstoßen des Auswerfers (Auswerferanschlag).

Das **Bodenstück** verschließt das Gehäuse nach hinten und dient als Widerlager für die Schließfeder, sowie zur Anbringung des Kolbens. Im Bodenstück befindet sich eine Pufferfeder, die ein zu hartes Anschlagen des Schlosses nach rückwärts verhindert.

Der Kolben ist abnehmbar am Bodenstück befestigt und dient zum Einziehen des M.=G. in die Schulter.

Der **Deckel mit Zuführeroberteil** dient bei Verwendung des Patronen= stahlgurtes in Verbindung mit dem Zuführerunterteil zum Zuführen der Patronen. Der Zuführerunterteil ist zum Einhängen der Gurt= trommel 34 eingerichtet. Am Deckel befindet sich der Deckelriegel. Auf dem vorderen Teil des Deckels wird der Zuführeroberteil aufgeschoben. Auf der Innenseite des Deckels ist der Transport= und Gurtschieberhebel mit einem Zapfen beweglich befestigt. Der vordere Teil des Deckels läuft in einen hakenförmigen Ansatz aus, mit dem der Deckel am Gehäuse angebracht ist.

Der geteilte Trageriemen dient zum Umhängen des M.=G. auf dem Marsche und als Handgriff zum Tragen desselben beim sprung= weisen Vorgehen im Gefecht.

Die **Fliegervisiereinrichtung** besteht aus dem Fliegervisier, das in die Visierstange für das Erdvisier eingelassen ist, und dem Kreiskorn, das in seinem Fuß in den Kreiskornhalter am Mantel eingesetzt wird. Die drei Kreise des Kreiskornes sind durch ein Fadenkreuz und vier Zwischenstreben miteinander verbunden.

Das Platzpatronengerät 34
besteht aus
Lauf mit Muffe
Einsatzstück mit Verriegelungsstück.

Es wird zum Schießen mit Platzpatronen verwendet. Der Lauf, das Einsatzstück und das Verriegelungsstück sind aus einem M.=G.=Lauf 34 oder einem M.=G.=Lauf 08 bzw. 08/15 gefertigt.

Das Einsatzstück bildet den hinteren Teil des Platzpatronengerätes.

Die Muffe ist ein Hohlzylinder. Sie dient zur Verbindung des Laufes mit dem Einsatzstück. Vor jedem scharfen Schießen muß das Platzpatronengerät gegen einen Lauf 34 ausgewechselt werden.

a) Lauf zum Pl.-Patr.-Gerät 34 (vollständig)

3   4   1   2

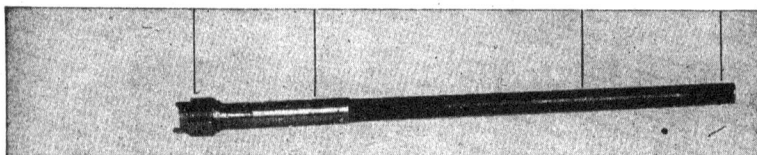

b) Lauf zum Pl.-Patr.-Gerät 34 (zerlegt)

4   1   2

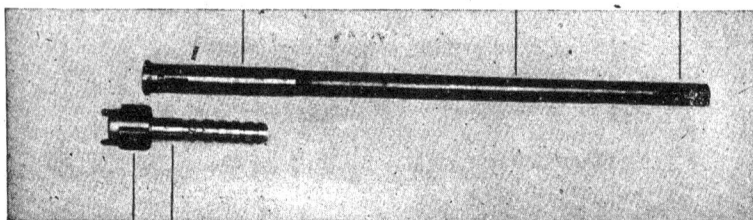

3 5

1. Lauf. 2. Schmutzrillen. 3. Verriegelungsstück. 4. Muffe. 5. Einsatzstück.

Vorgang in der Waffe beim Schuß.

Beim Laden.

Das Schloß befindet sich in der vordersten Stellung, Schlagbolzenfeder entspannt. Durch das Zurückziehen des Schlosses in seine hinterste Stellung wird der Verschluß entriegelt und die Schlagbolzenfeder sowie die Schließfeder gespannt.

Der Spannschieber hebt mit der Blattfeder die Verschlußsperre an, legt sich mit dem Mitnehmer (Ansatz) vor das Schloßgehäuse und nimmt zunächst dieses mit zurück. Hierbei gleiten die Gleitsteine (Ansätze am langen Teil des Verschlußkopfes) in den kurvenförmigen Durchbrüchen im Schloßgehäuse entlang und unterstützen die Kurvenstücke (am vorderen Teil des Gehäuses) bei der Drehung des Verschlußkopfes aus dem Verriegelungsstück des Laufes. Die Verriegelung ist gelöst. Vergleiche die Vorgänge beim Hochheben (nach links drehen) des Kammerstengels beim Gewehr.

Durch die Drehbewegung des Verschlußkopfes wird das Schloßgehäuse zurückgedrückt und die Schlagbolzenfeder mit Hilfe der Schlagbolzenmutter gespannt. Der Stützhebel am Verschlußkopf tritt mit seiner Nase vor den Ansatz (Bund) des Schlagbolzens, ohne ihn zunächst zu halten, da er noch von der Schlagbolzenmutter und vom Schloßgehäuse zurückgehalten wird.

Gleichzeitig werden die Zapfen mit den Rollen am Verschlußkopf durch die Kurven am vorderen Teil des Gehäuses in die Führungsbahn des Schlosses gebracht. Das Schloß trennt sich vom Lauf und wird in die hinterste Stellung gebracht. Der Stollen des Abzugshebels legt sich vor die Nase am unteren Teil des Schloßgehäuses und hält das Schloß fest. Der Gurt wird so in den Zuführer gezogen oder gelegt, daß die erste Patrone an die Schloßbahn zu liegen kommt. Vergleiche das Zu = rückziehen der Kammer und das Eindrücken von fünf Pa = tronen in die Mehrladeeinrichtung beim Gewehr.

Bei der Schußabgabe.

(Das M.=G. ist entsichert.)

Durch das Zurückziehen des Abzuges wird der Stollen des Abzugs= hebels aus der Führungsbahn des Schlosses gebracht und das Schloß freigegeben. Die gespannte Schließfeder wirft das Schloß nach vorn. Beim Nachvornschnellen des Schlosses wird die über der Schloßbahn be= findliche Patrone vom Ausstoßer aus dem Patronengurt bzw. Patronen= trommel gestoßen und in das Patronenlager des Laufes geschoben. Bei der Gurtzuführung betätigen die beiden Ansätze am Schloßgehäuse den Transporthebel. Dadurch wird der Patronengurt vom Gurtschieberhebel so weit nach rechts (links) geschoben, daß die nächste Patrone über die Schloßbahn zu liegen kommt. Der Schlagbolzen wird noch von der Schlagbolzenmutter und dem Schloßgehäuse festgehalten.

Durch die Kurven des Verriegelungsstückes am Lauf wird der Ver= schlußkopf mit Hilfe der Zapfen mit Rollen zu einer Drehung gezwungen und in die Verriegelungskämme des Verriegelungsstückes eingedreht. Kurz nach Beginn der Drehung des Verschlußkopfes wird der Schlagbolzen von der Schlagbolzenmutter und dem Schloßgehäuse freigegeben. Er stützt sich jetzt mit seinem Bund gegen die Nase des Stützhebels. Während der Drehung wird das Schloßgehäuse durch die Schließfeder noch weiter gegen den Verschlußkopf gedrückt. Dadurch schiebt sich die schräge Fläche am Schloßgehäuse über den Stützhebelarm. Die Nase des Stützhebels gibt jetzt den Schlagbolzen frei. Gleichzeitig greift die Verschlußsperre über einen Zapfen mit Rollen am Verschlußkopf und verhindert ein Zurück= prallen desselben.

Der Schlagbolzen schnellt vor und entzündet die Patrone.

Vergleiche das Vorschieben der Kammer (mit einer Patrone), das Nachrechtsdrehen des Kammerstengels und das Zurückziehen des Abzuges beim Gewehr.

Beim Entladen.

Durch den Rückstoß werden die verriegelten Teile (Lauf und Schloß) zurückgeworfen. Die Zapfen mit Rollen des Verschlußkopfes laufen hierbei mit ihren oberen Rollen auf den Kurvenstücken im Gehäuse und zwingen den Verschlußkopf mit Hilfe der Zapfen und oberen Rollen zu einer Drehung. Die unteren Rollen der Zapfen laufen auf den Kurven des Verriegelungsstückes. Damit wird die Verriegelung aufgehoben, d. h. das Schloß vom Lauf getrennt und nach rückwärts geworfen. Durch die

Drehung des Verschlußkopfes wird das Schloßgehäuse und die Schlag=
bolzenmutter mit Schlagbolzen zurückgedrückt und die Schlagbolzenfeder
gespannt.

Bei der Drehung und dem Entfernen des Verschlußkopfes vom Lauf
wird die vom Auszieher erfaßte Patronenhülse im Patronenlager ge=
lockert und aus dem Lauf gezogen.

Der Lauf geht so weit zurück, bis die Entriegelung durch die Drehung
des Verschlußkopfes beendet ist. Durch die Vorholstange mit Feder und
die Ansätze im Kopf des Gehäuses (Kurvenstücke) wird der Lauf in seiner
Rückwärtsbewegung begrenzt. Die Vorholstange mit Feder wirft den
Lauf sofort wieder in seine vordere Lage.

Die vom Auszieher erfaßte Patronenhülse wird beim Rücklauf des
Schlosses vom Auswerfer, der mit seinem hinteren Teil an den Aus=
werferanschlag am Gehäuse stößt, nach unten ausgeworfen. Vergleiche
das Ausziehen und Auswerfen der Patronenhülse beim
Gewehr (Entladen).

Durch die Rückwärtsbewegung des Schlosses wird die Schließfeder
gespannt. Der Vorgang wiederholt sich so lange, bis keine Patrone mehr
zugeführt wird oder der Schütze den Abzug losläßt.

Beim Sichern und Entsichern.

Zum Sichern der Waffe wird der Sicherungsflügel so weit nach hinten
geschwenkt. bis das „F" verdeckt und nur das „S" sichtbar ist. Dabei legt
sich die Achse der Sicherung über den vorderen Arm des Abzugshebels und
sperrt denselben. Gesichert werden darf nur, wenn sich das
Schloß in der hintersten Stellung befindet. Der Versuch zu
sichern, wenn sich das Schloß in der vordersten Stellung oder auf dem
Wege nach vorn oder rückwärts befindet, ist nicht nur zwecklos, sondern
führt nur zu empfindlichen Störungen (Festklemmen des Schlosses im
Gehäuse).

Zum Entsichern wird der Sicherungsflügel so weit nach vorn ge=
schwenkt, bis das „F" sichtbar und das „S" verdeckt ist.

Zurechtmachen des M.=G. 34 zum Schießen.

A. Das M.=G. 34 muß vom Waffenmeister einwandfrei instandgesetzt sein.

B. Beim Zurechtmachen des M.=G. zum Schießen hat die Bedienung
folgende Punkte zu beachten:

Munition, Gurte (Patronentrommel 34) und Patronenlager.

1. Für das Schießen mit M.=G. 34 sind nach Möglichkeit nur Patronen
aus Originalpackungen zu verwenden; Patronen, die sich nicht mehr
in der Originalpackung befinden, werden zweckmäßig nur aus dem
Gewehr verschossen.

2. Verbeulte Patronen, Patronen mit eingedrückten Geschossen oder verrosteten Hülsen dürfen nicht gegurtet werden.

3. Vor dem Füllen eines neuen Patronengurtes müssen innen die Taschen gereinigt und dann hauchartig eingeölt werden (Gurte außen und Patronen selbst nicht einölen).

4. Jeder Gurt muß vor dem Füllen nachgesehen werden auf Beschä= digungen (verbogene Krallen, gerissene Taschen usw.).

5. Gefüllte Gurte nachsehen auf richtigen Sitz der Patronen im Gurt (beschädigte Patronen müssen aus dem Gurt entfernt werden).

6. Lauf nachsehen, ob **Patronenlager** und Verriegelungsstück sauber sind, auch bei den Vorratsläufen.

Lagerung und Führung des Laufes.

1. Den Rückstoßverstärker (S) abschrauben und auf Sauberkeit nach= sehen (besonders die Düse). An den Stellen, die dem Lauf seine vordere Lagerung und Führung im Rückstoßverstärker (S) geben, darf sich kein Schmutz (Rückstände) befinden. Der Rückstoßverstärker (S) muß fest eingeschraubt sein und von der Sperre zuverlässig ge= halten werden.

2. Die einwandfreie Lagerung und Führung des Laufes im Mantel prüfen. Dazu den Lauf bei ausgeklapptem Mantel bzw. Gehäuse mehrmals zurückziehen und vorwärtsschieben.

3. Beim Pl.=Patr.=Gerät prüfen, ob das Einsatzstück sich zwanglos in der Muffe bewegen läßt.

Das zwanglose Arbeiten der Vorholstange prüfen, indem die Federung der Vorholstange mit einer Exerzierpatrone oder einem Stück Holz durch Zurückdrücken und Loslassen untersucht wird.

Lagerung, Führung und Arbeitsleistung des Schlosses.

1. Das Schloß prüfen auf:

a) Gängigkeit im Gehäuse (durch mehrmaliges Vorgehenlassen und Zurückziehen prüfen, ob es sich zwanglos bewegen läßt),

b) Federung und Abnutzung des Ausstoßers,

c) unbeschädigte Ansätze und gängige Rollen,

d) unbeschädigte Verriegelungskämme,

e) einwandfreies Arbeiten des Stützhebels. Er muß den Schlag= bolzen bei Beginn der Drehung des Verschlußkopfes richtig zu= rückhalten (Schlagbolzenmutter muß g a n z eingeschraubt sein),

f) unbeschädigtes Schloßgehäuse (Rampe, Schrägflächen, Führungs-schienen),

g) einwandfreies Arbeiten des Schlagbolzens. Beim entspannten Schloß muß er mit seiner Spitze richtig am Verschlußkopf vor-stehen. Die Schlagbolzenspitze muß frei von Grat und nicht ver-bogen sein,

h) Spannkraft der Schlagbolzenfeder; auf den Schlagbolzen aufge-streift, soll sie diesen um mindestens zwei Gewindegänge über-ragen,

i) ordnungsmäßigen Sitz des Federlagers,

k) ordnungsmäßiges Arbeiten des Ausziehers und Auswerfers.

2. Den Auswerferanschlag am Gehäuse nachprüfen, ob er nicht abge-nutzt oder loder ist (mit Exerzierpatronen laden und entladen; dabei sich überzeugen, ob die Exerzierpatrone [Hülse beim Schießen] scharf nach unten ausgeworfen wird).

Ebenso sind die Vorratsteile (Lauf und Schloß) zu prüfen.

3. Schließfeder nachsehen, ob sie genügend Spannkraft hat (beim Zu-rückziehen des Schlosses mit dem Spannschieber muß ein erheblicher, ständig zunehmender Druck festgestellt werden). Sie muß min-destens die Länge vom hinteren Teil des Gehäuses bis über den hinteren Einschub für das Zweibein haben.

4. Den Abzughebel nachsehen, ob er nicht klemmt, ob der Abzug-stollen das Schloß einwandfrei zurückhält und beim Zurückziehen des Abzuges richtig losläßt.

5. Prüfen der gleitenden Teile im Zuführeroberteil (Zubringehebel, Gurthebel, Transportstange usw.).

6. Der Ansatz an der Verschlußsperre darf nicht abgenutzt sein. Die Verschlußsperre muß bei hergestellter Verriegelung des Laufes durch den Verschlußkopf zuverlässig über den Ansatz mit Rollen treten. Auch darf sie in ihrer Bewegung durch Schmutz usw. nicht ge-hemmt werden. Fehlerhaftes Arbeiten der Verschlußsperre führt zu Versagern oder Bodenreißern.

7. Sind die Patronengurte, die Munition und das M.-G. 34 nach-gesehen und in Ordnung, so sind die beweglichen Teile einzuölen und mit Schwefelblüte zu bestreuen, und zwar:

Verriegelungsstück des Laufes (nur außen),

Schloß,

Zuführer und

Vorholstange.

Hemmungen.

Durch genaue Kenntnis der Waffe, sorgfältiges Zurechtmachen des M.-G. zum Schießen und vorschriftsmäßige Behandlung des M.-G.-Geräts werden Hemmungen auf ein Mindestmaß beschränkt.
Hemmungen können eintreten durch:

1. Fehlerhafte Behandlung des M.-G. durch die Bedienung.
2. Ungenügendes Ölen der beweglichen Teile.
3. Starke Verschmutzung der Waffe.
4. Abnutzung, Beschädigung oder Bruch einzelner Teile.
5. Lahmwerden und Brechen von Federn.
6. Schlechte oder schadhafte Munition.

Unterbricht das M.-G. beim Schießen ohne Einwirkung des Schützen die Feuertätigkeit, so läßt der Schütze sofort den Abzug los und zieht mit der rechten Hand das Schloß mit dem Spannschieber so weit zurück, bis es vom Stollen des Abzugshebels festgehalten wird. Wird das Schloß vom Stollen des Abzugshebels nicht gehalten, so muß der Spannschieber mit der rechten Hand festgehalten werden. Dann öffnet der Schütze mit der linken Hand den Deckel, nimmt den Gurt aus dem Zuführer und sieht nach, ob eine Patrone im vorderen Teil des Gehäuses oder im Lauf zurückgeblieben ist. Befindet sich eine Patrone im vorderen Teil des Gehäuses, so ist sie so rasch als möglich zu entfernen. Ist die Schloßbahn frei, aber eine Patrone im Lauf stecken geblieben, dann läßt der Schütze das Schloß bei geschlossenem Deckel (wenn nötig zweimal) nach vorn schnellen. Geht der Schuß nicht los, so ist, um eine Selbstentzündung der Patrone in dem heißen Lauf bei geöffnetem Verschluß zu verhindern, das Schloß in der vorderen Stellung zu belassen. Hat sich nach fünf Minuten der Schuß nicht gelöst, dann kann das Schloß zurückgezogen werden. Wird die Patrone auch hierbei nicht aus dem Lauf gezogen, so ist das Schloß zu wechseln und erneut, wenn nötig zweimal, nach vorn schnellen zu lassen. Geht auch jetzt der Schuß nicht los, so ist der Lauf zu wechseln und die Patrone durch den Waffenmeistergehilfen aus dem Lauf zu entfernen. Nie darf der heißgeschossene Lauf mit einer scharfen Patrone im Patronenlager sofort gewechselt werden.

Erkennen, Ursache und Beseitigung von Hemmungen.

1. **Hemmung**: Patrone geht nicht in den Zuführer oder wird nicht zugeführt. Lauf ist frei, Schloß in Ordnung und richtig nach vorn gegangen.

Ursache:	Abhilfe:
Patrone steht im Gurt zu weit nach hinten und bleibt im Einlauf des Zuführers hängen. (Gurt schlecht gefüllt, zu weites Gurtglied oder verbogen.) Zubringehebel abgenutzt.	Schloß zurückziehen, Deckel öffnen, Patrone richtig in das Gurtglied schieben.
	Laden und versuchen weiterzuschießen. Schießt das M.-G. nicht weiter, dann sofort abgenutzten Zubringehebel durch Waffenmeister auswechseln lassen.
Feder zum Zubringehebel lahm oder gebrochen.	Durch Waffenmeister neue Feder einsetzen lassen.

2. **Hemmung**: Schloß ist in seiner Vorwärtsbewegung gehemmt. Es ist an der Patrone (im Gurt oder Trommel) hängen geblieben.

Ursache:	Abhilfe:
Rücklauf des Schlosses ungenügend, weil Rückstoß zu schwach, bewegliche Teile verschmutzt oder nicht geölt.	Verschmutzte Teile reinigen und ölen.
Reibeflächen des Schlosses zu rauh.	Schloßwechsel.
Kurven am Verriegelungsstück zu rauh oder Hülse klemmt im Patronenlager.	Laufwechsel.
Feuerdämpfer locker.	Feuerdämpfer festschrauben.
Patrone sitzt zu fest im Gurt (verbogenes Gurtglied).	Patrone aus dem Gurtglied entfernen.
Zu schwache Schließfeder.	Schließfeder auswechseln.

3. **Hemmung**: Schloß steht in vorderster Stellung, Lauf ist verriegelt, aber keine Patrone im Patronenlager.

Ursache:	Abhilfe:
Ausstoßer abgenutzt oder abgebrochen.	Schloß wechseln.
Feder zum Ausstoßer lahm oder gebrochen.	Schloß wechseln.
Zubringefeder lahm oder gebrochen.	Durch Waffenmeister neue Zubringefeder einsetzen lassen.

4. **Hemmung**: Schloß steht in vorderster Stellung. Beim Durchladen wird eine scharfe Patrone ausgeworfen.

Ursache:	Abhilfe:
Schlagbolzen gebrochen oder zu kurz. } Schlagbolzenfeder lahm oder gebrochen. }	Schloßwechsel. Neuen Schlagbolzen (neue Feder) einsetzen.
Stützhebel abgenutzt oder abgebrochen.	Durch Waffenmeister instandsetzen lassen.
Verschlußsperre abgenutzt oder abgebrochen bzw. Feder lahm oder gebrochen.	Durch Waffenmeister neue Verschlußsperre oder neue Feder einsetzen lassen.
Verbeulte Patrone im Lauf	Durchladen und weiterschießen.
Laufvorholstange sitzt in hinterer Stellung fest.	Durch Waffenmeister Anstauchung oder Grat am Gehäuse entfernen lassen.
Verschmutzte oder rauhe Verriegelungskämme.	Reinigen und ölen.

5. **Hemmung**: Die neue Patrone ist mit ihrer Spitze auf die noch im Lauf steckengebliebene Hülse gestoßen.

Ursache:	Abhilfe:
Auszieher abgenutzt oder gebrochen.	Schloßwechsel.
Feder zum Druckstück des Ausziehers lahm oder gebrochen.	Durch Waffenmeister instandsetzen lassen.
Hülse klemmt im Patronenlager.	Gurt- oder Trommelwechsel, Schloß nochmals vorschnellen lassen und wieder zurückziehen. Wenn ohne Erfolg, dann Laufwechsel.
Patronenboden abgerissen (Hülsenreißer).	Laufwechsel. Später Hülse aus dem Lauf entfernen.

6. **Hemmung**: Die Hülse ist durch das vorgehende Schloß in der Auswurföffnung festgeklemmt.

Ursache:	Abhilfe:
Auswerfer abgenutzt.	Schloßwechsel. Durch Waffenmeister instandsetzen lassen.
Auswerferanschlag lose oder abgenutzt.	Durch Waffenmeister neue Befestigungsschrauben oder neuen Auswerferanschlag einsetzen lassen.
Ungenügender Rücklauf.	Siehe 2. Hemmung.
Hülse außerhalb des M.-G. aufgeprallt und in das M.-G. zurückgesprungen.	Stellung des M.-G. ändern.

Bei der **Reinigung** des M.-G. unterscheidet man die gewöhnliche und die gründliche Reinigung.

Nach dem gewöhnlichen Dienst werden nur Staub, Schmutz, altes Fett und Feuchtigkeit beseitigt. Dann werden die einzelnen Teile eingefettet. Nach jedem Schießen wird dagegen das M.-G. **gründlich gereinigt**. Hierzu wird es auseinandergenommen. Die einzelnen Teile legt der Schütze auf saubere Unterlagen und reinigt sie von Schmutz, Öl und Pulverrückständen. Das Laufinnere wird wie der Gewehrlauf gereinigt. Nachdem alle Teile gereinigt und leicht eingeölt sind, wird das Gewehr wieder zusammengesetzt.

3. Die Maschinenpistole (M.-P. 38 und 40).

Allgemeines.

Die Maschinenpistole ist eine besonders für den Nahkampf geeignete Waffe. Sie ermöglicht Abgabe von Dauerfeuer auf Entfernungen bis 200 m. Auf größere Entfernungen verspricht ihr Einsatz keine Wirkung.

Die M.-P. 38 und 40 sind Rückstoßlader, d. h. das Einführen der Patrone in den Lauf, das Entzünden der Patrone und das Ausziehen sowie das Auswerfen der Patronenhülse erfolgt durch den Rückstoß in Verbindung mit der Federkraft. Der Lauf steht beim Schießen fest.

Aus den M.-P. 38 und 40 kann nur die „Pistolenpatrone 08" verschossen werden. Die Zuführung der Patronen erfolgt durch ein Magazin mit 32 Schuß. Die Schußfolge beträgt 350—400 Schuß, die praktische Feuergeschwindigkeit 80 bis 90 Schuß in der Minute.

Beschreibung der M.-P. 38 und 40.

Im **Lauf** wird die Patrone zur Entzündung gebracht und dem Geschoß Richtung und Drehung gegeben. Er steht beim Schießen fest.

Auf dem vorderen oberen Teil des Laufes befindet sich das Korn mit dem Kornschutz. Auf dem vorderen unteren Teil des Laufes ist ein Widerlager, das ein Zurückrutschen der M.-P. beim Schießen aus Panzerwagen usw. verhindert. Eine am Laufe befestigte Schiene dient zur Auflage des Laufs auf Panzerwände usw.

Das **Gehäuse** ist bei der M.-P. 38 glatt, bei der M.-P. 40 mit Rillen versehen. Es dient zur Lagerung und Führung des Verschlusses. Auf seiner oberen Seite befindet sich das Visier. Es kann auf zwei Entfernungen eingestellt werden (Standvisier 100 m, Visierklappe 200 m). Vorn unten am Gehäuse befindet sich der **Magazinhalter** zum Anbringen des Magazins. Die Magazinsperre hält das Magazin fest. Hinter dem Magazinhalter befindet sich der Auswerfer zum Auswerfen der leeren Patronenhülsen.

Der **Schaft** dient zur Lagerung des Laufes und des Gehäuses sowie zur Handhabung der M.-P. Er ist mit dem Gehäuse durch den Sperrbolzen (Ver-

ſchlußbolzen) verbunden. An der Unterſeite des Schaftes befindet ſich die **Abzugs=**
vorrichtung.

Die **Schulterſtütze** dient zum Einziehen der M.=P. in die Schulter beim
Schießen. Sie kann bei Nichtbenutzung nach vorn unter den Schaft geklappt
werden.

Der **Verſchluß** dient zum Einführen der Patrone in den Lauf, zum Ver=
ſchließen des Laufes nach rückwärts, zum Entzünden der Patrone ſowie zum
Ausziehen und Auswerfen der Patronenhülſe. Er ſetzt ſich zuſammen aus:

Kammer mit Auszieher und Kammergriff,

Schlagbolzen (teleſkopartiges Gehäuſe mit Schließfeder und Puffer).

Die **Schließfeder** wirft den durch den Rückſtoß zurückgeworfenen Verſchluß
wieder nach vorn. Sie dient gleichzeitig als Schlagbolzenfeder.

M.=P. mit ausgeklappter Schulterſtütze.

1 Schulterſtütze	6 Sicherungsraſt
2 Druckſtück zur Schulterſtütze	7 Viſier
3 Griffſtück	8 Kammergriff
4 Kaſten	9 Magazin
5 Sperrbolzen	10 Magazinſperre

Auseinandernehmen und Zuſammenſetzen der M.=P. 38 und 40.

Vor dem Auseinandernehmen muß die M.=P. entladen und entſpannt ſein
(Lauf frei, Verſchluß in vorderſter Stellung).

1. Der Sperrbolzen (Verſchlußbolzen) wird mit Daumen und Zeigefinger der linken
Hand nach unten herausgezogen und um etwa 90 Grad gedreht.

2. Lauf mit Gehäuſe (Hülſe), Magazinhalter und Verſchluß wird aus dem Kaſten
genommen. Die rechte Hand umfaßt das Griffſtück und zieht mit dem Zeige=
finger den Abzug zurück.

Die linke Hand erfaßt das Gehäuſe am Magazinhalter, dreht den Lauf
mit Gehäuſe etwa eine viertel Drehung nach rechts und nimmt dieſe Teile nach
vorn aus dem Kaſten.

3. Die Mündung wird etwas angehoben, der Verschluß mit der rechten Hand aufgefangen und aus dem Gehäuse genommen.

Das **Zusammensetzen** der M.-P. erfolgt in umgekehrter Reihenfolge.

Das Reinigen der M.-P. erfolgt mit dem Reinigungsgerät 34 gem. H.Dv.256.

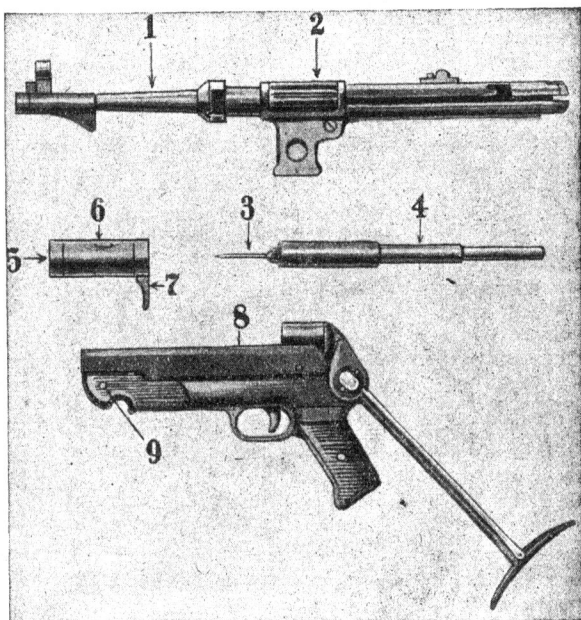

M.-P. auseinandergenommen.

1 Lauf	5 Kammer
2 Gehäuse	6 Auszieher
3 Schlagbolzen	7 Kammergriff
4 Teleskopartiges Gehäuse	8 Kasten
mit Schließfeder	9 Sperrbolzen (Verschlußbolzen)

Vorgang in der Waffe beim Schuß.

In der geladenen M.-P. wird der zurückgezogene Verschluß vom Abzugstollen festgehalten.

Durch das Zurückziehen des Abzuges wird der Abzugstollen nach unten geschwenkt und der Verschluß freigegeben.

Unter dem Druck der Schließfeder schnellt der Verschluß nach vorn und schiebt dabei die oberste Patrone aus dem Magazin in den Lauf. Die Kralle des Ausziehers legt sich in die Rille am Patronenboden. Sobald der Verschluß durch seine Masse und den Druck der Schließfeder den Lauf nach hinten abgeschlossen hat, wird die Patrone durch die aus dem Verschluß hervorragende Schlagbolzenspitze entzündet. Durch den Druck der Pulvergase wird der Verschluß nach rückwärts geworfen. Dabei nimmt der Auszieher die Patronenhülse so weit mit zurück, bis sie von dem Auswerfer nach oben rechts durch die Hüllenauswurföffnung ausgeworfen wird.

4. Die Pistole 08.

a) Beschreibung der Pistole.

Die Pistole 08 ist ein Selbstlader. Sie besorgt selbsttätig nach dem Schuß Ausziehen und Auswerfen der leeren Patronenhülse sowie das Laden einer neuen Patrone. Der Schütze braucht nur das Füllen und Einführen des Magazins und das Laden des ersten Schusses zu tätigen. Er hat dann nach jedem Schuß eine sofort wieder schußbereite Waffe in der Hand, solange sich noch eine Patrone im Magazin befindet.

Die Pistole 08 besteht aus Lauf, Hülse, Verschluß, Griffstück mit Deckplatte, Sperrstück und Griffschalen, Visiereinrichtung, Abzugsvorrichtung, Sicherung, Mehrladeeinrichtung.

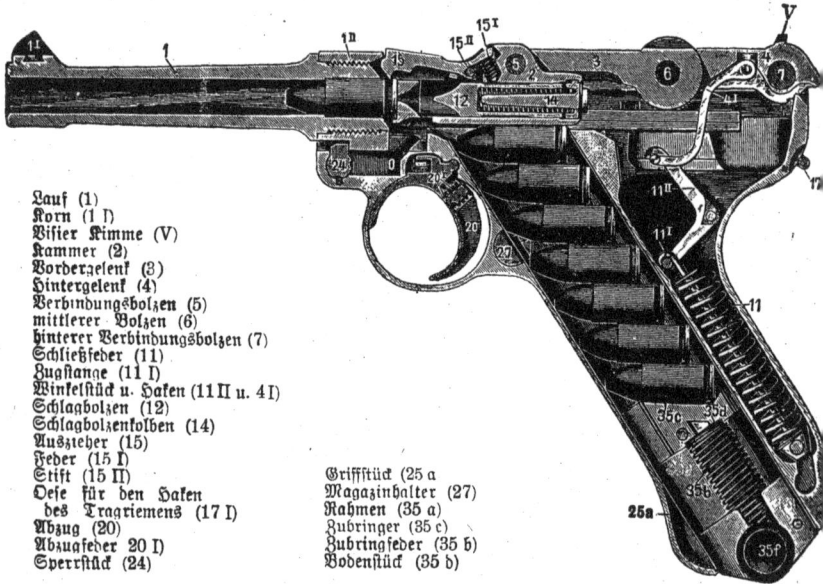

Lauf (1)
Korn (1 I)
Visier Kimme (V)
Kammer (2)
Vordergelenk (3)
Hintergelenk (4)
Verbindungsbolzen (5)
mittlerer Bolzen (6)
hinterer Verbindungsbolzen (7)
Schließfeder (11)
Zugstange (11 I)
Winkelstück u. Haken (11 II u. 4 I)
Schlagbolzen (12)
Schlagbolzenkolben (14)
Auszieher (15)
Feder (15 I)
Stift (15 II)
Oese für den Haken
  des Tragriemens (17 I)
Abzug (20)
Abzugfeder 20 I)
Sperrstück (24)

Griffstück (25 a)
Magazinhalter (27)
Rahmen (35 a)
Zubringer (35 c)
Zubringerfeder (35 b)
Bodenstück (35 b)

Der **Lauf** besteht aus dem gezogenen Teil und dem glatten Teil oder Patronenlager. Der gezogene Teil besitzt 6 nach rechts gewundene Züge und ein Kaliber von 9 mm.

Der Lauf ist in die aus zwei Gabelstücken bestehende **Hülse** eingeschraubt. Die Gabelstücke gehen nach vorn in einen Hohlzylinder, den Hülsenkopf, über. In diesem befindet sich das Muttergewinde zum Festschrauben des Laufes. Nach hinten laufen die Gabelstücke in Backen aus, die durch an ihrer Innenseite angebrachte Nuten die Verbindung mit dem Verschluß und durch an ihrer Außenseite angebrachte Nuten die Verbindung mit dem Griffstück herstellen.

Im linken Gabelstück ist die Abzugsstange mit dem Stangenbolzen und der Stangenfeder, im rechten Gabelstück der Auswerfer angebracht. Der Grenzstollen unterhalb des Hülsenkopfes legt sich vorn gegen das Sperrstück und begrenzt dadurch die Rück- und Vorwärtsbewegung von Hülse und Lauf.

Der **Verschluß** besteht in seinen Hauptteilen aus Kammer, Kniegelenk (Hinter- und Vordergelenk), Kupplung und Schließfeder. In der inneren Bohrung der Kammer befinden sich der Schlagbolzen, die Schlagbolzenfeder und der Federkolben, vorn oben an der Kammer befindet sich der Auszieher. Das Kniegelenk

dient im Verein mit der Kupplung und der Schließfeder der Vor- und Rückwärtsbewegung von Lauf und Hülse. Außerdem bewirkt es das Öffnen und Schließen
des Verschlusses, sowie das Laden und Spannen.

Das Griffstück dient zur Verbindung aller Teile und zur Handhabung der
Pistole. Sein vorderer Teil enthält das Sperrstück, die Deckplatte sowie den
Abzug mit Feder und Abzugsbügel. Der Griffbügel mit den beiden Griffschalen
enthält die Mehrladeeinrichtung, das Kammerfangstück, die Schließfeder und die
Sicherung sowie die Kupplung. Am hinteren Ende des Griffstückes ist eine Öse
für den Haken des Trageriemens angebracht.

Die Visiereinrichtung besteht aus Kimme und Korn. Die Kimme ist in dem
Hintergelenk des Verschlusses angebracht, so daß dieses gewissermaßen mit seinem
oberen Teil das Visier der Pistole bildet. Das Korn ist mit dem Kornfuß in die
Kornwarze an der Laufmündung eingeschoben.

Die Abzugsvorrichtung besteht aus dem Abzug, dem Abzugsbügel (am Griffstück), der Abzugsstange mit Stangenfeder und -bolzen (an der Hülse) und dem
Schlagbolzen (in der Kammer des Verschlusses).

Die Sicherung wird durch einen Sicherungshebel in Verbindung mit einem
Sicherungsriegel betätigt.

Die Mehrladeeinrichtung besteht aus dem Magazin nebst einem Magazinhalter.
Das Magazin besteht aus dem Magazingehäuse, dem Zubringer mit der Zubringerfeder, sowie dem Knopf und dem Bodenstück. Das Magazin faßt 8 Patronen. Der Magazinhalter ist in das Griffstück eingebaut.

Als Zubehör gehören eine Ledertasche, ein Reservemagazin (in der Ledertasche), ein Schraubenzieher und ein Wischstock zur Pistole.

Die Pistole 08 ist ihrer Wirkungsweise nach ein Rückstoßlader mit zu-
rückgleitendem Lauf und Verschluß.

Der Rückstoß beim Schuß stößt Lauf und Verschluß gemeinsam zurück bis der
Lauf durch das Sperrstück aufgehalten und vom Verschluß getrennt wird. Unter
Emporschnellen des Kniegelenks gleitet der Verschluß weiter zurück, wirft dabei
die leere Patronenhülse aus und spannt gleichzeitig das Schloß. Bei dem darauf
durch die Schließfeder bewirkten Vorschnellen und Schließen des Verschlusses wird
zugleich eine Patrone aus dem Magazin in den Lauf eingeschoben und der Lauf
wieder in seine Ruhelage vorgebracht, so daß die Pistole nach Freigabe des Abzugs
durch den Schützen (Vorschnellen des Abzugshebels) wieder schußfertig ist.

b) Behandlung der Pistole.

Bei der Handhabung der Pistole ist vom Schützen von Anfang an
äußerste Vorsicht zu beachten. Unvorsichtigkeit führt sehr leicht Unglücks-
fälle herbei. Die Pistole ist darum stets mit der Mündung schräg vorwärts
nach unten weit genug vor die eigenen Fußspitzen zu halten. Der Finger
darf niemals den Abzug berühren.

Nur beim Anschlag auf ein Ziel wird die Pistole aus dieser Lage gebracht und der Finger an den Abzug gelegt. Stets ist auch die Pistole zu
sichern, wenn nicht sofort geschossen werden muß.

Zum Auseinandernehmen der Pistole wird zunächst das Magazin herausgezogen. Dann wird die Waffe in die linke Hand genommen — Daumen am
Sperrstück, 4 Finger an Griff und Abzugsbügel —. Der Lauf wird mit der
rechten Hand zurückgezogen, das Sperrstück mit dem linken Daumen um ein Viertel

nach unten gedreht. Dann wird der Pistolengriff in die rechte Hand genommen und die Deckplatte mit der linken Hand abgehoben. Nun kann man den Lauf mit der linken Hand nach vorn abziehen. Das Griffstück wird weggelegt und der Verbindungsbolzen des Hintergelenks mit dem rechten Zeigefinger herausgenommen. Dann hebt man den Verschluß an seinen Handhaben leicht und zieht danach den Verschluß heraus.

Das **Zusammensetzen der Pistole** erfolgt in umgekehrter Reihenfolge. Hierbei ist zu beachten, daß bei dem Einführen des Verschlusses in die Hülse die Abspannvorrichtung durch Druck auf die Abzugsstange entspannt wird und daß beim Aufschieben der Hülse auf das Griffstück die Waffe so gehalten und so gedreht wird, daß der Haken der Kupplung in den Hebel derselben einhakt.

Die **Reinigung** der Pistole hat grundsätzlich sofort nach jedem Gebrauch zu erfolgen. Vor allen Dingen ist das Laufinnere nach jedem Schießen sobald als möglich zu ölen. Die Waffe ist dazu auseinanderzunehmen, um dann sinngemäß nach der Art des Gewehrs 98 gereinigt zu werden.

Zum **Füllen des Magazins** erfaßt die linke Hand das Magazin, Öffnung oben, Spitze rechts, streift den Schraubenzieher — Schneide oben — mit seiner Durchbohrung über den Knopf und zieht mit dem Daumen die Zubringerplatte auf den Abstand einer Patronenstärke herunter. Die rechte Hand schiebt eine Patrone von vorn unter die übergreifenden Lippen, ohne diese gewaltsam auseinander zu pressen. Bei der zweiten Patrone wird in gleicher Weise verfahren. Das Herunterziehen der Platte hat absatzweise zu erfolgen, da nur dann die Patronen sich richtig lagern.

Die **Entleerung des Magazins** geschieht entsprechend.

5. Die Pistole 38.

a) Beschreibung der Pistole 38.

Die Hauptteile der Pistole 38 sind Lauf, Verschluß, Griff und Magazin.

Am **Lauf** befinden sich rechts und links hinten je drei Leisten. Die obere dient als Abdeckung, die untere zur Führung des Laufes im Griffstück. Die mittlere und untere Leiste sind für den Riegel durchbrochen. In dem Durchbruch ist ein Riegel schwenkbar gelagert, der die starre Verbindung von Lauf und Verschlußstück herstellt.

Der **Verschluß** besteht aus dem Verschlußstück, das den Lauf mit dem Griffstück verbindet, mit Schlagbolzen und Feder, dem Auszieher mit Feder und Bolzen, dem Signalstift und der Sicherung.

Das **Griffstück** dient zur Handhabung der Waffe und nimmt das Magazin, ferner den Hahn mit Hahnklappe und Feder, die Schlagstange mit Feder, Abzug und Spannstück auf. Zubehör wie bei Pistole 08.

b) Behandlung der Pistole 38.

Grundhaltung: Die rechte Hand umfaßt fest das Griffstück, der Zeigefinger liegt gestreckt oberhalb des Abzugbügels. Beim Sichern, Entsichern, Spannen des Hahnes und Betätigen des Fanghebels liegt die linke Hand mit vier Fingern unter dem Griffstück.

Die Piſtole iſt nach jedem Laden und nach jedem Entſichern ſtets ent=
ſpannt. Sie bleibt nach Abgabe eines Schuſſes von ſelbſt geſpannt.
Der Schütze kann alſo mit entſicherter, nicht geſpannter Piſtole vor=
wärts ſtürmen.

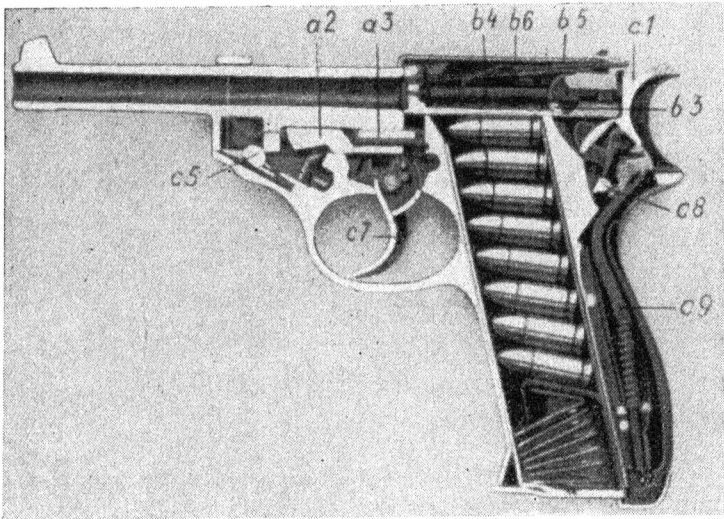

Piſtole 38, aufgeſchnitten.

a 2 Riegel.	c 1 Hahn.
a 3 Riegelbolzen.	c 5 Laufhaltehebel.
b 3 Sicherung.	c 7 Abzug.
b 4 Schlagbolzen.	c 8 Spannſtück.
b 5 Signalſtift.	c 9 Schlagſtange mit Feder.
b 6 Deckel zur Kammer.	

Die geladene und geſpannte Piſtole kann durch Sichern end Entſichern
entſpannt werden.

Der erſte Schuß wird meiſt mit hartem Spannabzug geſchoſſen. Die
unmittelbar folgenden Schüſſe können leicht abgezogen werden.

Zum **Auseinandernehmen** der Piſtole wird zunächſt geſichert, dann
entladen. Die Waffe wird in die rechte Hand genommen, Daumen am
Fanghebel, dann das Verſchlußſtück mit der linken Hand zurückgezogen

und der Fanghebel mit dem rechten Daumen hochgedrückt. Der Laufhalte=
hebel wird mit der linken Hand nach vorn gedreht bis er hörbar einrastet.
Danach wird das Verschlußstück mit Lauf nach vorn vom Griffstück abge=
schoben. Der rechte Daumen drückt den Riegelbolzen ein, während die linke
Hand den Lauf aus dem Verschlußstück herauszieht. Lauf, Mündung nach
oben, in die linke Hand genommen wird der Riegel aus seinem Lager
zwischen den Führungsstücken herausgeholt. Ein weiteres Auseinander=
nehmen durch den Schützen ist verboten.

Das Zusammensetzen der Pistole erfolgt sinngemäß in umgekehrter
Reihenfolge.

Die sonstige Handhabung ist wie bei Pistole 08.

6. Die Munition für Handfeuerwaffen und M.=G.

Man unterscheidet folgende Munitionsarten (siehe Bild):

S.= (Spitzgeschoß) Munition (1) (nur in beschränkter
    Zahl vorhanden),

s. S.=Munition (2),

S. m. K. L'spur=Munition (3) und

Pistolen=Munition (4).

Außerdem gibt es noch Spezialgeschosse z. B.:

I. S.=Munition,

l. S. L'spur=Munition usw.

Die **scharfe Patrone** besteht in allen genannten Sorten aus der Hülse,
dem Zündhütchen, der Pulverladung und dem Geschoß.

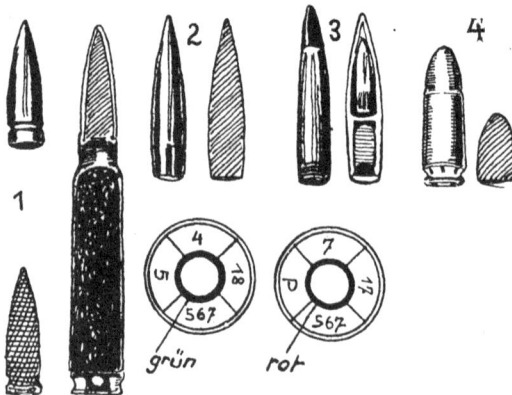

Die **Patronenhülſe** iſt aus Meſſing oder kupferplattiertem Stahl, von flaſchen-förmiger Geſtalt und hinten mit einer Eindrehung für die Kralle des Ausziehers verſehen. In der Mitte des Bodens liegt die Zündglocke mit dem Amboß für das Zündhütchen. Die Zündglocke hat zwei Zündkanäle, durch welche der Zündſtrahl in den Innenraum der Hülſe bringt, um das dort befindliche Pulver zu entzünden.

Das **Zündhütchen** iſt eine Kapſel, welche den mit einem Zündblättchen be-deckten Zündſatz enthält.

Die **Pulverladung** beſteht aus Gewehrblättchenpulver.

Das **Geſchoß** beſteht in jeder Sorte aus einem Weichbleikern mit einem dar-über gezogenen tombakplattierten Stahlblechmantel. Das S.-Geſchoß, d. h. Spitz-topfgeſchoß oder Spitzgeſchoß, iſt 10 g ſchwer und hat eine Länge von nur 28 mm.

Das **ſ. S.-Geſchoß**, d. h. ſchweres Spitzgeſchoß, iſt 12,8 g ſchwer und 35 mm lang. Es iſt im hinteren Teil koniſch verjüngt. Trotz geringerer Anfangsgeſchwindigkeit als das S.-Geſchoß fliegt es dadurch ſtabiler, wahrt ſeine Geſchwindigkeit beſſer und hat dadurch auf den Entfer-nungen über 1200 m eine geſtrecktere Flugbahn.

Das **S. m. K. L'ſpur-Geſchoß**, d. h. S. m. K.-Leuchtſpurgeſchoß iſt nur 10 g ſchwer und auch 37 mm lang. Es beſitzt im hinteren Teil des Stahl-kerns einen Leuchtſatz, welcher beim Abfeuern verbrennt und bis etwa 900 m weit eine gut ſichtbare Leuchtſpur hinter dem fliegenden Geſchoß zurückläßt.

Das Geſchoß der Munition für **Piſtole** hat ein Kaliber von 9 mm. Das Gewicht der ganzen Patrone beträgt 12,3 g. Die Schußweite beträgt bis 1600 m.

Jede Patronenart iſt auch äußerlich **kenntlich** gemacht.

Die ſ. S.-Patrone iſt auf dem Hülſenboden kenntlich durch eine grüne Ring-fuge, die S. m. K. L'ſpur-Patrone durch eine rote Ringfuge und eine ſchwarze Geſchoßſpitze, während die S.-Patrone eine ſchwarze Ringfuge am Hülſenboden hat.

Außerdem ſind auf dem Hülſenboden jeder Patrone noch der Anfangsbuchſtabe der Anfertigungsſtelle, die Zahl des Anfertigungsmonats und -jahres und ein Zeichen für das Metall des Hülſenmaterials eingeprägt.

Das Geſchoß der **Platzpatrone** iſt ein rotgefärbtes Holzgeſchoß, welches vor der Mündung zerplatzt, aber u. U. doch noch bis 25 m Entfernung lebensgefährliche, ſchwere Verletzungen verurſachen kann. Die Hülſe iſt mit ein oder mehr Querring-Rillen verſehen, welche bedeuten, daß die Hülſe ſchon zweimal (eine Rille), dreimal (zwei Rillen) beſchoſſen iſt. Bei Ver-wendung von Platzpatronen iſt es ſtreng verboten, auf Menſchen, Tiere oder wertvolle Gegenſtände zu ſchießen, insbeſondere, wenn dieſe weniger als 25 m entfernt ſind.

Die **Exerzierpatrone** iſt nur eine äußerliche Nachbildung der ſcharfen Patrone zu Exerzierzwecken (Ladegriffe, Zielübungen uſw.). Sie iſt aus einem Stück gefertigt und an ihrem Hülſenteil mit Längsrillen verſehen.

7. Die Stielhandgranate 24.

Die **Stielhandgranate 24 mit Brennzünder 24** beſteht aus dem Topf mit der Sprengladung, dem Stiel mit der Sicherungskappe, dem Brenn-zünder 24 mit Abreißvorrichtung und der Sprengkapſel.

Der Topf, aus dünnem Stahlblech, iſt 7,5 cm hoch und etwa 6 cm breit.

An seinem unteren Rande befindet sich eine Trageöse zum Einhaken in die Tragefeder am Leibriemen. Der Trageöse gegenüber befindet sich die in weißer Ölfarbe gehaltene Aufschrift: Vor Gebrauch Sprengkapsel einsetzen. Im Topf befindet sich in einer paraffinierten Papiertüte die **Sprengladung.** Sie wird durch einen Einlegdeckel abgedeckt, in dessen Mitte sich das Sprengkapselröhrchen für die Sprengkapsel befindet. Als Abdichtung zwischen Einlegdeckel und Topfrand ist ein ölgetränkter Pappring eingelegt. Als Abschluß des Topfes dient ein Gewindedeckel.

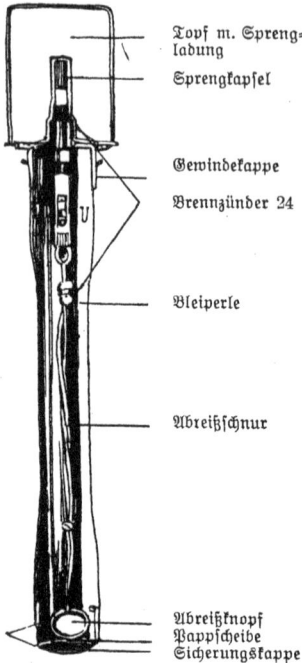

Der **Stiel** ist aus leinölgetränktem Hartholz und innen hohl. Er ist an seinen Enden zur besseren Handhabung stärker gehalten und mit der Gewindekappe in den Gewindeschaft eingeschraubt. Die Gewindekappe ist auf den Stiel aufgepreßt (mit Hilfe einer Dichtungsmasse) und wird durch eine Regenkappe mit einem ölgetränkten Pappring gegen den Zutritt von Feuchtigkeit abgedichtet. In ihrer Mitte befindet sich ein Loch mit einem Linksgewinde zum Einschrauben des Zünders. Am Griffende wird die zur Aufnahme der Abreißvorrichtung dienende Höhlung des Stieles durch eine aufgeschraubte **Sicherungskappe** mit Pappscheibe und Federung verschlossen. Zum Aufschrauben der Sicherungskappe dient ein Gewindering, welcher mit einer Dichtungsmasse und vier Nägeln befestigt ist. Der Stiel ist etwa 27,5 cm lang.

Der **Brennzünder 24** besteht aus Nippel, Verzögerungsröhrchen und Bleimantel. Er ist ein wasserdichter Metallzünder. Der Nippel ist ein Metallröhrchen, welches auf seinem einen Ende ein Linksgewinde zum Einschrauben in die Gewindekappe, auf seinem anderen Ende ein Rechtsgewinde trägt zum Aufschrauben einer mit Paraffindichtung versehenen Schutzkappe.

Figure labels (left):
Topf m. Sprengladung
Sprengkapsel
Gewindekappe
Brennzünder 24
Bleiperle
Abreißschnur
Abreißknopf
Pappscheibe
Sicherungskappe

Die **Sprengkapsel** ist eine kleine, an einem Ende offene Röhre aus Aluminium oder Kupfer mit einer Zündmasse im Innern.

Zur Aufnahme der Sprengkapsel ist der Nippel unter dem Rechtsgewinde konisch verjüngt. Unter dem Linksgewinde des Nippels ist das Verzögerungsröhrchen eingeschraubt. Es ist aus Eisen und ist mit einem eingepreßten Verzögerungssatz von $4^1/_2$ Sek. Brennzeit versehen.

Auf der anderen Seite des Nippels ist ein Bleimantel aufgepreßt, in dem ein Reibezündhütchen angebracht ist. Das Zündhütchen ist an einem Abreißdraht mit Reibespirale und Drahtschlaufe befestigt. An seinem offenen Ende ist der Bleimantel zusammengepreßt und gegen Feuchtigkeit abgedichtet.

Bei den **scharfen** Handgranaten sind die Töpfe und Regenkappen **feldgrau,** bei den **Übungshandgranaten rot** angestrichen, um unliebsamen Verwechslungen vorzubeugen. (Siehe auch „Formale Ausbildung".)

8. Die Eihandgranate 39.

1. Beschreibung.

Zur Eihandgranate 39 gehören
der Brennzünder für Eihandgranate 39 und
die Sprengkapsel Nr. 8 (Al.).

Die Eihandgranate 39 besteht aus einem eiförmigen Blechbehälter mit einem Zündkanal zum Einschrauben des Brennzünders mit der aufgeschobenen Sprengkapsel. Die Sprengstoffüllung besteht aus Fp. 02 oder Donarit 1 oder 2.

Der Brennzünder für Eihandgranate 39 ist ein Abreißzünder mit einer Verzögerung von 4½ Sek. Er ähnelt im Aufbau dem Brennzünder 24. Die Abreißschnur liegt gesichert in einer abschraubbaren Abreißkappe. Auch das Verzögerungsröhrchen ist durch eine abschraubbare Schutzkappe geschützt.

Das Gewicht der wurffertigen Eihandgranate beträgt je nach Füllung 0,298 bzw. 0,225 kg.

Die Eihandgranate 39 entspricht in ihrer Wirkung der Stielhandgranate 24.

2. Verpacken.

Die Eihandgranate 39 wird zu 30 Stück mit 30 Brennzündern für Eihandgranate 39 und 30 Sprengkapseln Nr. 8 (Al.) in den Packkasten für 30 Eihandgranaten 39 verpackt.

Gewicht des gefüllten Packkastens 17,6 kg.

3. Fertigmachen der Eihandgranate 39 zum Werfen.

a) Nach Abschrauben der Schutzkappe vom Verzögerungsröhrchen des Brennzünders für Eihandgranate 39 wird eine Sprengkapsel Nr. 8 (Al.) auf das Verzögerungsröhrchen des durch die Abreißkappe gesichert bleibenden Brennzünders fest aufgeschoben.

b) Der so fertiggemachte Brennzünder wird in die Eihandgranate eingeschraubt und mit dem jeder Zünderpackung beigegebenen Schlüssel fest angezogen. Die Eihandgranate ist wurffertig.

c) Das Abschrauben der Abreißkappe (Entsichern) darf erst unmittelbar vor dem Werfen erfolgen.

4. Werfen.

Die Abreißkappe wird abgeschraubt. Die Eihandgranate ist entsichert. Mit der Wurfhand wird die Eihandgranate fest umfaßt und die Abreißkappe mit Abreißschnur zwischen Mittel- und Zeigefinger der anderen Hand genommen. Nunmehr wird mit kurzem, kräftigem Ruck der Abreißdraht herausgerissen und die Eihandgranate ruhig, aber sofort geworfen. Ebenso wie bei der Stielhandgranate 24 ist ein Zögern mit dem Abwurf oder Zählen nach dem Abreißen, besonders aber ein vorzeitiges Lockern oder leichtes Anspannen der Abreißschnur vor dem Abreißen verboten, da hierdurch der Werfer gefährdet wird.

5. Sicherheitsbestimmungen.

Für das Werfen der Eihandgranate gelten die Sicherheitsbestimmungen für das Werfen scharfer Stielhandgranaten 24.

9. Der leichte Granatwerfer 36 (l. Gr.-W. 36 [5 cm]).

A. Einteilung und Aufgaben der l. Gr.-Werfer-Bedienung.

Zur Bedienung des leichten Granatwerfers gehören

> der Truppführer,
> der Schütze 1 und
> der Schütze 2.

Der Truppführer führt den l. Gr.-Werfer im Gefecht. Er ist verantwortlich für die Pflege und stete Gefechtsbereitschaft von Waffe und Gerät.
Der Schütze 1 ist Richtschütze. Er bringt den l. Gr.-Werfer in Stellung.
Der Schütze 2 ist Lade- und zugleich Munitionsschütze.

B. Kurze Angaben.

Gewicht des l. Gr.-Werfers 36 ist etwa 14 kg.
Gewicht der Wurfgranate 0,900 kg.
Kaliber des Rohrs 50 mm.
Schußweiten 60—250 m.
Feuergeschwindigkeit 6 Schuß in 8—10 Sekunden.

C. Hauptteile des leichten Granatwerfers. (Siehe Abbildung.)

Rohr und Verschluß.
Höhenrichttrieb
Bodenplatte mit Seitenrichttrieb und Kipptrieben.
Richtaufsatz für l. Gr.-Werfer.

D. Allgemeines über Verwendung und Einsatz.

Der leichte Granatwerfer ist eine Angriffswaffe. Auf Grund der gekrümmten Flugbahn der Wurfgranate ist es möglich, den Angriff bis kurz vor dem Einbruch in das Angriffsziel durch sein Feuer zu unterstützen, wozu die Maschinengewehre auf Grund ihrer gestreckten Flugbahn nicht immer in der Lage sind. Der leichte Granatwerfer ist die Steilfeuerwaffe des Zugführers, der dem Truppführer des in der Regel einzeln einzusetzenden leichten Granatwerfers die Kampfaufträge gibt.

Der Munitionsersatz auf dem Gefechtsfelde ist schwierig. Er muß durch die Schützen erfolgen. Der Einsatz des leichten Granatwerfers erfolgt deshalb nur gegen Ziele, die von anderen Waffen des Zuges nicht mit der gleichen Aussicht auf Erfolg bekämpft werden können. Im allgemeinen sind dies Ziele hinter Deckungen

In der Abwehr werden die leichten Granatwerfer der vorderen Züge gegen Ziele in Geländeteilen dicht vor der Hauptkampflinie eingesetzt, gegen die die Artillerie wegen der Streuung nicht mehr wirken kann und die von den Flachfeuerwaffen auf Grund der rasanten Schußbahn nicht mehr gefaßt werden können. Die leichten Granatwerfer der rückwärtigen Züge werden meistens zur Abwehr feindlicher Einbrüche oder zur Unterstützung von Gegenstößen eingesetzt.

Wegen der langen Flugzeit der Wurfgranate ist der leichte Granatwerfer nicht zur Bekämpfung beweglicher Ziele geeignet.

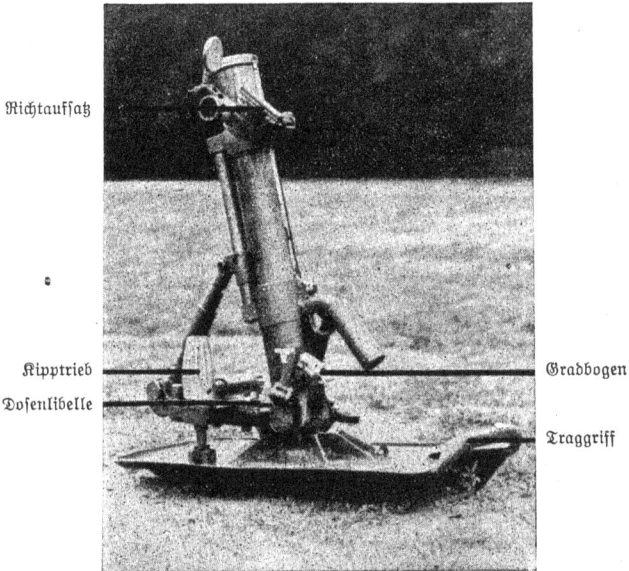

Richtaufſatz

Kipptrieb
Doſenlibelle

Grabbogen

Traggriff

Leichter Granatwerfer 36 von links.

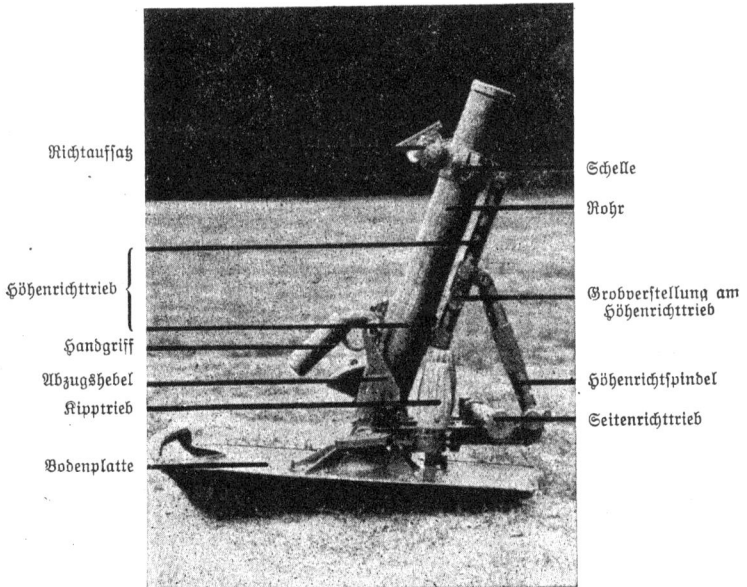

Richtaufſatz

Höhenrichttrieb

Handgriff
Abzugshebel
Kipptrieb

Bodenplatte

Schelle
Rohr

Grobverſtellung am
Höhenrichttrieb

Höhenrichtſpindel
Seitenrichttrieb

Leichter Granatwerfer 36 von rechts.
v. Wedel=Pfafferott, Der Schütze. 6. Aufl.

7

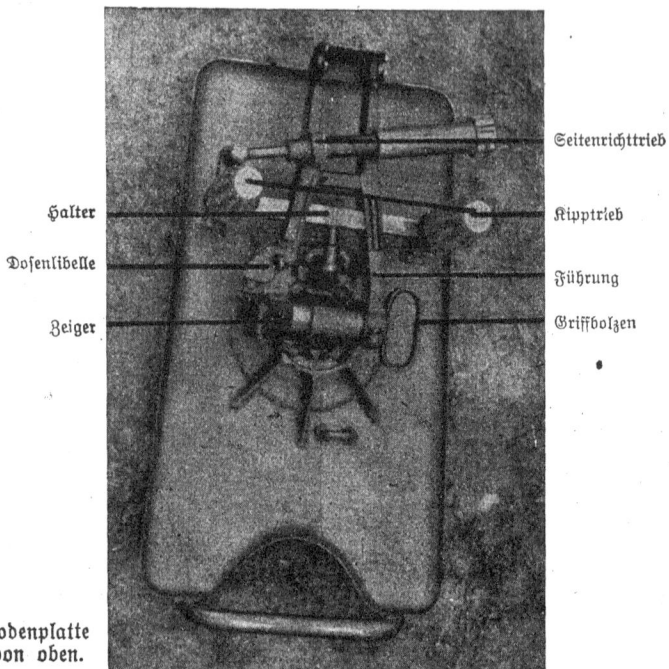

Halter

Dofenlibelle

Zeiger

Seitenrichttrieb

Kipptrieb

Führung

Griffbolzen

Bodenplatte
von oben.

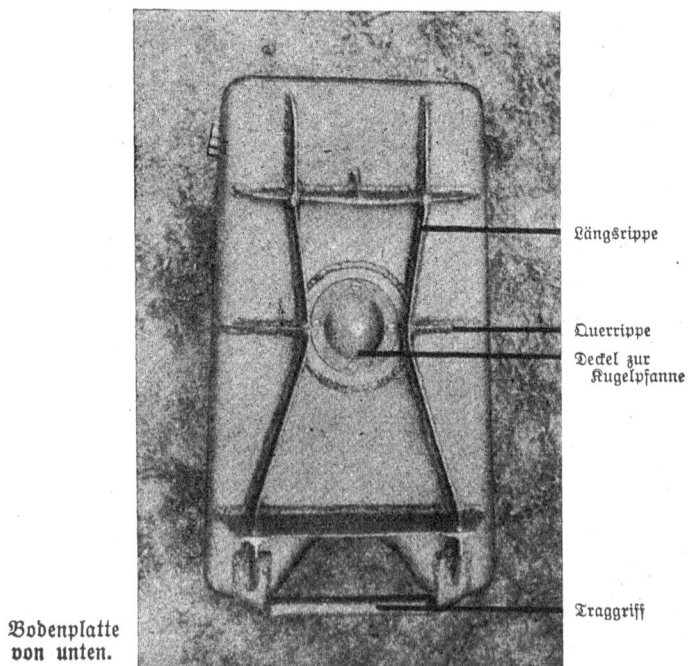

Längsrippe

Querrippe
Deckel zur
Kugelpfanne

Traggriff

Bodenplatte
von unten.

Bedienung des leichten Granatwerfers.

Truppführer. Schütze 2. Schütze 1.

Leichter Granatwerfer verlastet.

7*

Leichter Granatwerfer in Stellung beim Richten.

Leichter Granatwerfer in Stellung beim Abfeuern.

Die Möglichkeit, in jedem Gelände in fast allen Lagen die eigene Truppe zu überschießen,

die Möglichkeit, aus Deckungen zu schießen,

die schnelle Schußfolge und

die große Splitterwirkung verbunden mit großer moralischer Wirkung sind die hervortretenden Eigenschaften des leichten Granatwerfers, die ihn vornehmlich zur Angriffswaffe machen.

E. Tragearten.

Nach dem Freimachen des Gerätes kann der l. Gr.=Werfer „verlastet" auf dem Tragegestell auf dem Rücken oder „zusammengesetzt" oder „auseinandergenommen" in der Hand getragen werden. Der Truppführer befiehlt die Trageart.

Bevor der l. Gr.=Werfer in Stellung gebracht wird, wird er zusammengesetzt.

F. Richten.

Der l. Gr.=Werfer wird grundsätzlich in verdeckter Feuerstellung eingesetzt und indirekt gerichtet.

Die Seitenrichtung kann nach zwei verschiedenen Verfahren genommen werden. Man unterscheidet

a) Grobes Einfluchten.

b) Einfluchten mit zwei Richtstäben.

Das grobe Einfluchten wird am häufigsten angewandt.

Vor dem Richten wird nötigenfalls der Untergrund vom Schützen 1 geebnet oder gelockert. Der Schütze 1 dreht alsdann die Bodenplatte, bis der l. Gr.=werfer, über dem weißen Strich am Rohr visiert, grob in die Schußrichtung zeigt. Der Truppführer gibt hierzu dem Schützen 1 die erforderlichen Weisungen. In vielen Fällen richtet er die Waffe selber ein.

Nachdem hierauf der Schütze 1 den Werfer festgerüttelt hat, stellt er die Entfernung ein. Er befestigt den Richtaufsatz und läßt die Dosenlibelle einspielen.

Das Einfluchten mit zwei Richtstäben wird dann angewandt, wenn Gelände= oder Bodenbewachsung das grobe Einrichten unmöglich machen.

Der Truppführer legt durch einen senkrecht in den Boden gesteckten Richtstab die Richtung auf das Ziel über die vor der Feuerstellung befindliche Deckung fest. Ein zweiter Richtstab wird dann weiter rückwärts auf die Linie Ziel—Richtstab 1 eingefluchtet.

Der leichte Granatwerfer wird danach vom Schützen 1 in der inzwischen vorbereiteten Feuerstellung in der durch Ziel und die beiden Richtstäbe gebildeten Linie niedergesetzt und mit Hilfe des am Rohr befindlichen weißen Striches grob auf die beiden Richtstäbe eingerichtet. Seitenrichttrieb und Richtaufsatz zeigen auf „0".

Folgt das Wirkungsschießen nicht unmittelbar dem Einschießen, erfolgt das „Festlegen der Seitenrichtung". Dies geschieht beim groben Einrichten mit einem vor der Feuerstellung senkrecht in den Boden gesteckten Richtstab. Dieser wird mit dem senkrechten Strich im Strichkreuz des Richtglases eingefluchtet. Beim Einfluchten mit zwei Richtstäben wird ein dritter Stab wie vorstehend eingefluchtet.

Die Änderung der Seitenrichtung erfolgt mit Hilfe der Markeneinteilung auf dem Halter durch Drehen am Seitenrichttrieb.

Die Erhöhung, die der Schußentfernung entspricht, wird in Metern kommandiert und mit Hilfe des Gradbogens gegeben, und zwar muß die Ablesekante, unterer Rand des Zeigers, auf die am Gradbogen befindliche Meterzahl zeigen.

G. Feuertätigkeit.

	Truppführer	Schütze 1	Schütze 2
1.	Kommando: 350 — 1 Schuß!	350! stellt Erhöhung ein. Nach Beendigung der Richt= tätigkeit: Laden!	entnimmt mit der rechten Hand dem Munitionskasten eine Wurfgranate, läßt sie, Flü= gelschaft nach unten, vorsich= tig in das Rohr gleiten, nimmt die Hand sofort von der Mündung, danach Mel= dung „Feuerbereit!"
2.		flach hinter dem Werfer auf weit wie möglich zur Erde	ben Boden legen, Kopf so herunter.
3.	Kommando: „Feuer frei!"	erfaßt mit beiden Händen die Griffe zum Kipptrieb und verhindert durch kräftigen Druck nach unten, daß sich Vorderteil der Bodenplatte beim Schuß anhebt. Unter= arme auf den Längsseiten der Bodenplatte.	drückt mit rechter Hand den Abzugshebel langsam in einem Zuge herunter, ohne die Rich= tung des Werfers zu ändern und meldet „Abgefeuert".
4.		Nach Abgabe des Schusses Dosenlibelle erneut einspielen lassen.	
5.	Dieselbe Entfernung 1 Schuß — „Feuer frei!"	sinngemäß wie 1—4. Ist der Werfer festgeschossen, Meldung: „Werfer fest= geschossen."	sinngemäß wie 1—4.
6.	300 — 5 Schuß!	„300 — 5 Schuß — Laden!"	entnimmt die befohlene Anzahl dem Munitionskasten und legt sie, Flügelschaft nach hinten, griffbereit in den Munitions= kasten. Auf Befehl des Schüt= zen 1 „5 Schuß — Laden!" wird die erste Wurfgranate geladen. Meldung: „5 Schuß feuerbereit."
7.	wie 2	wie 2	wie 2
8.	„Feuer frei!"	wie 3.	wie 3. Feuerkommando und der Befehl zum Laden erfolgen nur für den ersten Schuß. Schütze 2 betätigt selbständig nach jedem Laden den Ab= zug, bis befohlene Schußzahl verschossen ist. Danach Mel= dung „5 Schuß abgeschossen."

H. Das Schießen.

Beim Schießen mit leichtem Granatwerfer unterscheidet man das Einschießen und das Wirkungsschießen.

Durch das Einschießen sollen die Einschläge in die Nähe des Zieles gebracht und die hierzu nötige Seite und Entfernung ermittelt werden. Gleichzeitig soll der Werfer beim Einschießen einen festen Stand für das Wirkungsschießen erhalten. Nach Möglichkeit ist die Feuerstellung so vorzubereiten, daß die Bodenplatte nach dem ersten Schuß festliegt. Hierdurch werden Zeit- und Munitionsbedarf für das Einschießen stark verringert.

Werden mehrere Werfer auf ein Ziel zusammengefaßt, so ist jeder Werfer einzeln einzuschießen.

Seitenabweichungen eines Schusses vom Ziel mißt man mit der Stricheinteilung im Doppelfernrohr oder durch Daumenbreiten. (Daumenbreite = 40 Strich.)

Je nach Lage der Schüsse vor oder hinter dem Ziel wird in der Entfernung so lange zugelegt oder abgebrochen, bis das Ziel durch Kurz- oder Weitschüsse eingeschlossen ist.

Verbesserungen der Entfernung müssen mindestens 10 m betragen.

Liegen eigene Truppen dicht vor dem Ziel, so daß eine Gefährdung durch Kurzschüsse möglich ist, muß mit einer Entfernung begonnen werden, die mit Sicherheit einen Weitschuß erwarten läßt. Durch allmähliches Abbrechen der Entfernung wird der mittlere Treffpunkt an das Ziel herangebracht.

Der Schütze 1 beachtet während des Einschießens nach jedem Schuß die Dosenlibelle und verbessert die Abweichungen.

Unauffälliges Einschießen ist zur Wahrung der Überraschung des Gegners anzustreben.

Das Wirkungsschießen soll den Feind vernichten. Die befohlene Anzahl von Wurfgranaten wird in schneller Schußfolge abgegeben. In der Regel beträgt die Schußzahl eines Feuerüberfalles 5—8 Schuß. Reicht die Wirkung eines Feuerüberfalles nicht aus, kann eine Wiederholung notwendig sein.

10. Die Gasmaske 30.

a) Beschreibung der Gasmaske.

Die Gasmaske 30 besteht aus

dem Maskenkörper,

dem Filtereinsatz,

1 Paar Klarscheiben in den Augenfenstern,

1 Paar Sprengringen.

Als Zubehör gehört außerdem zu jeder Gasmaske:

1 Tragbüchse mit Schultergurt, Knopfband und 2 Doppelknöpfen,

2 Paar Klarscheiben zum Vorrat im Deckel der Tragbüchse,

1 Reinigungslappen.

Der Stoffteil des **Maskenkörpers** besteht aus gummiertem Zeltstoff und ist mit einem ledernen Dichtrahmen versehen, der den gasdichten Abschluß am Gesicht bewirkt.

Am Rande des Maskenkörpers sind die Kopfbänder und das Tragband, am Rand des Dichtrahmens die Kinnstütze befestigt.

Die Kopfbänder bestehen aus den Stirn- und Schläfenbändern, dem Nackenband und der Kopfplatte mit Schlaufe. Stirn- und Schläfenbänder sind miteinander verbunden und durch Schiebeschnallen verstellbar. Das an der rechten Seite des Maskenkörpers befestigte Nackenband wird durch die Schlaufe an der Kopfplatte durchgezogen und dann an der linken Seite des Maskenkörpers eingehakt. Vorher ist die Länge des Nackenbandes so zu regeln, daß es eingehakt die Kopfplatte ohne zu starken Druck auf den Hinterkopf nach unten zieht.

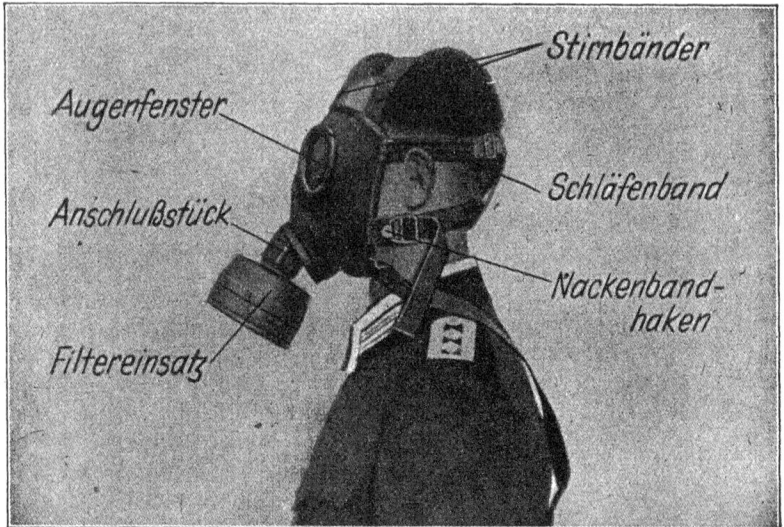

Die Kinnstütze dient dazu, das Kinn zum Tragen des Filtereinsatzes heranzuziehen und den Zug auf die Kopfbänder zu vermindern, sowie den Druck des Maskenrandes auf den Kehlkopf zu verhindern. Die Kinnstütze ist verstellbar. Am Tragband kann die Gasmaske bei Gasbereitschaft um den Hals getragen werden.

In den Maskenkörper sind die Augenfenster mit den Augenscheiben und das Anschlußstück eingefügt.

Die Augenscheiben aus nichtsplitterndem Glas oder einem anderen durchsichtigen Stoff sind auswechselbar. Sie liegen im Fensterring und werden nach außen durch den abschraubbaren Augenring gehalten, der vier Aussparungen für die Zapfen des „Schlüssels für Augenring" besitzt. Die Augenscheibe ist gegen den Augenring durch einen Gummidichtring abgedichtet.

Das Anschlußstück hat ein Gewinde zum gasdichten Einschrauben des Filtereinsatzes. An der Innenseite liegt vor der Lufteintrittsöffnung das Einatemventil aus Gummi. Unter diesem ist in dem Anschlußstück das Ausatemventil mit Glimmerscheibe untergebracht. Je ein Gummidichtring bewirkt den gasdichten Abschluß des Filtereinsatzes und des Ausatemventils.

Das Anschlußstück ist im Innern der Maske mit Kantenschützern und Schutzsieb, außen mit einer Vorkammer versehen.

3wed:

a) Kantenschützer: Er schützt den Maskenträger vor Gesichtsverletzungen durch die Kante des Anschlußstückes.

b) Schutzsieb: Es ist auswechselbar und verhindert das Eindringen von Fremdkörpern in das Ausatemventil.

c) Vorkammer: Die an das Anschlußstück der Gm 30 — vor die Ausatemöffnung — angefügte Vorkammer verhindert, daß das durch Eindringen von Fremdkörpern oder aus anderen Gründen undicht gewordene Ausatemventil Schädigungen des Maskenträgers in kampfstoffhaltiger Luft herbeiführt.

Der etwa 30 Zentimeter große Raum der Vorkammer füllt sich beim Ausatmen mit Ausatemluft, die darin stehenbleibt. Ist das Ausatemventil undicht, so kann beim Einatmen durch das undichte Ausatemventil keine mit Kampfstoff beladene Außenluft, sondern nur die vom vorhergehenden Atemzug in der Vorkammer befindliche Ausatemluft unter die Maske dringen.

Der **Filtereinsatz** (oder Übungseinsatz) wird mit dem Anschlußgewinde in das Anschlußstück des Maskenkörpers eingeschraubt. Er besteht aus einem Einsatztopf mit Füllmassen, die sowohl ein Gasfilter als auch ein Schwebstoffilter enthalten.

Um die Füllmassen möglichst lange gebrauchsfähig zu erhalten, sind die Filtereinsätze am Anschlußgewinde mit einer Verschlußkappe versehen, die erst entfernt wird, wenn der Filtereinsatz in Gebrauch genommen wird.

b) Behandlung der Gasmaske.

Zum **Aufsetzen der Gasmaske** wird sie an den Schläfenbändern in beide Hände genommen und mit vorgestrecktem Kinn über das Gesicht gezogen, wobei sich das Kinn zwischen die Kinnstütze und den unteren Maskenrand schiebt. Dann werden die Kopfbänder kräftig nach hinten über den Kopf gestreift und möglichst tief nach unten gezogen. Nun wird das Tragband rechts und links am Maskenrand erfaßt und nach den Ohren zu gezogen, bis die Kinnstütze richtig auf dem Kinn ruht. Erforderlichenfalls wird die Gasmaske gleichzeitig geradegerückt.

Anschließend wird der Dichtrahmen der Gasmaske auf gasdichten Sitz hin abgetastet und der Sitz der Kopfbänder geprüft. Etwa verdrehte Bänder werden glattgelegt. Darauf prüft man den festen Anschluß des Filtereinsatzes, zieht das Nackenband durch die Schlaufe an der Kopfplatte und hält es ein.

Das Tragband wird um den Hals gelegt und der Tragbüchsendeckel geschlossen.

Zum **Absetzen der Gasmaske** wird diese nach Lösen des Nackenbandes am Filtereinsatz erfaßt und nach oben so vom Gesicht abgehoben, daß Schweißwasser nicht durch das Einatemventil in den Filtereinsatz, sondern am Kinnteil des Maskenkörpers ablaufen kann.

Die Gasmaske muß mit aller Sorgfalt zusammengelegt und in die Tragbüchse verpackt werden, nachdem sie durch Auswischen mit dem Reinigungslappen getrocknet wurde.

Zum **Verpacken** faltet man das Kinnteil nach innen, legt dann die Innenseite der Augenfenster aufeinander, wickelt die Kopfbänder und das Trageband um den Maskenkörper herum und schiebt nun die Gasmaske mit dem Filtereinsatz voraus in die Tragebüchse, die dann verschlossen wird.

Der Reinigungslappen ist nicht zwischen die Augenfenster, sondern auf den Boden der Tragebüchse zu legen.

Ein im Kampf beschädigter oder erschöpfter **Filtereinsatz** muß baldigst **ausgewechselt** werden. Zum Auswechseln legt man sich einen Ersatz-Filtereinsatz handgerecht bereit, hält den Atem an und tauscht die Einsätze mit der rechten Hand rasch aus, wobei die linke Hand als Führung beim Ein- und Ausschrauben dient. Sobald der neue Filtereinsatz fest eingeschraubt ist, wird die Luft kräftig ausgeblasen, um eingedrungenen Kampfstoff zu entfernen.

Durch Verschmutzung oder langen Gebrauch undurchsichtig gewordene **Klarscheiben** sind rechtzeitig **auszuwechseln.** Hierzu wird der Maskenkörper so in die Hand genommen, daß der Innenteil dem Gesicht zugewendet ist. Dann wird das Augenfenster so gefaßt, daß die äußere Metallfassung auf den Fingerspitzen der linken Hand aufliegt, während der Daumen sich mit seiner Spitze auf den Innenteil der Fassung legt. Der Dichtrahmen wird nun zurückgebogen, so daß die Augenscheibe freiliegt und der Sprengring herausgedrückt werden kann. Die alte Klarscheibe wird entfernt und eine neue so eingelegt, daß der Aufdruck „Innenseite" lesbar ist. Ist der Aufdruck unleserlich oder nicht vorhanden, so kann durch Anhauchen festgestellt werden, auf welcher von beiden Seiten die Klarscheibe nicht beschlägt. Diese Seite ist die Innenseite.

Nachdem die neue Klarscheibe auf die wagerecht gehaltene Augenscheibe gelegt ist, wird der Sprengring wieder eingesetzt. Dabei ist folgendermaßen zu verfahren: Der Sprengring wird mit einem Ende in den hochstehenden Rand des Augenfensters gedrückt und dieses Ende mit dem Daumen der linken Hand festgehalten. Hierauf fährt man mit dem Daumen der rechten Hand mit leichtem Druck über den ganzen Umfang des Sprengringes, bis dieser fest in dem Rand des Fensterrings sitzt.

Die Klarscheiben dürfen nicht im Regen ausgewechselt werden, denn sie dürfen weder feucht werden, noch auch mit feuchten Fingern berührt werden; man darf sie weder putzen noch abseifen.

11. Der Marschkompaß.

Beim **Gebrauch des Marschkompasses** sind Stahl- und Eisen-Gegenstände aller Art, wie Stahlhelm, Waffen usw. möglichst weit zu entfernen. Auch das Aufstellen in der Nähe von Starkstromleitungen usw. ist zu vermeiden.

Der Marschkompaß wird benutzt

1. um eine Karte in die Nord-Richtung einzurichten.

Hierzu wird der Richtungszeiger genau auf das „N" eingestellt. Dann wird die Anlegekante an eine Nord-Süd-Linie des Gitternetzes der Karte gelegt, so daß der Richtungszeiger zum Nordrand der Karte zeigt. Läßt man sodann durch Drehen der Karte die Magnetnadel einspielen, so ist die Karte nach Norden eingerichtet;

2. um eine Marschrichtung nach einem sichtbaren Marschrichtungspunkt festzulegen.

Hierzu öffnet man den Deckel und stellt den Spiegel schräg hoch, so daß die Magnetnadel im Spiegel gut zu beobachten ist. Dann richtet man über Kimme und Korn den Marschrichtungspunkt an und dreht unter Festhalten der Visierlinie mit dem Auge die Teilscheibe so lange, bis die Magnetnadel auf die Mißweisung einspielt. Sodann wird die Kompaßzahl am Richtungszeiger abgelesen;

3. um eine Marschrichtung nach der Karte festzulegen.

Auf der Karte verbindet man hierzu den eigenen Standpunkt und den Marschrichtungspunkt durch einen Bleistiftstrich. Dann richtet man die Karte

Korn Deckel
Spiegel
Richtungszeiger
Teilscheibe(drehbar) m.Teilstrichteilung
Leuchtstrich
Kompaßgehäuse
Magnet-nadel
Kimme
Anlegekante
Mißweisung

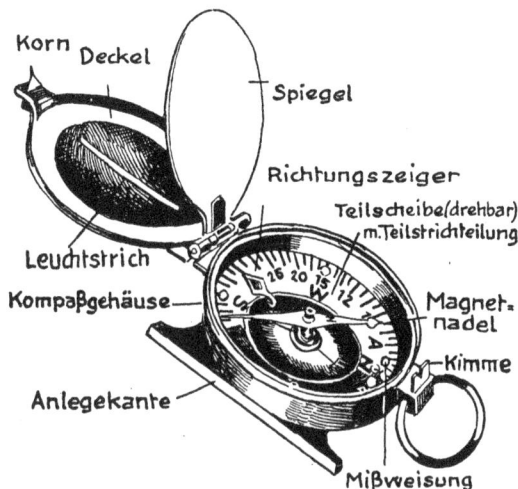

nach Norden ein und legt die Anlegekante des Marschkompaß so an die Blei-stiftlinie, daß der Richtungszeiger in die Marschrichtung zeigt. Dann dreht man die Teilscheibe so lange, bis die Magnetnadel auf die Mißweisung ein-spielt und liest am Richtungszeiger die Kompaßzahl ab;

4. um eine Marschrichtung während des Marsches festzuhalten.

Hierzu legt man zunächst die Marschrichtung entsprechend 2 oder 3 fest. Dann wählt man einige in der Marschrichtung liegenden Zwischenpunkte. Auf jedem dieser Zwischenpunkte wird die Marschrichtung überprüft. Hierzu hält man den Marschkompaß vor den Körper und dreht nun den ganzen Körper so lange, bis die Magnetnadel auf die Mißweisung einspielt.

12. Das Fernglas.

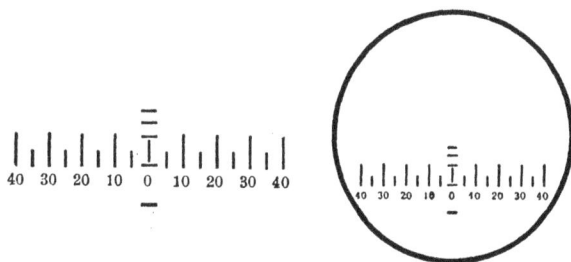

40 30 20 10 0 10 20 30 40

40 30 20 10 0 10 20 30 40

In den optischen Instrumenten, besonders im Fernglas, ist eine Strichplatte enthalten, die so eingerichtet ist, daß der Seitenabstand der wagerechten Einteilung von Strich zu Strich immer $1/_{1000}$ der Entfernung ist, während die Höheneinteilung entweder ebenfalls nach Strich oder nach sechszehntel Grad erfolgt. $1/_{16}$ Grad entspricht ebenfalls etwa $1/_{1000}$ der Entfernung.

V. Formale Ausbildung mit Gewehr, Maschinenpistole, Pistole, Handgranate und le. MG.

1. Einzelausbildung.

Die Ausbildung des Soldaten baut sich auf sorgfältiger straffer Einzelausbildung auf.

Die **formale Einzelausbildung mit Gewehr** erstreckt sich auf die genaue Ausführung nachstehender Kommandos:

Kommando: „Stillgestanden"
(auch auf jedes Ankündigungskommando oder das Kommando „Achtung").
Der Mann steht in der Grundstellung still. Das Gewehr steht senkrecht, Abzugsbügel nach vorn, der Kolben dicht am rechten Fuß, Kolbenspitze mit der Fußspitze auf gleicher Höhe.

Kommando: „Rührt Euch".
Der linke Fuß wird vorgesetzt. Der Mann darf sich rühren, aber nicht sprechen.

Kommando: „Das Gewehr — über".
Die rechte Hand bringt das Gewehr, Lauf nach rechts, senkrecht vor die Mitte des Leibes, Unterring in Kragenhöhe. Nachdem die linke Hand dicht unter der rechten Hand zugefaßt hat, umfaßt die rechte die Hülse oberhalb des Kammerstengels. Dann schiebt die rechte Hand das Gewehr auf die linke Schulter, die linke Hand faßt unter den Kolben. Das Gewehr liegt gleichlaufend mit der Knopfreihe, der Kammerstengel etwa handbreit unter dem Kragen, der Kolben auf der Patronentasche.
Darauf wird der rechte Arm kurz in die Grundstellung genommen.

Kommando: „Gewehr — ab".
Die linke Hand zieht das Gewehr, den Lauf nach rechts drehend, abwärts, während die rechte das Gewehr in Höhe der Schulter umfaßt. Mit der rechten Hand wird dann das Gewehr in Grundstellung gebracht. Auch der linke Arm wird kurz in Grundstellung genommen.

Kommando: „Achtung — Präsentiert das — Gewehr".
Die linke Hand dreht das Gewehr mit dem Lauf nach rechts. Die rechte Hand erfaßt den Kolbenhals, die linke darauf das Gewehr in Höhe des Visiers.
Mit kurzem Ruck wird so das Gewehr senkrecht, auf die linke Patronentasche gezogen. Die Finger der rechten Hand liegen ausgestreckt dicht unter dem Abzugsbügel, Daumen unter dem Schlößchen, der Daumen der linken Hand liegt ausgestreckt längs des Visiers.

Kommando: „Augen — rechts" oder „Die Augen — links".
(Einzelne Posten führen das Nachstehende auch ohne Kommando aus.)
Der Kopf wird ruckartig zu dem Vorgesetzten, dem die Ehrenbezeugung gilt, gedreht.
Der einzelne Mann folgt dem Vorgesetzten beim Abschreiten der Front mit den Augen unter Drehen des Kopfes bis auf 2 Schritt. Dann nimmt jeder selbständig den Kopf geradeaus. Falls der Vorgesetzte die Front nicht abschreitet, wird der Kopf auf das

Kommando: „Augen — geradeaus"
(oder das Ankündigungskommando „Das Gewehr" von „Das Gewehr — über")
ruckartig geradeaus genommen.

Kommando: „Das Gewehr — über".
Während die linke Hand das Gewehr dreht, faßt die rechte auf der Hülse zu. Der weitere Griff erfolgt wie beim Griff „das Gewehr — über" aus der Grundstellung.

Kommando: „Gewehr umhängen".
Die Ausführung erfolgt im Rühren. Das Gewehr wird auf die rechte Schulter gehängt. Die rechte Hand umfaßt den Riemen in Brusthöhe, so daß das Gewehr fest und senkrecht hinter der rechten Schulter hängt. Der rechte Oberarm preßt das Gewehr an den Körper.

Kommando: „Gewehr auf den Rücken".
Das Gewehr wird im Rühren mit dem Kolben nach rechts unten, Mündung nach links oben, auf den Rücken gehängt. Radfahrer, Krabfahrer und Reiter hängen das Gewehr mit Kolben nach links unten um.

Kommando: „Gewehr um den Hals".
Das Gewehr wird im Rühren so vor den Körper gehängt, daß der Kolben nach links unten, der Lauf nach rechts oben zeigt.

Kommando: „Gewehr abnehmen".
Das Gewehr wird im Rühren in die Grundstellung abgenommen.

Kommando: „Ohne Tritt — Marsch".
(Aus dem Exerziermarsch oder Gleichschritt nur „Ohne Tritt".)
Es wird angetreten und frei ausgeschritten. Jeder Mann geht mit beliebiger Schrittlänge. Die Haltung der Grundstellung wird bewahrt. Ohne Gewehr, bei „Gewehr auf dem Rücken" und bei „Gewehr um den Hals" werden beide Arme zwanglos bewegt. Mit „Gewehr über" wird der rechte, bei umgehängtem Gewehr der linke Arm ungezwungen mit leicht gekrümmten Fingern bewegt.

Kommando: „Im Gleichschritt — Marsch".
(Aus dem Marsch ohne Tritt oder dem Exerziermarsch „Im Gleichschritt".)
Es wird, mit dem linken Fuß beginnend, angetreten. Jeder macht Schritte von etwa 80 cm Länge im Tempo 114 Schritt in der Minute. Körper- und Kopfhaltung sind aufrecht, Armbewegungen wie beim Marsch ohne Tritt.

Kommando: „Abteilung — Marsch".
(Aus dem Marsch ohne Tritt „Im Gleichschritt — Achtung". Aus dem Gleichschritt „Achtung".)
Es wird im Exerziermarsch angetreten. Tempo 114 Schritt in der Minute. Körper- und Kopfhaltung aufrecht, ohne krampfhafte Muskelanspannung. Beim Exerziermarsch ohne Gewehr, mit „Gewehr auf dem Rücken" und mit „Gewehr um den Hals" werden die beiden Arme stillgehalten.
Bei Gewehr über wird der rechte Arm ungezwungen bewegt, bei umgehängtem Gewehr der linke Arm stillgehalten.

Kommando: „Marsch — Marsch".
Der Mann läuft einzeln so schnell wie möglich und hält von selbst, sobald das befohlene Ziel erreicht ist. Die Ordnung der geschlossenen Abteilung wird auch beim Laufen gewahrt. Die Trageweise der Waffen, Geräte usw. wird beibehalten. Falls der Marsch ohne Tritt wieder aufgenommen werden soll, wird „Im Schritt" kommandiert.

Kommando: „Abteilung — halt".
(Im Exerziermarsch und im Gleichschritt erfolgt das Kommando „halt" beim Niedersetzen des rechten Fußes.)
Der Mann macht noch einen Schritt, zieht den hinteren Fuß heran und steht still. Aus dem Laufen wird so schnell wie möglich gehalten.

Kommando: „Rechts (links) — um".
(Das Ausführungskommando erfolgt im Gleichschritt beim Niedersetzen des rechten [linken] Fußes.)
Im Halten erfolgt die Wendung auf dem linken Hacken. Der rechte Ballen drückt sich vom Boden ab und gibt dem Körper eine Wendung um 90 Grad. Darauf wird der rechte Fuß kurz beigesetzt.
Beim Marsch ohne Tritt und im Gleichschritt macht der Mann die Wendung

um 90 Grad beim nächsten Niedersetzen des äußeren (bei rechts — um also des linken) Fußes. Darauf wird der Marsch in der neuen Richtung unverändert auf= genommen.

Wendungen im Exerziermarsch gibt es nur für Musik und Spielleute.

Kommando: „Ganze Abteilung — kehrt".

(Nur im Halten.)

In gleicher Weise, wie bei der Wendung „Links um" wird der Körper mit einem Ruck um 180 Grad gedreht.

Kommando: „Hinlegen".

Unter Vorsetzen des linken Fußes um etwa 1 Schritt läßt sich der Mann auf das rechte Knie nieder. Die linke Hand ergreift das Gewehr im Schwerpunkt. Dann legt sich der Mann über das linke Knie, die rechte Hand und den linken Ellbogen flach auf den Boden. Das Gewehr liegt zwischen Ober= und Unterring auf dem linken Unterarm, Lauf zum Körper. Mündung und Schloßteile dürfen keinesfalls den Boden berühren.

Es wird, Blick frei nach vorne, gerührt.

Kommando: „Auf".

Das Gewehr wird in die linke Hand genommen, das rechte Bein an den Leib an= gezogen, während sich der Mann auf die rechte Hand stützt. Der Oberkörper bleibt zunächst noch flach am Boden.

Dann drückt sich der Mann mit der rechten Hand vom Boden ab, schnellt empor, setzt den linken Fuß vor, zieht den rechten heran, nimmt die Grundstellung ein und rührt.

Kommando: „Ohne Tritt — Marsch".

(Aus dem Liegen.)

Auf „Ohne Tritt" erhebt· sich der Schütze wie bei „Auf", nimmt sofort die vor= herige Gewehrlage ein bzw. nimmt das M.=G.=Gerät auf. Auf „Marsch" wird dann angetreten.

Kommando: „Laden und Sichern".

Die Ausführung erfolgt grundsätzlich im Rühren. Im Stehen und in der Be= wegung wird das Gewehr schräg vor die Brust in die linke Hand genommen, Mündung nach hochlinks, Lauf nach rechts. Zeigefinger und Daumen der rechten Hand öffnen die Kammer.

Darauf öffnet die rechte Hand die Patronentasche, entnimmt einen Ladestreifen und setzt ihn in den Ausschnitt der Hülsenbrücke.

Während dann die vier Finger der rechten Hand geschlossen unter den Kasten= boden fassen, drückt der Daumen dicht am Ladestreifen entlang mit kurzem Ruck die Patronen in den Kasten und streicht auf die oberste Patrone bis zur Geschoßspitze nach vorn.

Dann schließt die rechte Hand die Kammer und legt mit Daumen und Zeige= finger den Sicherungsflügel nach rechts herum.

Darauf wird das Gewehr in die frühere Lage zurückgebracht und die Pa= tronentasche geschlossen.

Im Liegen ladet der Schütze in gleicher Weise in der ihm bequemsten Lage, ohne sich jedoch dabei aufzurichten.

Kommando: „Entladen".

Entladen wird nur im Stehen. Die Ausführung erfolgt grundsätzlich im Rühren. Die Patronentasche wird geöffnet. Dann bringt der Schütze das Gewehr in die gleiche Lage wie beim Laden. Die linke Hand faßt jedoch so zu, daß die vier ausgestreckten Finger rechts neben der Patroneneinlage liegen.

Dann wird mit der rechten Hand entsichert und das Schloß geöffnet.

So werden die Patronen durch langsames Zurückführen der Kammer einzeln herausgezogen, mit der rechten Hand einzeln aus der Patroneneinlage genommen und in die Patronentasche gesteckt.

Zum Entspannen des Schlosses drücken die Fingerspitzen der linken Hand den Zubringer in den Kasten. Die rechte Hand führt die Kammer über den Zubringer und nach Wegnehmen der Finger der linken Hand weiter nach vorne. Dann wird die Kammer mit der linken Hand festgehalten, während die rechte am Kolbenhals zufaßt mit dem Zeigefinger den Abzug zurückzieht und mit dem Daumen das Zurückgleiten des Schlosses verhindert. Dann schließt die linke Hand die Kammer. Das Gewehr wird in die Grundstellung gebracht, die Patronentasche geschlossen.

Kommando: „Seitengewehr pflanzt auf".

Das Gewehr wird im Stehen mit der rechten Hand vor der Mitte des Leibes, Lauf zum Körper, auf die Erde gesetzt. Die linke Hand, Handrücken zum Leibe, zieht das Seitengewehr aus der Scheide und setzt es auf den Seitengewehrhalter. Dann wird das Gewehr in die frühere Lage gebracht.

Im Liegen und in der Bewegung wird sinngemäß verfahren.

Kommando: „Seitengewehr an Ort".

Das Gewehr wird im Stehen wie beim Aufpflanzen vor die Mitte des Leibes gebracht.

Dann drückt der Daumen der rechten Hand auf die Mutter zum Haltestift des Seitengewehrs, während dies gleichzeitig von der linken Hand hochgehoben und dann in die Scheide gesteckt wird.

Im Liegen und in der Bewegung erfolgt das Anortbringen des Seitengewehrs sinngemäß.

Zu dieser formalen Ausbildung mit dem Gewehr kommt für alle Schützen die **formale Ausbildung am le. M.-G.** hinzu.

Jeder Mann der Schützenkompanie muß als Richtschütze verwendet werden können.

Als Grundlage für diese Tätigkeit muß jeder folgende Tätigkeiten beherrschen:

Schon beim Antreten hängt Schütze 2 ohne Befehl den Laufschützer auf den Rücken.

Auf das Kommando: „**Gerät aufnehmen**" (oder „Gewehr umhängen", „Gewehr auf den Rücken", „Gewehr um den Hals") knien die Schützen 1—3 nieder. Schütze 1 erfaßt den Trageriemen des le. M.-G. mit der rechten Hand von unten, mit der linken von oben vor der rechten Hand. Schützen 2 und 3 erfassen die Patronenkästen bzw. die Tragegurte mit Magazintaschen. Darauf stehen die 3 Schützen nach hinten auf und rühren. Während des Aufstehens hängt Schütze 1 mit der linken Hand den Trageriemen über die rechte Schulter und legt das M.-G. zurecht.

Auf das Kommando: „**Gerät absetzen**" (oder „Gewehr abnehmen") knien die Schützen 1—3 wiederum nieder, setzen das Gerät ab und stehen nach rückwärts auf.

Der Kolben bzw. die Schulterstütze des le. M.-G. und der hintere Rand der Patronenkästen schneiden hierbei mit der Fußspitze ab.

Anbringung des Zweibeins als Vorder- (Mittel-) Unterstützung.

Die linke Hand erfaßt das M.-G. von unten am vorderen Teil des Mantels.

Die rechte Hand stellt das Korn hoch.

Rechte Hand setzt das Zweibein (Einschnitt für die Sperrfeder dem Körper zu) von oben auf die vordere Gewindebuchse.

Die linke Hand drückt mit Zeige= und Mittelfinger die Sperrfeder gegen den Mantel.

Die rechte Hand schwenkt das Zweibein so weit in den Einschub ein, bis die Sperrfeder in den Ausschnitt am Zweibein einrastet.

Beim Anbringen des Zweibeins als Mittelunterstützung wird das Zweibein in gleicher Weise in den Einschub der hinteren Gewindebuchse eingeführt, jedoch Ausschnitt für Sperrfeder nach vorn. An Stelle des Korns muß das Stangen= visier hochgestellt werden.

Aufsetzen des M.=G. 34 auf das Dreibein.

Die linke Hand umfaßt des M.=G. am Mantel vor dem Einschub für die Mittelunterstützung.

Die rechte Hand stellt das Stangenvisier hoch und erfaßt das M.=G. am Kolben, Griffstück dem Körper zu.

Beide Hände setzen das M.=G., Mündung schräg nach oben gerichtet, am Einschub für die Mittelunterstützung (Griffstück dem Körper zu) auf den Kopf (Aufsatzstück) des Dreibeins auf.

Die linke Hand drückt mit dem Daumen die Sperrfeder gegen den Mantel. Dann drehen beide Hände das M.=G. so, daß das Lager am Kopf des Dreibeins in den Einschub der Mittelunterstützung eingleitet und die Sperrfeder in den Ausschnitt am Lager einrastet.

Beim Aufsetzen des M.=G. auf das Dreibein als Vorderunterstützung wird das M.=G. wie bei der Mittelunterstützung in das Lager am Kopf des Dreibeins eingesetzt, jedoch Griffstück nach oben gerichtet und linke Hand hinter dem Ein= schub für die Vorderunterstützung. Das Abnehmen des M.=G. vom Dreibein er= folgt sinngemäß.

Sichern und Entsichern des M.=G.

Das M.=G. muß, wenn das Schloß zurückgezogen ist und nicht sofort ge= schossen wird, stets gesichert sein.

Das Sichern und Entsichern erfolgt mit der linken Hand.

Der Schütze schwenkt zum Sichern den Sicherungsflügel mit Knopf auf „F" (nach hinten) und zum Entsichern auf „S" (nach vorn). Der Zeigefinger der rechten Hand darf dabei nicht den Abzugsbügel greifen.

Das Sichern des M.=G., wenn das Schloß in vorderster Stellung ist, ist verboten.

Auf das Kommando „Laden!" oder „Stellung!"

wird das M.=G. geladen (schußfertig gemacht):

Der Schütze erfaßt mit der linken Hand das Griffstück, mit der rechten Hand den Spannschieber und zieht mit ihm das Schloß mit einem kräftigen Ruck so weit zurück, bis es vom Abzugstollen festgehalten wird; dann schiebt er den Spannschieber wieder nach vorn, bis er hörbar einrastet und sichert.

a) **Aus dem Patronenkasten (Gurtzuführung).**

1. Deckel geschlossen.

Die linke Hand drückt von oben auf den Kolben.

Bei Linkszuführung erfaßt die linke Hand, bei Rechtszuführung die rechte Hand den Patronengurt und führt das Einführstück in den Zuführer.

Die rechte (linke) Hand ergreift das Einführstück und zieht, ohne Ge= walt anzuwenden, den Gurt waagerecht (nicht rückwärts) in den Zuführer, bis sich der Zubringehebel hörbar hinter die Patrone gelegt hat und die erste Patrone am Anschlag des Zwischenstücks des Zuführers anliegt.

2. Bei geöffnetem Deckel.

Beide Hände legen bei geöffnetem Deckel den Gurt so in den Zuführer ein, daß die erste Patrone gradlinig am Anschlag am Zwischenstück des Zuführers anliegt. Während eine Hand den Deckel schließt, hält die andere den Gurt noch fest, damit er nicht wieder zurückgleiten kann. Beim Schließen des Deckels ist darauf zu achten, daß der hintere Teil des Transporthebels bei Linkszuführung nach rechts und bei Rechtszuführung nach links zeigt.

Das M.-G. ist schußbereit. Wird nicht sofort geschossen, so ist zu sichern.

b) Aus der Patronentrommel (Trommelzuführung).

Der Deckel mit Gurtzuführung und das Zwischenstück sind abzunehmen und der Deckel mit Trommelzuführung einzusetzen.

Der Schütze erfaßt mit der r e c h t e n H a n d den Spannschieber und zieht mit ihm das Schloß mit einem kräftigen Ruck zurück, bis es vom Abzugstollen festgehalten wird. Dann schiebt er den Spannschieber so weit nach vorn, bis er hörbar einrastet.

Die l i n k e H a n d erfaßt die Patronentrommel so von oben, daß der Lederriemen über die Hand zu liegen kommt. Sie setzt die Patronentrommel mit dem Patronenaustritt (Lippen) in den Durchbruch am Deckel (Trommelhalter) ein und sichert die Sperre.

Rechte H a n d liegt auf dem Kolben.

W e n n n i c h t s o f o r t g e s c h o s s e n w i r d , i s t z u s i c h e r n.

Bewegungen, auch sprungweises Vorgehen mit dem geladenen M.-G. (eingesetztem Gurt, aufgesetzter Trommel und zurückgezogenem Schloß) sind verboten.

Nur beim Schießen in der Bewegung und beim Jnstellunggehen darf das M.-G. geladen sein. Ist plötzlicher Zusammenstoß mit dem Gegner möglich, so kann das Laden (schußfertig machen) des M.-G. wie folgt vorbereitet werden:

a) **bei Gurtzuführung:**

Schloß in vorderster Stellung, Gurt im Zuführer. Entsichert.

b) **bei Trommelzuführung:**

Schloß in vorderster Stellung, Patronentrommel aufgesetzt. Entsichert.

Zum Schußfertigmachen braucht dann nur das Schloß mit dem Spannschieber zurückgezogen werden; dann kann sofort geschossen werden.

Entladen.

a) **Nach dem Schießen mit Gurtzuführung.**

(1) **Aus dem Patronenkasten.**

Auf „Entladen!" öffnet der Schütze den Deckel, nimmt den Gurt aus dem M.-G. und überzeugt sich, daß der Lauf frei ist, erforderlichenfalls unter Abnahme des Zuführerunterteils. Dann erfaßt er mit der r e c h t e n H a n d den Griff zum Spannschieber, zieht ihn zurück und läßt mit zurückgezogenem Abzug das Schloß erst langsam, dann schneller nach vorn gleiten, überzeugt sich, ob das Schloß entspannt ist und schließt den Deckel.

Das Schloß ist entspannt, wenn der Schlagbolzen nicht mehr vom Stützhebel festgehalten wird, sondern mit seiner Spitze vorn aus dem Verschlußkopf herausgetreten ist. Dieses ist daran erkennbar, daß

1. die hintere Kante der dreieckigen Ansätze hinten am Schloßgehäuse mit dem vorderen Einstrich des Auswerferanschlages **abschneidet,** oder

2. der Hals der Schlagbolzenmutter **nicht mehr** hinten aus dem Schloßgehäuse herausragt.

(2) **Aus der Gurttrommel.**

Wie zu (1). Nach dem Schließen des Deckels wird die Gurttrommel ausgehakt.

b) **Nach dem Schießen mit Trommelzuführung aus der Patronentrommel 34.**

Der Schütze löst die Sperre und hebt die Trommel ab. Die weiteren Ausführungen sind die gleichen wie beim Entladen nach dem Schießen aus dem Patronenkasten.

Beim Schießen auf dem Schießstand ist außerdem das Gehäuse wie beim Laufwechsel nach links zu drehen.

Laufwechsel.

Der Lauf muß grundsätzlich nach 200 (250)[1] rasch aufeinanderfolgenden Schüssen gewechselt werden. Eine Abgabe von mehr als 250 Schuß in ununterbrochener Folge aus einem Lauf ist verboten.

Vor dem Laufwechsel sind das Schloß sowie der Spannschieber in die hintere Stellung zu bringen und das M.-G. zu sichern.

(1) **Lauf herausnehmen.**

Die rechte Hand umfaßt das Griffstück.

Die linke Hand umfaßt den Mantel unterhalb des Stangenvisiers und drückt mit dem Daumen den vorderen Teil der Gehäusesperre soweit als möglich gegen den Mantel.

Die rechte Hand dreht das Gehäuse, Mündung etwas angehoben nach links unten, bis der Lauf frei zurückgleitet.

Der heißgeschossene Lauf wird mit dem Handschützer aus dem Mantel gezogen und in den geöffneten Laufschützer gelegt.

(2) **Lauf einsetzen.**

Während die rechte Hand den Lauf in den Mantel einführt, hebt die linke Hand das M.-G. am Kolben etwas an.

Die rechte Hand schiebt dann den Lauf so weit in den Mantel, daß der hinterste Teil mit dem Verbindungsstück abschneidet.

Beide Hände drehen das Gehäuse (unter Anheben des M.-G. über die waagerechte Lage) scharf nach rechts oben, bis die Gehäusesperre in die Rast am Gehäuse einrastet. Wird sofort weitergeschossen, so ist zu entsichern und der Spannschieber nach vorn zu schieben.

Schloß herausnehmen.

(Schloß in vorderster Stellung. Deckel auf. Bodenstück abnehmen. Schließfeder entfernen.)

Die linke Hand umfaßt das Gehäuse am hinteren Teil, so daß die hohle Hand den Abschluß des Gehäuses bildet.

Die rechte Hand zieht mit dem Griff des Spannschiebers das Schloß mit einem Ruck nach hinten. Die linke Hand fängt das Schloß in der hohlen Hand auf und zieht es heraus.

Vor dem Einsetzen des Schlosses ist darauf zu achten, daß das Schloß frei ist von Schmutz und Fremdkörpern (Sand usw.). Das Schloß ist nicht mit sandigen Händen anzufassen. Leisten am Schloßgehäuse und Ansätze mit Rollen am Verschlußkopf müssen in einer Richtung stehen (Schloß gespannt). Der Auswerfer muß ganz nach vorn geschoben sein. Zum Einführen des Schlosses wird der Abzug zurückgezogen.

---

[1] Beim Zerfallgurt nach 200 Schuß, beim zusammenhängenden Gurt (Patronengurt 33) nach 250 Schuß.

Formale Ausbildung mit der M.-P.

Beim **Antreten** wird die M.-P. über die rechte Schulter gehängt. Zur Abwechslung kann sie auch über die linke Schulter gehängt oder auch vor dem Körper getragen werden. Die Tragetaschen für die Magazine werden umgehängt oder am Leibriemen getragen. Erst beim Zusammensetzen der Gewehre werden die M.-P. und die Tragetaschen abgenommen.

Laden der M.-P. im Stehen.

Zum **Sichern und Laden** wird die M.-P. mit der rechten Hand im Schwerpunkt erfaßt. Die linke Hand zieht mit dem Zeigefinger den Kammergriff zurück, legt ihn in die Sicherungsrast ein (sichert) und setzt dann das Magazin in den Magazinhalter, bis es hörbar einrastet. Die M.-P. ist nun geladen und gesichert.

Zum **Laden im Stehen** muß die M.-P. mit der Mündung schräg nach vorn aufwärts gehalten werden. Im **Knien** wird sie leicht auf das linke Knie gestützt. Im **Liegen** muß sie leicht nach rechts gedreht werden.

Zum **Entsichern** zieht die linke Hand den Kammergriff in die hinterste Stellung gleiten, bis sie vom Abzugsstollen gehalten wird.

Zum **Magazinwechsel** wird mit der linken Hand der Kammergriff in die Sicherungsrast zurückgezogen. Dann umfaßt die linke Hand das Magazin. Nachdem mit dem Daumen der Magazinhaltetnopf scharf nach rechts gedrückt worden ist, kann das Magazin herausgenommen und durch ein neues ersetzt werden.

Zum **Entladen** wird das Magazin entfernt. Der Schütze überzeugt sich, daß der Lauf frei ist und läßt den Verschluß bei zurückgezogenem Abzug langsam nach vorn gleiten.

Das **Füllen des Magazins** erfolgt mit dem Magazinfüller. Dieser wird mit dem Rücken nach links auf das Magazin gesetzt bis er einrastet. Danach wird das Magazin senkrecht auf eine Unterlage gesetzt.

Die linke Hand drückt das Druckstück des Füllers bis zum Anschlag nach unten. Die Patronen werden nun einzeln durch die rechte Hand, Patronenboden nach links unter die Magazinlippen gesetzt und unter gleichzeitigem Entspannen des Druckstückes noch in das Magazin eingedrückt.

Von jedem le. M.=G.=Schützen wird außerdem die **Beherrschung der Pistole** verlangt.

Unvorsichtige oder unrichtige Handhabung gefährden den Schützen und seine Umgebung. Alle Schützen haben daher auf das Innehalten der Sicherheitsbestimmungen besonders zu achten. Unsachgemäße Behandlung und schlechte Pflege beeinträchtigen die Schußleistung.

a) Pistole 08.

Sichern und Entsichern.

Die Pistole muß, wenn nicht geschossen wird, stets gesichert sein.

Das Sichern und Entsichern erfolgt, indem der Schütze die Sicherung mit dem Daumen der rechten Hand zurück= bzw. vorschiebt.

Laden.

Der Verschluß ist (bei gespanntem Schlagbolzen) in gesichertem Zustand zu öffnen.

Die Pistole bleibt in der rechten Hand, die Mündung zeigt etwa 2 m vor den· Schützen! Der linke Daumen drückt auf den Magazinhalter, die linke Hand nimmt sodann das leere Magazin heraus.

Dann wird das gefüllte Magazin in die Pistole eingesetzt und die Waffe durch Zurückziehen des Verschlusses mit Daumen und Zeigefinger der linken Hand und anschließendes Vorschnellenlassen des Verschlusses geladen. Die oberste Patrone wird hierdurch in den Lauf geschoben. Der Auszieher tritt heraus. Die Aufschrift „Geladen" wird sichtbar.

Entladen.

Die Pistole bleibt gesichert in der rechten Hand. Die Mündung zeigt etwa 2 m vor den Schützen.

Der Daumen der linken Hand drückt auf den Magazinhalter, worauf die linke Hand das Magazin herausnimmt. Der kleine Finger der rechten Hand deckt die Öffnung des Griffstücks. Unter Zurückziehen des Verschlusses mit Daumen und Zeigefinger der linken Hand werden die in den Griffdurchbruch fallenden Patronen aufgefangen und einzeln herausgenommen.

Entspannen.

Nachdem zunächst entsichert ist, zieht die linke Hand den Verschluß nur wenig, etwa 1 cm, zurück. Der Zeigefinger der rechten Hand zieht den Abzug zurück, während die linke Hand den Verschluß langsam vorgleiten läßt. Dann wird wieder gesichert und das Magazin eingeführt.

Magazinwechsel.

Bei leergeschossenem Magazin (Verschluß steht hoch).

Die gesicherte Pistole bleibt in der rechten Hand! Der linke Daumen drückt auf den Magazinhalter! Die linke Hand' nimmt das Magazin heraus. Nach Einführen des gefüllten Magazins mit der linken Hand wird das Kammerfangstück durch völliges Zurückziehen des Verschlusses mit der linken Hand ausgeschaltet. Durch Vorschnellenlassen des Verschlusses wird sodann die oberste Patrone in den Lauf geschoben. Der Auszieher tritt heraus. Das Wort „Geladen" wird sichtbar.

b) Pistole 38.

Sichern und Entsichern.

Der links aus dem Verschlußstück ragende Sicherungshebel wird abwärts ge=drückt, bis das „S" = „gesichert" sichtbar wird und der Rastbolzen einrastet.

Das Entsichern erfolgt in umgekehrter Folge durch Hochdrücken des Siche=rungshebels, bis das „F" = „Feuerbereit!" sichtbar und der Hebel wieder ein=gerastet ist.

Laden.

Die Pistole ist gesichert. Die linke Hand führt ein volles Magazin, Ge=schoßspitzen nach vorn zeigend, am unteren Ende des Griffstückes so weit ein, bis der Magazinhalter hörbar einrastet.

Die linke Hand erfaßt mit Daumen und Zeigefinger das Verschlußstück am geriffelten Ende und zieht es in die hinterste Stellung zurück. Bei dem nun folgenden Vorschnellenlassen entnimmt das Verschlußstück dem Magazin eine Patrone und führt diese in das Patronenlager.

Der Signalstift tritt jetzt hinten aus dem Verschlußstück und zeigt an, daß die Pistole 38 geladen ist.

Entladen.

Die Pistole ist zu sichern. Der Daumen der linken Hand drückt den Magazin=halter zurück. Die linke Hand nimmt das Magazin heraus und steckt es hinter das Koppel.

Daumen und Mittelfinger der linken Hand ziehen dann langsam das Ver=schlußstück zurück, während der Zeigefinger auf die vom Auszieher gehaltene Patrone drückt. Der kleine Finger der rechten Hand deckt die Öffnung des Griff=stückes. Die durch den Griffdurchbruch fallende Patrone wird aufgefangen. Dann läßt die linke Hand den Verschluß vorschnellen.

Wechseln des Magazins.

Bei leergeschossenem Magazin steht das Verschlußstück, durch den Fanghebel gehalten, in der hintersten Stellung.

Es wird gesichert.

Der linke Daumen drückt den Magazinhalter zurück. Die linke Hand nimmt das Magazin heraus und steckt es hinter das Koppel.

Das gefüllte Magazin wird mit der linken Hand — Geschoßspitzen nach vorn — in das Griffstück so weit eingeschoben, bis der Magazinhalter hörbar ein=rastet. Der Daumen der linken Hand drückt den Fanghebel nach unten. Das Verschlußstück gleitet nach vorn und führt eine Patrone in das Patronenlager. Der Signalstift tritt heraus und zeigt an, daß die Pistole geladen ist.

Das leere Magazin wird in die Pistolentasche gesteckt.

Auch die Handhabung der Handgranate sei hier erwähnt.

a) Stielhandgranate.

Einsetzen des Zünders.

Der Zünder wird dem Pappkästchen entnommen und in folgender Weise in den Handgranatenstiel eingeführt:

Topf und Sicherungskappe werden vom Stiel geschraubt.

Dann wird die Abreißvorrichtung von der Griffseite her durch die Stielbohrung herabgelassen, bis sie aus der Gewindekappe herausragt, wenn das nicht schon der Fall ist.

Die Abreißschlaufe wird mit dem Knoten — nicht auch mit der Bleiperle — in die Drahtschlaufe des Zünders eingezogen und die Bleiperle an die Drahtschlaufe herangeschoben.

Dann setzt man den Zünder mit frei herabhängendem Knopf in den Stiel ein und schraubt ihn linksherum fest.

Der Abreißknopf wird in den Stiel gelegt und die Sicherungskappe aufgesetzt.

Stiel und Topf werden wieder zusammengeschraubt, wenn die Handgranate nicht gleich scharf gemacht werden soll.

Scharfmachen der Handgranate.

Das Sprengkapselkästchen wird durch Ziehen an der Abreißschnur geöffnet und der Pappdeckel abgenommen.

Der Schiebedeckel des Kästchens wird soweit zurückgeschoben, daß die erste Sprengkapsel freiliegt.

Dann dreht man das Kästchen um, so daß eine Sprengkapsel in die offene Hand gleitet.

Der feste Sitz des Zünders wird nochmals geprüft und nachgesehen, ob nicht Sägespäne, Wolleteilchen und dgl. im offenen Teil der Sprengkapsel stecken.

Fallen diese nicht von selbst aus der Sprengkapsel, so ist sie unbrauchbar. Jede äußere Einwirkung ist streng untersagt.

Die Sprengkapsel wird mit dem offenen Ende (Loch auf Loch) sorgfältig in die vorstehende Hülse des Zündernippels eingesetzt.

Darauf werden Topf und Stiel zusammengeschraubt.

b) Eihandgranate.

Zunächst feststellen, ob der Zündkanal in der Eihandgranate frei von Fremdkörpern ist, dann die Schutzkappe des Brennzünders abschrauben.

Das Sprengkapselkästchen wird so weit geöffnet und umgedreht, daß eine Sprengkapsel langsam in die offene Hand gleitet.

Nachsehen, ob Sägespäne oder Wolleteilchen im offenen Teil der Sprengkapsel liegen.

Fallen diese nicht von selbst aus der Sprengkapsel, so ist sie unbrauchbar. Jede äußere Einwirkung ist verboten.

Die Sprengkapsel wird auf das Verzögerungsröhrchen vorsichtig aufgeschoben.

Der fertiggemachte Brennzünder wird in die Eihandgranate eingeschraubt und mit der Flügelmutter fest angezogen.

Bei Brennzündern ohne Flügelmutter ist der jedem Packkasten beigegebene Schlüssel zum Festschrauben zu verwenden.

Die Eihandgranate ist wurffertig.

Das Abschrauben der Abreißkappe (Entsichern) darf erst unmittelbar vor dem Werfen erfolgen.

2. Ausbildung in der Gruppe.

Auf der abgeschlossenen formalen Einzelausbildung des Schützen baut sich die formale Ausbildung in der Gruppe auf.

Die Zusammensetzung, die Ausrüstung der Gruppe und die Aufgaben der einzelnen Gruppenangehörigen zeigt nachstehende Übersicht.

Gruppenführer: M.=P. mit 6 Magazinen zu je 32 Schuß in Magazintaschen, Magazinfüller. Doppelfernrohr, Drahtschere, Marschkompaß, Signalpfeife, Sonnenbrille, Taschenlampe.

Der Gruppenführer ist Führer und **Vorkämpfer** seiner Gruppe. Er leitet das Feuer des le. M.=G. und soweit es das Gefecht zuläßt — auch das der Gewehrschützen. Er ist für **Kriegsbrauchbarkeit von Waffen, Munition und Gerät** seiner Gruppe verantwortlich.

Schütze 1 (Richtschütze): M.=G. 34 mit Gurttrommel 34 zu 50 Schuß (meist angehängt), Werkzeugtasche, Pistole, kurzer Spaten, Sonnenbrille, Taschenlampe. **Er bedient das M.=G. im Kampf und ist für Pflege und einwandfreien Zustand des M.=G. verantwortlich.**

Schütze 2: Laufschützer mit einem Vorratslauf, 4 Gurttrommeln (je 50 Schuß), 1 Patronenkasten (300 Schuß), Tragegurt 34, Pistole, kurzer Spaten, Sonnenbrille. Er ist der Gehilfe des Schützen 1 im Kampf, Nahkämpfer. Er sorgt für Munition und hilft dem Schützen 1 bei den Vorbereitungen für die Feuereröffnung sowie beim Instellunggehen. Dann legt er sich in der Regel mehrere Schritte links seitwärts oder seitlich rückwärts des Schützen 1 möglichst in voller Deckung hin.

Er ist jederzeit bereit den Schützen 1 zu unterstützen (z. B. beim Beseitigen von Hemmungen, Laufwechsel usw.) oder ihn zu ersetzen. Ist eine geeignete Deckung vorhanden, unterstützt er den Schützen 1 beim Bedienen des M.=G. Er unterstützt den Schützen 1 in der Pflege des M.=G.

Schütze 3: Laufschützer mit einem Vorratslauf, 2 Patronenkästen (je 300 Schuß), Tragegurt 34, Pistole, kurzer Spaten. Nahkämpfer. Er liegt nach Möglichkeit rückwärts des le. M.=G. in voller Deckung. Er prüft selbständig Patronengurte und Munition.

Gewehrschütze 4—9: Gewehr, 2 Patronentaschen, kurzer Spaten. Außerdem je nach Befehl: Handgranaten, Nebelhandgranaten, geballte Ladungen, Munition, das Dreibein. Führung des Feuerkampfes mit Gewehr, Nahkämpfer.

Ein Gewehrschütze ist **stellvertretender Gruppenführer.** Er ist der Gehilfe des Gruppenführers und vertritt ihn gegebenenfalls. Er ist verantwortlich für die Verbindung zum Zugführer und zu den Nachbargruppen.

Die Formen der geschlossenen und geöffneten Ordnung in der Gruppe zeigen die Bilder auf der folgenden Seite.

Auch für die **formale Ausbildung in der Gruppe** werden nachstehend Kommandos und ihre Ausführung angegeben:

Kommandos: „In Linie zu einem Gliede angetreten". „In Reihe angetreten". „In Marschordnung angetreten".

Es wird in der Gliederung nach Seite 120 angetreten und stillgestanden. Beim Antreten berühren sich die Nebenleute leicht mit den Ellenbogen. Der Abstand von Mann zu Mann beträgt 80 cm vom Rücken zur Brust. Als Anhalt für den Abstand kann gelten, daß ein Mann bei vorgestrecktem Arm etwa das Gepäck des Vordermannes berührt.

Die Gruppe in der geschlossenen Ordnung.

1, Die „Linie zu einem Gliede"

3 2 1

2, Die „Reihe"

3, Die „Marschordnung"

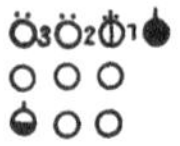
Ö3 Ö2 Ф1

Die Gruppe in Schützenreihe und Entwickelung zur Schützenkette

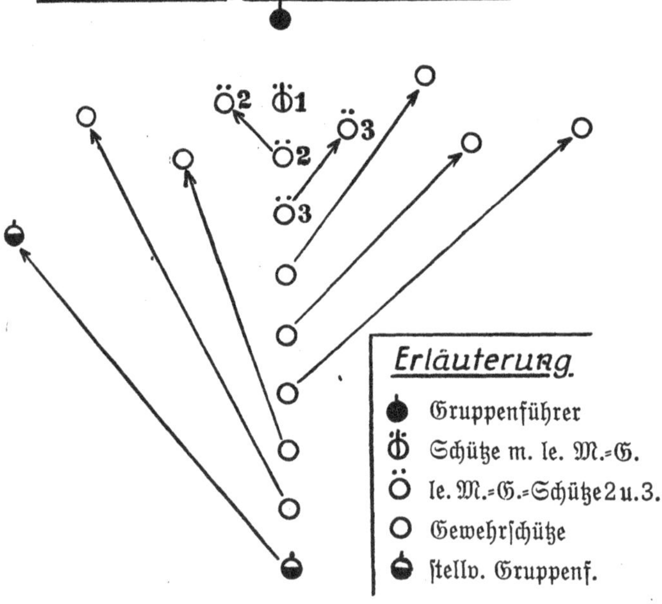
Ö2 Ф1
Ö3
Ö2
Ö3
Erläuterung.
Gruppenführer
Schütze m. le. M.=G.
le. M.=G.=Schütze 2 u. 3.
Gewehrschütze
stellv. Gruppenf.

Richtung und Fühlung sind, wenn nicht anders befohlen, nach rechts. Die Richtung ist gut, wenn der Mann bei tadelloser eigener Stellung in der Frontlinie durch eine Wendung des Kopfes nach dem Richtungsflügel mit dem rechten (linken) Auge nur seinen Nebenmann und mit dem anderen Auge die ganze Linie schimmern sieht.

Kommando: „Rührt Euch" (im Stehen).

Jeder rührt. Es wird Fühlung, Vordermann, Richtung, die eigene Stellung und die Aufstellung des freigemachten M.=G.=Geräts verbessert. Hierzu wird notfalls nach links Feld gegeben.

Kommando: „Rührt Euch" (in der Marschordnung).

Es treten Marscherleichterungen ein.

Es darf, wenn nichts anderes befohlen wird, gesprochen, gesungen, gegessen und geraucht werden.

Das Gewehr darf in bequemer Lage auf der rechten oder linken Schulter (Gleichmäßigkeit in der Abteilung ist nicht erforderlich) oder auf Kommando bzw. Befehl des Führers umgehängt, auf dem Rücken oder um den Hals getragen werden.

Das M.=G. kann am Riemen auf der rechten oder linken Schulter oder auch geschultert getragen werden. Beim geschulterten M.=G. ist der Kolben (die Schulterstütze) stets nach vorn zu nehmen.

Im „Rührt Euch!" erfolgt der Vorbeimarsch an Vorgesetzten unter Beibehalt aller Marscherleichterungen. Soll mit angezogenem Gewehr vorbeimarschiert werden, so wird „Marschordnung" kommandiert. In beiden Fällen wird auf Anordnung des Führers der Vorgesetzte in aufrechter Haltung frei angesehen.

Kommando: „Richt Euch" bzw. „Nach links — Richt Euch".

Der Kopf wird ruckartig in die entsprechende Richtung gedreht.

Die Richtung wird nach dem rechten bzw. linken Flügel hin verbessert.

Kommando: „Augen gerade — aus".

Der Kopf wird ruckartig geradeaus gedreht.

Für Wendungen, Marsch usw. gelten die gleichen Kommandos usw. wie für den Einzelschützen.

Kommando: „Rechts (links) schwenkt — ohne Tritt (im Gleichschritt) — Marsch" (aus dem Halten) oder „Rechts (links) schwenkt Marsch" (Marsch=Marsch) (in der Bewegung).

Auf „Marsch (Marsch! Marsch!"), wird sofort mit der Schwenkung begonnen. Die Richtung ist nach dem schwenkenden Flügel. In der Bewegung behalten dort befindliche Schützen die vorgeschriebene Schrittweise bei. Die anderen Schützen verkürzen den Schritt um so mehr, je näher sie sich dem Drehpunkt befinden. Der Flügelmann am Drehpunkt wendet sich allmählich auf der Stelle. Steht neben ihm ein Führer, so richtet er sich nach dem Flügelmann. Die Fühlung ist nach dem Drehpunkt. In der Marschordnung führen die einzelnen Glieder die Schwenkung nacheinander an derselben Stelle aus.

Kommando: „Halt".

Die Schwenkung wird sofort durch Halten beendet.

Kommando: „Gerade — aus".

Auf „Gerade — wird in halben Schritten in der neuen Richtung weitermarschiert. Die Richtung geht nach dem Richtungsflügel. Auf „Aus!" wird die vorgeschriebene Schrittweite angenommen.

Formveränderungen (Aufmärsche und Abbrechen) erfolgen ohne Tritt oder im Laufen. Nach Durchführung der Formveränderung wird ohne Tritt weitermarschiert.

Kommando: „Reihe rechts (links) ohne Tritt — Marsch" (aus der Linie zu einem Gliede im Halten).

Der rechte (linke) Flügelmann tritt gerabeaus an, die anderen machen rechts (links) um und setzen sich dahinter.

Der Gruppenführer setzt sich vor die Gruppe.

Kommando: „Marschordnung rechts (links) ohne Tritt — Marsch" (aus der Linie zu einem Gliede im Halten).

Die ersten 3 Schützen des rechten (linken) Flügels treten gerabeaus an. Die übrigen Schützen brechen zu dreien ab und setzen sich dahinter.

Kommando: „Reihe — rechts" ober „Die Reihe — links" (aus der Linie zu einem Gliede in der Bewegung).

Der rechte (linke) Flügelmann geht gerabeaus weiter.

Die übrigen Schützen setzen sich in Reihe dahinter.

Der Gruppenführer setzt sich vor die Gruppe.

Kommando: „In Linie zu einem Gliede links (rechts) marschiert auf — Marsch" (Marsch! Marsch!) (aus der Reihe oder Marschordnung in der Bewegung).

Der vorderste Schütze bzw. das vorderste Glied geht gerabeaus weiter, die übrigen Schützen marschieren links (rechts) auf.

Der Gruppenführer begibt sich auf den rechten (linken) Flügel.

Kommando: „Hinlegen" (für den Zug geschildert).

Das erste Glied macht vor dem Hinlegen zwei, das zweite Glied einen großen Schritt nach vorwärts. Nach dem Aufstehen tritt das zweite Glied einen Schritt, das dritte Glied zwei Schritte vor.

In der Marschordnung macht die rechte und mittlere Rotte zunächst halbrechts, die linke Rotte zunächst halblinks um. Dann legen sich die Rotten hin, die mittlere rechts auf Lücke.

In der Reihe legt sich der Schütze schräg nach rechts hin, so daß der Oberkörper neben den Beinen des Vordermannes liegt, in der Linie zu einem Gliede entfällt das Vortreten.

Auf das Kommando „Setzt die — Gewehre!"

machen in Marschordnung und Exerzierordnung die Gewehrschützen der rechten Reihe links, die Gewehrschützen der mittleren und linken Reihe rechts um.

Jeder Mann der rechten und mittleren Reihe setzt sein Gewehr mit der rechten Hand in den Winkel der Füße, Lauf nach rechts.

Kommando: „Zusammen".

Auf „Zusammen" reicht jeder Mann der linken Reihe sein Gewehr mit der rechten Hand an den mittleren Mann seines Gliedes. Die Gewehre werden dann in Pyramiden zu 3 Gewehren zusammengesetzt.

Die Reihen treten aus den Gewehrgruppen und wenden sich wieder nach vorn.

Die Abteilung rührt sich.

In Linie (zu 3 Gliedern) machen auf „Setzt die — Gewehre!" die Gewehrschützen 1. und 2. Gliedes kehrt. Auf „Zusammen!" werden die Gewehre von den gleichen Schützen und in der gleichen Weise zusammengesetzt wie in der Marschordnung.

Das 1. und 2. Glied wenden sich wieder nach vorn und treten aus den Gewehrgruppen.

Kommando: „An die Gewehre".

Jeder tritt lautlos an seinen Platz bei den Gewehren und rührt.

Kommando: „Gewehr in die"

Auf „Gewehr in die!" werden die gleichen Wendungen wie beim Zusammensetzen gemacht.

Kommando: „Hand".

Auf „Hand!" werden die Gewehre auseinandergehoben.

Maschinenpistolen werden mit ihren Ansteckmuffen aneinandergestellt. Eine einzelne M.-P. wird über die nächste Gewehrgruppe gehängt.

Die formale Ausbildung in der geöffneten Ordnung der Gruppe umfaßt das Einnehmen der Schützenreihe bzw. der Schützenkette innerhalb der Gruppe.

Die Entwicklung der Gruppe erfolgt stets auf den Schützen 1 (Anschlußmann). Auf ihn werden Abstände und Zwischenräume genommen. Der Anschlußmann hält die befohlene Richtung inne. Dazu wählt er sich Zwischenpunkte im Gelände. Ist keine Richtung befohlen, so folgt er dem vorangehenden Gruppenführer.

Außerdem muß der Schütze folgende Kommandos und ihre Ausführung kennen:

Kommando: „Stellungswechsel".

Der Schütze sichert, geht in volle Deckung und macht sich sprungbereit. Er nimmt das Gewehr in die linke Hand, stützt die rechte Hand auf den Boden und zieht das rechte Bein nahe an den Leib, ohne sich dabei aufzurichten.

Dem Sprung mit le. M.-G. geht ebenfalls der Befehl

„Stellungswechsel"

voraus.

Schütze 1 sichert, zieht das le. M.-G. in Deckung zurück und entladet. Dann macht er sich sprungbereit und meldet „Fertig!".

Kommando: „Auf — Marsch — Marsch".

Der Schütze schnellt empor und stürzt vorwärts.

Kommando: „Halt".

Es wird auf der Stelle gehalten.

Kommando: „Kehrt — Marsch".

Es wird kurz um 180 Grad gedreht und weitergegangen.

Kommando: „Halt — Kehrt".

Nach Drehung um 180 Grad wird auf der Stelle gehalten und gerührt.

Kommando: „Hinlegen".

Jeder legt sich an Ort und Stelle hin.

Kommando: „Volle Deckung".

Jeder sucht sich schnell in seiner Nähe einen gegen Erd- und möglichst gegen Luftsicht gedeckten Platz, legt sich hin und geht in volle Deckung.

Kommando: „Stellung".

Die Gewehrschützen richten sich beiderseits ihres M.-G. im Gelände zum Feuern bereit ein und bilden so eine „Schützenkette". Der le. M.-G.-Schütze eilt an die vom Gruppenführer erkundete Stellung und richtet sich dort, zum Feuern bereit, im Gelände ein.

Erfolgt das Kommando: „Schützenkette" in der Bewegung, so wird dementsprechend die Schützenkette im Vorwärtsgehen gebildet. Die Schützenkette kann auch rechts oder links vom M.-G. gebildet werden.

Kommando: „Sammeln".

Ist nichts anderes befohlen, so sammelt die ganze Gruppe in Reihe und nimmt dabei selbständig die ursprüngliche Gliederung ein.

3. Zeichen.

Zeichen dienen zur lautlosen Befehlsübermittlung und zur Zeitersparnis bei der Befehlsübermittlung auf größere Entfernungen. Sie werden häufig angewandt, wenn im Kampf Kommandos oder Befehle nicht gegeben werden können. Durch den Gebrauch der Signalpfeife vor Abgabe des Zeichens kann die Aufmerksamkeit auf den Führer gelenkt werden.

Bedeutung der Zeichen.

a) Armzeichen (bei Truppen auf Kfz. mit Zeichenstab oder Flagge).

Lfd. Nr.	Zeichen	Ausführung	Licht bei Nfz. (nachts)	Bedeutung
1.		Arm hochheben a) vom Führer (dabei Pfiff) b) vom Unterführer und Fahrzeugführer c) in der Bewegung (aufgesessen) d) im Feuerkampf	weiß	a) Achtung (Ankündigungszeichen) b) Verstanden oder fertig, fahrbereit c) Stillgesessen (nur bei ret. fahr= u. mot. Tr.) d) Achtung Verstanden
2.		Arm einmal hochstoßen dasselbe mehrmals a) aus dem Halten b) in der Bewegung c) im Feuerkampf	weiß grün „	Aufsitzen a) Antreten, Anfahren b) nächsthöhere Gangart schneller c) „Feuer frei" zur Feueröffnung „Weiterfeuern"
3.		Arm mehrmals in Schulterhöhe seitwärts stoßen a) nach einer Seite	grün	a) rechts (links) heran
4.		b) abwechselnd nach beiden Seiten (nur bei Kav.)	—	b) rechts und links heran Straßenmitte frei (nur für Kav.)

Lfd. Nr.	Zeichen	Ausführung	Licht bei Nfz. (nachts)	Bedeutung
5.		hochgehobenen Arm mehrmals hin- u. herschwenken a) aus der Marschordnung b) aus dem „Rührt Euch" c) im Feuerkampf d) als Antwort auf ein Zeichen	weiß	a) Rührt Euch b) Marschordnung c) Feuerpause d) nicht verstanden
6.		hochgehobenen Arm mehrfach seitwärts langsam senken	grün	„nächst niedere Gangart!" oder langsamer
7.		hochgehobenen Arm wiederholt scharf nach unten stoßen a) in der Bewegung b) im Halten	rot „	a) Halten b) Absitzen (gilt für Reiter, Fahrer, aufgesessene Mannschaften)
8.		ausgestreckten Arm halbkreisförmig rechts und links vom Pferdehals senken bei M.=G.=Einheiten	—	Bedienung absitzen

Lfd. Nr.	Zeichen	Ausführung	Licht bei Nfz. (nachts)	Bedeutung
9.		hochgehobenen Arm wieder= holt tief **vorwärts** senken	—	hinlegen
10.		Zeigen mit Arm in eine Richtung (in der Bewe= gung)	grün	Folgen! Richtung!
11.		Pendeln des hängenden Ar= mes vor dem Körper a) bei verladenem Gerät b) bei freigemachtem Gerät	— —	a) „Gewehr frei!" b) Gewehr an Ort.
12.		Beide Arme gleichzeitig in Schulterhöhe ausbreiten		„Stellung" (Feuerstellu

Lfd. Nr.	Zeichen	Ausführung	Licht bei Kfz. (nachts)	Bedeutung
3.		Faust vor die Brust, Arm dann mehrfach scharf waagerecht seitwärts **schlagen**	weiß	„Straße frei!" Fliegerdeckung! (Fahrzeuge u. Kfz. halten, gilt nur für Truppen auf Fahrzeugen)
14.		Arm über dem Kopf **waagerecht kreisen**	grün	nächsthöhere Form der Gefechtsbereitschaft (Entfaltung oder Entwicklung)
15.		Leicht schräg gehaltener Arm	—	„Augen rechts"
		dasselbe mit dem linken Arm oder mit in rechter Hand gehaltenem, nach links deutendem Zeichenstab	—	„Die Augen links"

Lfd. Nr.	Zeichen	Ausführung	Licht der Kfz. (nachts)	Bedeutung
16.		Arm seitlich ausstrecken, aus Schulter heraus seitlich kreisen in der geöffneten Ordnung und in der Entfaltung	— —	Sammeln! (Zusammenziehen)
17.		Arme vor der Brust kreuzen	—	Gewehre zusammensetzen o Gewehre an die Kfz.
18.		erhobene gespreizte Hand wirbeln	—	Führer der nächstnieder Untereinheit zu mir
19.		ausgestreckten linken Arm in Schulterhöhe vor- und rückwärts bewegen	grün	Erlaubnis zum Überholen

Zeichen	Ausführung	Licht bei Kfz. (nachts)	Bedeutung
	linken Arm waagerecht seit- wärts ausstreden	rot	überholen nicht möglich
	Arm mit Zeichenstab waa- gerecht seitwärts aus- streden. Zeichen mit Fahrtrichtungsanzeiger	grün	Schwenken oder in Seiten- weg einbiegen (auf Kfz.)
	Arm seitlich aufwärts an- winkeln	—	Abstände vergrößern (auf Kfz.)
	Arm seitlich abwärts an- winkeln	—	Abstände verringern (auf Kfz.)

Lfd. Nr.	Zeichen	Ausführung	Licht bei Nacht (nachts)	Bedeutung
24.		beide Arme hochhalten, gleichzeitig scharf anwinkeln u. wieder hochstoßen	—	Handpferde vor! Fahrzeuge vor!
25.		Kurbelbewegung mit Arm vor dem Körper	weiß	Motor anwerfen
26.		Unterarm quer über Kopf halten Im Feuerkampf	weiß	Motor abstellen „Stopfen"
27.		beide Arme hochhalten und Zeichen 2 (nur mit Fahrzeugen)	—	In Reihe antreten

b) **mit Kopfbedeckung, Waffen und Gerät.**

28.		Kopfbedeckung hochhalten		hier sind wir

Lfd. Nr.	Zeichen	Ausführung	Bedeutung
29.		Gewehr **senkrecht** über dem Kopf	Gelände frei vom Feind oder Gelände gangbar bzw. fahrbar
30.		Gewehr **waagerecht** über dem Kopf	Gelände **nicht** frei vom Feinde oder Gelände **un**gangbar
31.		Spaten hochhalten a) von vorn gegeben b) von hinten gegeben	a) wir graben uns ein b) Eingraben!
32.		Munitionskasten (Geschoß-korb usw.) hochhalten	Munition vor

Lfd. Nr.	Zeichen	Ausführung	Bedeutung
33.		Tragebüchse der Gasmaske hochhalten a) durch Spähtrupps, Sicherer, Gasspürer, Beobachter b) durch Führer	a) Gaswarnung (an Führer) b) Gasbereitschaft (Befehl an Truppe)
34.		Gasmaske aus Tragebüchs. ziehen, hochhalten und schwenken oder aufsetzen	„Gasmaske aufsetzen" „Gasalarm!"
35.		Schwenken der Flagge im Halbkreis Zeichen 37 und 13	Achtung fdl. Panzerfahrzeuge An Ort und Stelle „Feuerstellung und Feuer frei"

c) **Leuchtzeichen**

werden in bestimmtem Wechsel festgesetzt. Sie werden nach Bedeutung und Farbe eingeteilt in:

A. Takt. Zeichen:

  hier sind wir   = weißes Licht   Leuchtpatrone, Einzelstern

  wir greifen an   = grünes Licht[1]   Signalpatrone, Einzelstern
  Feuer vorverlegen

  Feind greift an   = rotes Licht[1]   Signalpatrone, Einzelstern
  Sperrfeuer erbeten

B. Warnzeichen:

  Panzerwarnung   = viol. Rauch[2] / blauer Rauch[2][3] } Rauchbündelpatrone

C. Sonderzeichen (für Panzer- und Panzerabwehrtruppe):

  hier für Panzer fahrbar   = grüner Rauch   Handrauchzeichen grün
  hier für Panzer nicht fahrbar = roter Rauch   Handrauchzeichen rot
  Panzerwarnung   = viol. Rauch[2]   Handrauchzeichen viol.
                          blauer Rauch[2][3]   Handrauchzeichen blau

D. Schiedsrichterzeichen:

  das Ganze marsch   = grüner Rauch   Rauchstrichbombe
  das Ganze halt   = blauer Rauch   Rauchstrichbombe
  alle Panzer halt   = blauer Rauch   Patronenrauchzeichen u. Handrauchzeichen

---

[1] Wechsel zwischen rot und grün vorgesehen.
[2] Wechsel im Kriege zwischen violett und blau ist vorgesehen.
[3] Im Frieden für Schiedsrichterzwecke nach D.

d) Gefechtssignale mit Trompete und Signalhorn.

Für alle Waffen sind wichtig:

„Panzerwarnung."

„Fliegerwarnung."

e) Sonstige Schallzeichen.

Pfeife: Achtung (als Hilfsmittel bei Armzeichen).

Pfeifpatrone, sowie alle Schallmittel, die nicht mit dem Munde bedient werden (außer Hupe und Sirene): „Gasalarm!"

Hupe: Andauerndes Hupen aller Kfz. (nur bei geschlossenen Einheiten auf Kfz. im Kw.-Marsch): „Panzerwarnung!"

f) Sichtzeichen der Erdtruppe für Flieger.

Tuchzeichen: Sie müssen auf möglichst freiem Raum so ausgelegt werden, daß sie in der Blickrichtung zum Feind zu lesen sind.

Tuchzeichen sind im allgemeinen nur auf Anforderung des Fliegers (Leuchtzeichen oder Funksignal) auszulegen und nach der Verständigung wieder wegzunehmen.

Die wichtigsten Zeichen sind:

+ Meldeabwurfstelle.

— — — wir halten die Linie.

Hakenkreuzfahne dient als Erkennungszeichen zwischen allen Truppen.

g) Warnungszeichen (Wiederholung aus vorigen Ziffern).

Gaswarnung:

Hochhalten der Tragebüchse.

Fliegerwarnung:

Besonderes Gefechtssignal mit Trompete, Signalhorn oder Sirene.

Panzerwarnung:

1. Besonderes Gefechtssignal mit Trompete oder Signalhorn.
2. Andauerndes Hupen aller Kfz. (nur bei Truppen auf Kfz. beim Kw.-Marsch).
3. Winken mit der Panzerwarnflagge, und zwar: Schwenken: Achtung, Panzerspähwagen. Kreisen: Achtung, Panzerkampfwagen.

h) Alarmzeichen (nur für Gas).

1. Pfeifsignal mit Pfeifpatrone, aus Leuchtpistole.
2. Betätigung von Schallmitteln aller Art (außer Hupen und Sirene), die nicht mit dem Munde bedient werden.

i) Weitere Zeichen

können jeweils von Fall zu Fall vereinbart werden.

VI. Schießdienst.

1. Allgemeine Schießlehre.

Beim Abbrücken (Abziehen) des Gewehrs schnellt der Schlagbolzen vor und entzündet das Zündhütchen der Patrone. Ein Feuerstrahl dringt durch die beiden Zündkanäle des Patronenbodens in den Pulverraum, entzündet das Pulver und bringt es dadurch zur Explosion, d. h. zu einer sich blitzschnell vollziehenden Verbrennung. Die hierbei entstehenden Pulvergase haben das Bestreben, sich mit höchster Schnelligkeit und Kraft nach allen Seiten hin auszudehnen. Da dieser Gasdruck an den Wänden der Patronenhülse und am Patronenboden einen unüberwindlichen Widerstand findet, wird das nur lose in der Hülse steckende Geschoß durch den Lauf nach vorn hinausgetrieben. Zugleich bewirkt der Explosionsvorgang in der Waffe auch eine heftige Erschütterung, welche sich namentlich in einem Rückstoß des im Anschlag befindlichen Gewehrs äußert.

Die Geschwindigkeit, mit der das Geschoß den Lauf verläßt, heißt Anfangsgeschwindigkeit. Sie wird in m/sec. (Meter in der Sekunde) gemessen. Wenn nur die Anfangsgeschwindigkeit auf das Geschoß wirkte, so würde es mit unveränderter Geschwindigkeit geradlinig in der Abgangsrichtung ins Unendliche weiterfliegen. Durch die Einwirkung der Schwerkraft des Geschosses sowie des Luftwiderstandes erhält die Flugbahn des Geschosses eine gekrümmte Form.

Ein Langgeschoß, das aus einem glatten (nicht gezogenen) Lauf verschossen wird, stellt sich unter der Einwirkung des Luftwiderstandes quer oder überschlägt sich. Der Flug wird unregelmäßig, die Schußweite verkürzt, die Treffähigkeit schlecht. Diese Nachteile werden durch Verwendung gezogener Läufe vermieden. In ihnen erhält das Geschoß durch Einpressen in die Züge eine Drehung um seine Längsachse. Diese Drehung nennt man Drall. Durch die Drehung des Geschosses wird erreicht, daß seine Spitze im Fluge nach vorn gerichtet bleibt.

Die Flugbahn und die Bezeichnung ihrer Teile enthält nachstehendes Bild:

Mündungswagerechte M—F.
Zielwagerechte A—Z.
Visierlinie V—K—Z.
Visierwinkel α.
Geländewinkel β.
Erhöhung γ.
Gipfelpunkt G.
Gipfelhöhe G—G 1.

Gipfelentfernung M—G 1.
Aufsteigender Ast M—G.
Absteigender Ast G—F.
Flughöhe P—P 1.
Fallwinkel δ.
Fallpunkt F.
Auftreffwinkel ε.
Auftreffpunkt Z.

Auftreffgeſchwindigkeit iſt die Geſchwindigkeit, mit der das Geſchoß aufſchlägt.

Flugzeit iſt die Dauer der Geſchoßbewegung in Sekunden von der Mündung bis zum Auftreffpunkt.

Wucht iſt die lebendige Kraft des Geſchoſſes, ausgedrückt in m/kg.

Auftreffwucht iſt die Wucht des Geſchoſſes beim Aufſchlag.

Das Geſchoß fällt nach dem Verlaſſen der Mündung durch Einwirken der Schwerkraft und des Luftwiderſtandes unter die verlängerte Seelenachſe. Man muß alſo den Lauf, um in beſtimmter Entfernung ein Ziel zu treffen, um ſo viel über dieſes Ziel richten, als das Geſchoß bis dahin fällt.

Um das Maß für die notwendige Erhöhung des Laufes zu haben, iſt die Waffe mit einer Viſiereinrichtung (Kimme und Korn) verſehen.

Bringt man Auge und Viſierlinie mit einem beſtimmten Punkt in eine gerade Linie, ſo zielt man. Der Punkt, auf den die Viſierlinie gerichtet wird, um das Ziel zu treffen, heißt Haltepunkt. Dieſer liegt je nach der Treffpunktlage des Gewehres in oder dicht bei dem Ziel.

Es bedeuten:

Haltepunkt:

Der Punkt, auf den die Viſierlinie gerichtet ſein ſoll.

Abkommen:

Der Punkt, auf den die Viſierlinie beim Losgehen des Schuſſes tatſächlich gerichtet war.

Treffpunkt:

Der Punkt, den das Geſchoß beim Einſchlagen trifft.

Je nach Wahl des Haltepunktes im Ziel, an ſeinem unteren oder oberen Rand, ſagt man

in das Ziel gehen,
Ziel aufſitzen laſſen,
Ziel verſchwinden laſſen.

Da das Gewehr mit „geſtrichenem" Korn und wagerecht ſtehendem Viſierkamm eingeſchoſſen iſt, ſo muß man beim Schießen auch ſtets mit geſtrichenem Korn und wagerecht ſtehendem Viſierkamm zielen. Geſtrichenes Korn hat man, wenn beim Zielen die in der Mitte der Kimme ſichtbare Kornſpitze mit dem wagerecht ſtehenden Viſierkamm abſchneidet. Zielen heißt demnach ſtets, die Viſierlinie mit dem Auge ſo auf den gewählten Haltepunkt richten, daß man die Kornſpitze bei wagerechtem Viſierkamm in der Mitte der Kimme als geſtrichenes Korn im Haltepunkt erblickt. Weicht man von dieſem richtigen Zielen in irgendeiner Weiſe ab, ſo ergeben ſich Zielfehler.

Die häufigſten Zielfehler ſind:

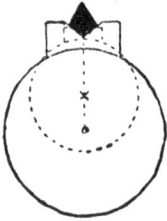

a) „**Vollkorn**", bei dem man die Kornſpitze über dem Viſier-
kamm ſieht. Vollkorn erzeugt Hochſchuß, weil durch das
Heben des Kornes auch gleichzeitig die Mündung des
Gewehrs gehoben wird.

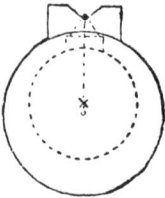

b) „**Feinkorn**", bei dem man die Kornſpitze unter dem Viſierkamm ſieht. Feinkorn erzeugt Kurzſchuß (Tiefſchuß), weil
durch das Senken des Korns auch gleichzeitig die Laufmündung geſenkt wird.

c) Gewehrverdrehen mit damit verbundenem „**Verkanten**" des Viſiers, d. h. einem
nach rechts oder links erfolgenden Neigen des Viſierkammes. Es erzeugt eine
Abweichung des Geſchoſſes nach der Seite, nach der das Gewehr und ſein
Viſier verkantet wird. Rechts verkantetes Gewehr gibt Rechts-Tiefſchuß, links
verkantetes Gewehr Links-Tiefſchuß.

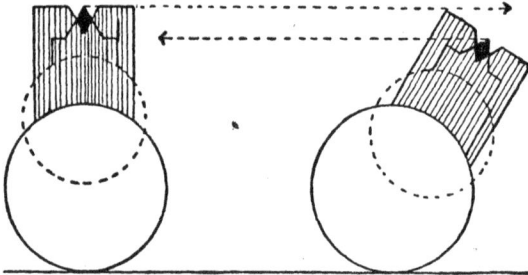

d) „**Geklemmtes Korn**", wobei man die Kornſpitze nicht ſcharf in der Mitte der
Kimme, ſondern rechts- oder links ſeitlich an den Kimmenrand geklemmt erblickt. Links geklemmtes Korn ergibt infolge der damit verbundenen Links-
richtung der Laufmündung Linksſchuß, rechts geklemmtes Korn infolge der
damit verbundenen Rechtsrichtung der Laufmündung Rechtsſchuß. (S. Bild
folgende Seite.)

Auch die **Beleuchtung des Korns** kann zu Zielfehlern veranlaſſen. Ein
von oben hell beleuchtetes Korn erſcheint durch ſeine Strahlung dem Auge größer
als ſonſt und verleitet dadurch zu Feinkorn und Kurzſchuß. Ein bei trüber Sicht

<table>
<tr><td>Sonne von rechts</td><td>Sonne von oben</td></tr>
</table>

(Dämmerung, Waldlicht) in die Kimme genommenes Korn erscheint leicht kleiner als es ist und verleitet dadurch zu Vollkorn und Hochschuß. Starker von der Seite her fallender Sonnenschein (Lichtschein) läßt die hell beleuchtete Kornseite größer erscheinen als die dunkle. Man wird dadurch leicht zum Kornklemmen veranlaßt, indem man das Korn nur mit seiner heller beleuchteten Seite in die Mitte der Kimme nimmt und dadurch nach der dunklen Seite des Korns hin vorbeischießt.

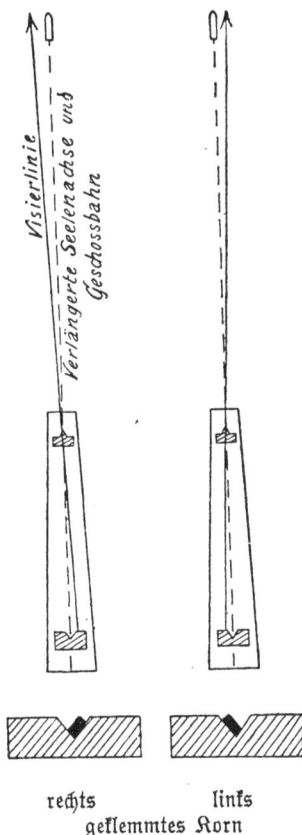

rechts   links
geklemmtes Korn

Die Gewehre und die M.=G. haben s. S.=Visiere. Die in den Schuß=tafeln (Verzeichnissen ihrer Schußleistungen) angegebenen Visierschußweiten und Treffpunktlagen beziehen sich stets auf die zugehörige s. S.=Munition. Bei Verwendung von S. m. K.=Munition (gegen Flieger, Panzerwagen, Panzerschilde) genügt auf den nächsten (bis 100 m) und nahen (bis 400 m) Entfernungen die gleiche Visierstellung wie für S.= oder s. S.=Munition.

Starke Temperaturunterschiede können die Schußweite erheblich ändern. Im allgemeinen hat man bei warmer Witterung mit Weitschuß, bei kalter mit Kurzschuß zu rechnen. Ein Wechsel der Lufttemperatur um 10° ver=

schiebt auf 1000 m den mittleren Treffpunkt nach der Höhe um etwa 1 m, nach der Tiefe um etwa 30 m.

Wind von vorn verkürzt, Wind von rückwärts vergrößert die Schußweite. Mittlerer Wind (4 m/sec.) in der Schußrichtung verlegt die Geschoßgarbe auf 1000 m um etwa 10 m nach der Tiefe. Seitlicher Wind (4 m/sec.) bewirkt auf 1000 m eine Seitenabweichung um 2 bis 3 m. Starker Wind (8 m/sec.) verlegt die Garbe um das doppelte Maß.

Gibt man aus einer Waffe unter möglichst gleichbleibenden Bedingungen eine größere Anzahl von Schüssen nacheinander ab, so treffen die Geschosse nicht ein und denselben Punkt, sondern verteilen sich über eine mehr oder weniger große Fläche. Man nennt dies **Streuung.**

Die Ursachen der Streuung sind:

Schwingungen des Laufes, Schwankungen der Witterungseinflüsse, kleine nicht zu vermeidende Unterschiede in der Munition und in der Verbrennungsweise des Pulvers. (Streuung der einzelnen Waffe.)

Vergrößert wird die Streuung durch die Fehler des einzelnen Schützen beim Zielen und Abkommen (Schützenstreuung).

Das **auf einer senkrechten Fläche** aufgefangene Streuungsbild ist meist höher als breit (Höhenstreuung also größer als Breitenstreuung).

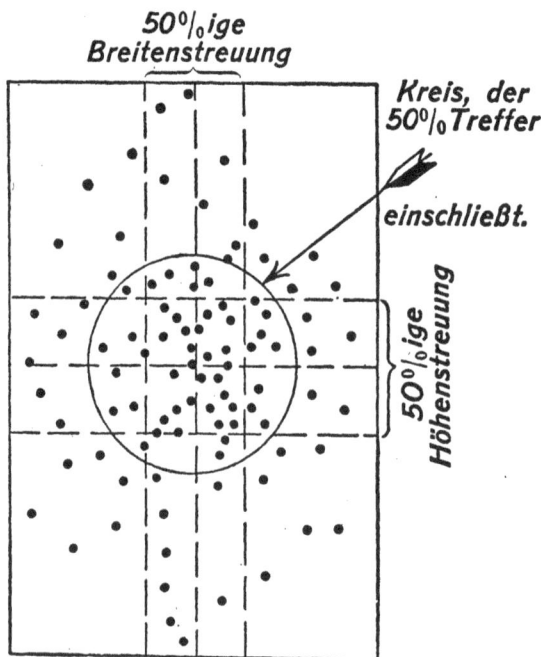

50%ige Breitenstreuung

Kreis, der 50%Treffer einschließt.

50%ige Höhenstreuung

Den Punkt, der ebensoviel Treffer über sich, unter sich, rechts und links von sich hat, nennt man den „mittleren Treffpunkt". Je nachdem der mittlere Treffpunkt einer Waffe von dem erstrebten Treffpunkt abweicht, spricht man von hoch oder kurz, rechts oder links schießenden Gewehren.

Auf dem waagerechten Erdboden verteilen sich die Schüsse in einer Fläche, der waagerechten Treffläche, deren Breite mit der Entfernung zunimmt und deren Tiefe um so größer wird, je größer die Höhenstreuung und je kleiner der Einfallwinkel ist (Tiefenstreuung).

Bei der Abgabe von Dauerfeuer durch ein M.-G. oder beim Schießen mit mehreren Gewehren verteilen sich die Treffer auf eine größere Fläche als beim Einzelfeuer des M.-G. oder beim Schießen mit einem Gewehr. Die Flugbahnen der Geschosse aus einem Dauerfeuer abgebenden M.-G. oder von mehreren Gewehren bilden eine Geschoßgarbe.

Abfallendes Gelände am Ziel verlängert, ansteigendes verkürzt die Tiefenausdehnung der Geschoßgarbe. Die Tiefe der Garbe wird durch Witterungseinflüsse und Fehler des Schützen erweitert. Hierbei sprechen mannigfache Einflüsse, Ausbildungsgrad, Sichtbarkeit des Ziels, Feuergeschwindigkeit usw., vor allem die körperliche und seelische Verfassung des Schützen mit.

Die Ausdehnung der Garbe hängt von dem Maß des Festhaltens des le. M.-G. durch den Schützen 1 ab.

Den Raum, in dem ein Ziel von bestimmter Größe bei gleichbleibendem Haltepunkt ohne Umstellung des Visiers getroffen werden kann, nennt man den Visierbereich (Raum B—A—C).

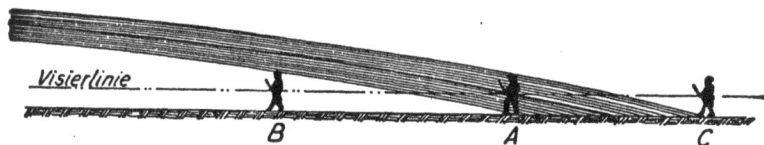

Der Raum vor und hinter einem Ziel, der durch die Geschoßgarbe getroffen wird, heißt: Bestrichener Raum.

Den Raum hinter einer Dedung, der von einem Geſchoß oder einer Geſchoßgarbe in der Flugbahn nicht erreicht werden kann, nennt man: **Gededten Raum oder toten Winkel** (a).

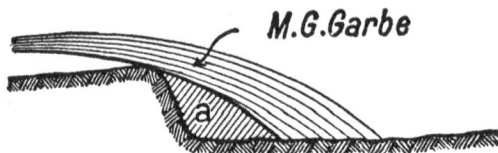

Die **Wahl des Haltepunkts** wird grundſätzlich dem Schützen überlaſſen. Beim Schießen mit le. M.=G. und Gewehr iſt im allgemeinen der günſtigſte Haltepunkt gegen kleine Ziele „Zielaufſitzen" und gegen große Ziele „Mitte des Ziels".

Treibt Seitenwind die Geſchoſſe an ſchmalen Zielen vorbei, ſo muß dem durch **Anhalten** vorgebeugt werden. Dabei iſt zu beachten, daß die Abweichungen bei zunehmender Schußweite größer werden.

Bei Wahl des Haltepunktes gegen Ziele, die ſich ſeitwärts bewegen, müſſen Schnelligkeit der Bewegung und Flugzeit des Geſchoſſes berück= ſichtigt werden. Dies geſchieht durch **Vorhalten** oder Vorhalten und gleich= zeitiges Mitgehen mit der Bewegung des Ziels.

Während der Flugzeit des ſ. S.=Geſchoſſes zurückgelegte Entfernungen in Metern (abgerundete Werte).

Ent=fernung in Metern	I. Fußtruppen		II. berit. Truppen		III. motoriſierte Truppen Geſchwindigkeit der Kraftfahrzeuge			IV. Flugzeuge
	im Schritt in 1 Minute 100 m	im Laufſchritt in 1 Minute 150 m	im Trabe in 1 Minute 250 m	im Galopp in 1 Minute 400 m	Gelände 15—20 km/st, in sec 5 m	Straße 30—40 km/st, in sec 10 m	70—80 km/st, in sec 20 m	
100	—	—	—	—	—	—	—	8— 10
200	—	—	—	—	—	—	—	15— 20
300	1	1	2	3	2	4	8	25— 36
600	2	2	4	6	5	10	20	50— 80
900	3	4	7	11	8	16	32	100—135
1200	4	6	10	16	12	25	50	—
1500	6	9	14	23	17	35	70	—
1800	8	11	19	31	23	45	90	—
2000	9	14	23	36	30	55	110	—

Bei der **Flugabwehr mit M.=G.** durchqueren Flugziele, die ſich mit einer Geſchwindigkeit bis zu 100 m in der Sekunde (= 360 km/Std.) bewegen, den zu ihrer Bekämpfung vor dem Flugziel liegenden M.=G.= Feuerkegel in Bruchteilen von Sekunden. Während dieſer Zeit kreuzen beim Einſatz eines M.=G. nur wenige Geſchoſſe den Flugweg des Flugziels. Für den Beſchuß derartiger Ziele gelten daher beſondere Schieß= regeln.

Für das **Schießen gegen Flugziele** *) unterscheidet man

> den Vorbeiflug,
> den An= und Abflug sowie
> den Sturzflug.

Vorbeiflug wird jeder Flug genannt, der nicht unmittelbar über den Schützen hinwegführt.

An= und Abflug ist jeder Flug, der — gleich aus welcher Richtung er erfolgt — über den Schützen hinwegführt.

Sturzflug ist ein Flug, bei dem das Flugziel aus größeren Höhen auf den Schützen herunterstößt.

Wechselpunkt ist der Ort, an dem das Flugziel beim Vorbei= oder An= und Abflug die kürzeste Entfernung zum Schützen erreicht hat.

Bis zum Wechselpunkt heißt das sich nähernde Flugziel „kommendes Ziel", nach dem Wechselpunkt das sich entfernende Flugziel „gehendes Ziel".

Toter Trichter nennt man den Raum, in welchem ein Flugziel von Maschinenwaffen infolge der Lagerung auf dem Schließgestell nicht unter Feuer genommen werden kann.

Unter **Flugwinkel** versteht man den Winkel, den die Visierlinie mit dem Flugweg des Flugziels bildet.

Unter **Winkelgeschwindigkeit** versteht man die Geschwindigkeit, mit der das Flugziel in 1 Sekunde am Schützen vorbeifliegt. Sie wird nicht nach der durchflogenen Strecke in Metern, sondern nach dem vom Schützen aus gesehenen Winkel in Graden bezeichnet.

Da beim Schießen gegen Flugziele das M.=G. frei beweglich gelagert sein muß, so ist die Erschütterung beim Schießen stärker und somit auch die Streuung größer als beim Schießen gegen Erdziele. Über 1000 m Entfernung entspricht die Wirkung nicht mehr dem Munitionseinsatz.

Um beim Flugzielbeschuß mit M.=G. ein für alle Fälle richtiges Vorhaltemaß zu haben, wird die **Fliegervisiereinrichtung** (Fliegervisier — Kreis-

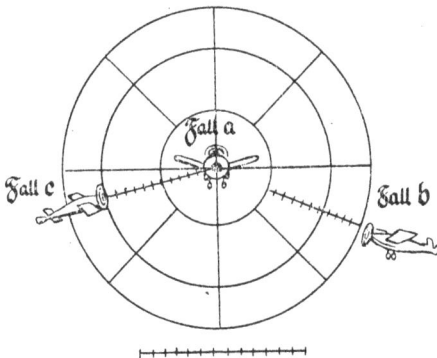

Strecke, die das Flugziel während des
Beschusses bei festgehaltenem Gewehr
durchfliegt.

---

*) Unter Flugzielen sind Flugzeuge, Luftschiffe, Freiballone, Fesselballone usw. zu verstehen.

korn verwendet. Das Kreiskorn gibt das Vorhaltemaß an. Es trägt Zielgeschwindigkeiten von 150 bis 300 km/Std., Entfernungen von 0 bis 1000 m sowie allen An= und Abflugrichtungen Rechnung.

Der Schütze zielt das Flugziel an:

a) über Fadenkreuzmitte, wenn das Flugziel unmittelbar auf den Standpunkt des Schützen zufliegt (Sturzflug).

b) an einem Punkt des äußeren Kreises, wenn er das Flugziel in ganzer Länge oder nur wenig verkürzt sieht — Flugwinkel von 60 bis 90⁰ —.

c) an einem Punkt des mittleren Kreises, wenn er das Flugziel stark verkürzt sieht — Flugwinkel unter 60⁰ —.

Der Punkt an dem entsprechenden Kreis des Kreiskorns ist beim An= zielen so zu wählen, daß der verlängerte Flugweg durch die Mitte des Kreiskorns (Fadenkreuzmitte) geht.

Beim **Schießen mit Gewehr auf Flugziele** ist das Vorhaltemaß von der Geschwindigkeit und der Flugrichtung des Ziels abhängig.

Da es sich in den meisten Fällen um eine durchschnittliche Flugziellänge von etwa 10 m und eine Flugzielgeschwindigkeit von 250 bis 350 km/Std. handelt, so kommen entsprechend den Geschoßflugzeiten von 0,1 bis 0,5 Sekunden Vorhalte= maße von rund 10 bis 50 m, d. h. 1 bis 5 Flugzeuglängen, in Betracht.

Schußleistungen mit l. S.=Munition.

Die Gesamtschußweite beträgt bei etwa 30⁰ Erhöhung rund 4500 m.

Das l. S.=Geschoß durchschlägt:

auf 100 m 65 cm starkes trockenes Kiefernholz,

„ 400 m 85 cm „ „ „

„ 800 m 45 cm „ „ „

„ 1800 m 20 cm „ „ „

sowie bei senkrechtem Auftreffen:

7 mm starke Eisenplatten bis auf etwa 550 m Entfernung,

10 mm „ „ „ „ „ 300 m „

oder 3 mm „ Stahlplatten „ „ „ 600 m „

5 mm „ „ „ „ „ 100 m „

Auf 800 m bieten 3 mm starke Stahlplatten bereits sicheren Schutz gegen l. S.=Munition.

In losen Sand bringen l. S.=Geschosse bis 90 cm tief ein.

Ziegelmauern von der Stärke eines ganzen Steines (25 cm) können von einzelnen l. S.=Geschossen nur durchschlagen werden, wenn sie zufällig die Fugen treffen.

Bei längerem Beschießen bieten auch stärkere Mauern, zumal wenn dieselbe Stelle häufig getroffen wird, keinen sicheren Schutz.

2. Schießausbildung.

a) Schießausbildung mit Gewehr.

Gute Schießleistungen sind Vorbedingung für den Erfolg im Kriege. Sie geben außerdem dem Schützen das Gefühl der Überlegenheit über den Gegner.

Als Vorbereitung für die Schießausbildung werden die beim Schießen in Tätigkeit kommenden Gelenke (besonders die Hand- und Fingergelenke) durch geeignete Übungen gelockert und beweglich gemacht sowie die Arm- und Fingermuskeln gestärkt.

Dann wird der Schütze über das Umfassen des Kolbenhalses am festliegenden Gewehr belehrt. Der Kolbenhals wird mit der rechten Hand so weit vorn umfaßt daß der ausgestreckte Zeigefinger auf der inneren unteren Seite des Abzugsbügels liegt und später beim Abkrümmen mit der Wurzel des ersten Gliedes oder mit dem zweiten Gliede den Abzug berühren kann. Die übrigen Finger umfassen den Kolbenhals fest, gleichmäßig und möglichst so, daß der Daumen dicht neben dem Mittelfinger liegt. Der Handteller paßt sich bis zur Handwurzel dem Kolbenhals an.

Der Zeigefinger nimmt mit der Wurzel des ersten Gliedes oder mit dem zweiten Gliede Fühlung am Abzug und führt ihn durch Krümmen der beiden vorderen Glieder in einem Zuge zurück bis Widerstand verspürt wird, d. h. man nimmt „Druckpunkt". Dann wird sofort gleichmäßig weitergekrümmt.

Durch ruckartiges Abziehen wird die Visierlinie aus der genauen Schußrichtung gerissen. Ein schlechter Schuß ist die Folge. (Reißen.)

Nach dem Vorschnellen des Schlagbolzens wird der Zeigefinger noch einen Augenblick am völlig zurückgezogenen Abzuge behalten und dann langsam gestreckt.

Beim Schießen wird die Visierlinie gleich beim Einziehen auf den Haltepunkt gerichtet, das linke Auge geschlossen, gleichzeitig Druckpunkt genommen und sofort unter Festhalten oder Berichtigen des Haltepunktes gleichmäßig abgekrümmt.

Beim Einziehen des Gewehrs wird ausgeatmet und bis zur Schußabgabe der Atem angehalten.

Selbst wenn die Visierlinie etwas schwankt, darf das gleichmäßige Abkrümmen nicht unterbrochen werden. Bei erheblicher Unruhe setzt der Schütze ab. Absetzen darf aber nicht zur Gewohnheit werden.

Nach Abgabe des Schusses öffnet der Schütze das geschlossene Auge, streckt langsam den Zeigefinger, hebt den Kopf und setzt ruhig ab. Er überlegt einen Augenblick und meldet dann sein „Abkommen", d. h. er gibt den Punkt an, auf den die Visierlinie im Augenblick der Schußabgabe gerichtet war.

Der Schütze soll in erster Linie sagen, ob er hoch, tief, rechts, links, hochrechts, tieflinks usw. abgekommen ist. Wenn er sicher ist, kann auch eine Ringzahl angegeben werden. Nur wer sein Abkommen richtig erkennt, kann sicher schießen.

Wenn der Schütze den Haltepunkt richtig erfaßt hat, dann aber aus Besorgnis, den günstigen Augenblick für die Schußabgabe zu versäumen, übereilt und ruckweise abzieht, so „reißt" er. Neigt er in Erwartung des Knalles und Rückstoßes den Kopf nach vorn, schließt er das zielende Auge und bringt er die rechte Schulter vor, dann „muckt" er. In beiden Fällen gibt er keinen sicheren und bewußten Schuß ab.

Man unterscheidet folgende **Anschlagsarten** mit Gewehr:
liegend aufgelegt; liegend freihändig; kniend; stehend freihändig (s. Bilder).

Anschlag liegend aufgelegt.

Anschlag liegend freihändig.

Außerdem gibt es den Anschlag kniend freihändig sowie den Anschlag hinter einer Böschung, in einem Schützenloch für stehende Schützen sowie den Anschlag hinter Bäumen.

Von zwei sich bekämpfenden Gegnern siegt, wer seine Waffe schneller und wirkungsvoller zur Geltung bringt. Auch werden sich oft plötzlich auftauchende und nur kurze Zeit sichtbare Ziele bieten. Es ist daher erforderlich, daß der Gewehrschütze nicht nur gut schießt, sondern daß er auch in kürzester Zeit mehrere gut gezielte Schüsse abgeben kann.

Anschlag knieend.

Der „Schnellschuß", d. h. der rasch angebrachte Schuß, muß daher in allen Anschlagsarten schulmäßig erlernt werden.

Erfolgreiche Schnellschüsse werden erzielt durch schnelle und sichere Anschlagsbewegungen mit sofortigem Druckpunktnehmen während des Einziehens, dem unverzüglich ein ruhiges, aber entschlossenes Abkrümmen folgt. Der Schütze sticht beim Vorbringen des Gewehrs, während das Auge fest auf den Haltepunkt gerichtet ist, mit der Mündung in die Zielrichtung und zieht den Kolben kurz ein, so daß sich das Korn in der Linie Auge — Haltepunkt schnell vor- und zurückbewegt. Gewohnheitsmäßiges richtiges Einsetzen des Kolbens ist hierbei besonders wichtig, es darf kein Verändern der Kolbenlage oder der Kopfhaltung mehr notwendig werden. Es kann nicht genügend betont werden, daß die Schnelligkeit nur durch Beschleunigung aller Bewegungen bis zum Druckpunktnehmen einschließlich erreicht werden darf. Das Durchkrümmen und Zielen hat zwar unverzüglich, aber ruhig zu erfolgen.

Das **Schulschießen** ist ein wichtiger Teil der Schießausbildung und die Vorschule für das Schulgefechts- und Gefechtsschießen.

Jeder Schütze schießt beim Schulschießen in der Regel mit seinem Gewehr. Schießt ein Soldat aus zwingenden Gründen mit einem fremden Gewehr, so ist dies in der Schießkladde und im Schießbuch bei der Übung in Spalte „Bemer-

Anschlag stehend freihändig.

tung" mit der Gewehrnummer anzugeben. Die Treffpunktlage kann vorher durch einige Probeschüsse erschossen werden.

Leute mit ungenügender Sehleistung schießen mit Brille.

Eine Übung wird nur erfüllt, wenn das geforderte Ergebnis entweder mit der vorgeschriebenen Schußzahl oder beim Nachgeben von Patronen mit den letzten Schüssen in der vorgeschriebenen Schußzahl an einem Tage erreicht wird.

Der Schütze darf während einer Übung absetzen und, falls nicht etwas anderes befohlen ist, auch wegtreten, um später weiterzuschießen. Das Absetzen darf jedoch nicht zur Gewohnheit werden.

Eine begonnene Übung darf nur ganz abgebrochen werden, wenn durch Probeschüsse festgestellt wird, daß ein Gewehr mangelhaft schießt.

Schulschießbedingungen für Gewehr der Gruppe A (Schützen-Kp.):

II. Schießklasse:

Übung Nr.	Meter	Anschlag	Scheibe	Patronenzahl	Bedingungen	zum Anzug
1	150	liegend aufgelegt	Kopfringscheibe	3	Kein Schuß unter 7 oder 3 Treffer, 24 Ringe	Leibriemen, Patronentasche, Seitengewehr, Mütze.
2	150	liegend freihändig	„	3	Kein Schuß unter 6 oder 3 Treffer, 21 Ringe	Leibriemen, Patronentaschen, Seitengewehr, Stahlhelm
3	150	knienb	„	3	Kein Schuß unter 6 oder 3 Treffer, 19 Ringe	
4	100	stehend freihändig	Ringscheibe	3	Kein Schuß unter 6 oder 3 Treffer, 19 Ringe	
5	200	liegend freihändig (Schnellschußübung)	Brustringscheibe	5	5 Treffer, 28 Ringe	Feldanzug. Zum Feldanzug gehörendes Rüstengepäck ist mit 4 kg zu beschweren.
6	300	liegend freihändig	Brustringscheibe	5	5 Treffer, 25 Ringe	

I. Schießklasse:

Nr.	Meter	Anschlag	Scheibe	Patronenzahl	Bedingungen	zum Anzug
1	150	liegend freihändig	Kopfringscheibe	3	Kein Schuß unter 7 oder 3 Treffer, 24 Ringe	Leibriemen, Patronentaschen, Seitengewehr, Stahlhelm
2	150	knienb	„	3	Kein Schuß unter 7 oder 3 Treffer, 22 Ringe	
3	150	stehend freihändig	Ringscheibe	3	Kein Schuß unter 6 oder 3 Treffer, 21 Ringe	
4	200	liegend freihändig (Schnellschußübung)	Brustringscheibe	5	5 Treffer, 33 Ringe	Feldanzug. Zum Feldanzug gehörendes Rüstengepäck ist mit 4 kg zu beschweren
5	300	liegend freihändig	„	5	5 Treffer, 30 Ringe	

Bemerkungen zu Nr. 5. Sobald der Schütze die entsprechende Anschlagstellung eingenommen, das Gewehr vorgebracht (Kolben an der rechten Seite, Mündung in Augenhöhe) und entsichert hat, meldet er „Fertig". Auf den Befehl des Uffz. zur Aufsicht beim Schützen „Feuer" darf der Schütze anschlagen. Nach II. = 9, I. = 8 Sek. (mit Stoppuhr gemessen) befiehlt der Uffz. zur Aufsicht beim Schützen „Stopfen". Wird in der vorgeschriebenen Zeit kein Schuß abgegeben, so gilt dies als Fehler. Nach jedem Schuß wird angezeigt.

Bei den Übungen 1 bis 4 der II. Sch.-Kl., 1 bis 3 der I. Sch.-Kl. dürfen 2, bei den Übungen 5 und 6 der II., 4 und 5 der I. Sch.-Kl. dürfen 3 Patronen nachgegeben werden.

10*

Schulschießbedingungen mit le. M.=G.

	1. Übung	2. Übung	3. Übung	4. Übung
Zweck	Erlernen des genauen Richtens	Erlernen eines Feuerstoßes von 3 Schuß	Erlernen kurzer Feuerstöße	Erlernen der s[ch] Bekämpfung e[ines] Zieles
Schuß=zahl	5	9	15	10
Zeit	unbeschränkt	unbeschränkt I. = 10 Sekunden	mindestens 4 abgegebene Feuerstöße	II. = 18 Se[k] I. = 15 Se[k] SG.=Klasse = 1
Scheibe	le. M.=G.=Scheibe mit eingezeichneten 6=cm=Quadraten	le. M.=G.=Scheibe	le. M.=G.=Scheibe	le. M.=G.=Sche[ibe]
Anschlag	liegend	liegend	liegend	liegend
Art der Übung	Einzelfeuer auf 5 verschiedene, vom Uffz. zur Aufsicht beim Schützen einzeln zu bestimmende Figuren	3 Feuerstöße von 3 Schuß auf eine vom Uffz. zur Aufsicht beim Schützen zu bestimmende Figur	mindestens 4 Feuerstöße auf eine vom Uffz. zur Aufsicht beim Schützen zu bestimmende Figur	10 Schuß in [?] viel Feuerstöß[e] eine vom Uf[fz.] Aufsicht zu [?] Figu[r] Feuerleitung
M.=G.	mit Vorderunterstützung zum Einzelfeuer geladen und gesichert	mit Vorderunterstützung zum Dauerfeuer geladen und gesichert. Im Gurt ist die 4. 5., 9. u. 10., 14. u. 15. Patrone entnommen Bei M.=G. 13 sind 3 Magazine mit 3 Patronen gefüllt	mit Vorderunterstützung zum Dauerfeuer geladen und gesichert. Das Magazin ist mit 15 Patronen gefüllt. Bei Gurten ist die 16. und 17. Patrone entnommen	mit Vorderun[ter]stützung zum [Dauer]feuer geladen gesichert. Magazin mit [Pa]tronen gefüllt Bei Gurten ist [?] und 12. Patro[ne ent]nommen.
Be=dingung	3 von den befohlenen 6=cm-Quadraten getroffen. 2 Patronen dürfen nachgegeben werden	II. = 5	II. = 8, I. = 9, SG.-Klasse = 10 Treffer im befohlenen Figurenquadrat.	II. = 6 Tref[fer] I. = 6 Tref[fer] SG.-Klasse 7 [?]
Zum Anzug gehören	Leibriemen Seitengewehr Mütze	Leibriemen Seitengewehr Mütze	Leibriemen Seitengewehr Stahlhelm	Leibriemen Seitengewehr Stahlhelm

I. M.=G.=Scheibe   0,16 m

0,16 m

1,28 m

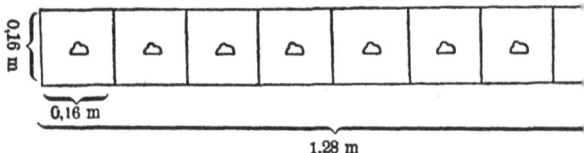

*) Die 4. 5. 6. Übung werden bei der Gruppe B (also auch bei der Jäg.=Komp.) in der II. Schießklasse, 1., 2., 3., 6. in der I. Schießtl. nicht ges[ch]

für die II. und I. Schießklasse. *)

5. Übung	6. Übung	7. Übung (Fliegerabwehrübung)	8. Übung (Fliegerabwehrübung)
Erlernen der Feuerverteilung	Erlernen der Bekämpfung gestaffelter Ziele	Erlernen des schnellen Erfassens eines Flugzieles mit Fliegervisiereinrichtung	Erlernen des Dauerfeuers auf ein Flugziel
15	20	3	5
ab 1. Schuß höchstens II. = 22 Sekunden I. = 18 Sekunden SS.-Kl. = 15 Sek.	I. = 18 Sekunden SS.-Klasse = 15 Sek.	II. nicht mehr als 10 Sekunden I. 8 Sekunden	Die Scheibe mit Pfeil legt ihre Bahn in II. = 6, I. = 5 Sek. zurück SS.-Klasse = 4 Sek.
Je. M.-G.-Scheibe, 4 Fig. sichtbar, 4 Fig verklebt	le. M.-G.-Scheibe, 4 Figurenquadrate, gestaffelt	Fliegerschulscheibe. Treffeld von 50 cm Länge und 30 cm Höhe. Fliegerpfeil auf Marke E	Fliegerschulscheibe. Treffeld von 30 cm Höhe, parallel zur Flugrichtung des Fliegerpfeils. Fliegerpfeil auf Marke D.
liegend	liegend	stehend oder knieend	stehend oder knieend
Feuerstöße auf die mit Figuren versehenen Quadrate. Zahl der Feuerstöße beliebig mit Feuerleitung	Feuerstöße auf die gestaffelten Figurenquadrate Zahl der Feuerstöße beliebig	Einzelfeuer auf die ruhende Scheibe und den ruhenden Pfeil	Dauerfeuer auf die in Bewegung befindliche Scheibe mit Pfeil
mit Vorderunterstützung zum Dauerfeuer geladen und gesichert. Das Magazin ist mit 15 Patronen gefüllt. M.-G 34 Patronentrommel. Im Gurt ist die 16. u. 17. Patrone entnommen	mit Vorderunterstützung zum Dauerfeuer geladen und gesichert Das Magazin ist mit 20 Patronen gefüllt. Im Gurt ist die 21 und 22. Patrone entnommen	auf Dreibein mit Mittelunterstützung und angestecktem Magazin bzw. Trommel, Fliegervisiereinrichtung, Kreiskorn mit Deckplatte	auf Dreibein mit Mittelunterstützung und angestecktem Magazin, angehängte Trommel, Fliegervisiereinricht., Kreiskorn mit Deckplatte. Das Magazin ist mit 5 Patronen gefüllt. Im Gurt ist die 6 u. 7. Patrone entnommen
4 getroffene Figurenquadrate. II. = 8, I. = 9, SS.-Klasse = 10 Treffer in den Figurenquadraten	4 getroffene Figurenquadrate I. = 12 Treffer SS.-Kl. = 13 Treffer	2 Treffer im Rechteck. 2 Patronen dürfen nachgegeben werden	II. = 2, I. = 2 Treffer im Treffstreifen SS.-Klasse = 3 Treffer im Treffstreifen
Leibriemen Seitengewehr Stahlhelm	Leibriemen Seitengewehr Stahlhelm	Leibriemen Seitengewehr Mütze	Leibriemen Seitengewehr Stahlhelm

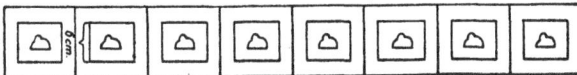

le. M.-G.-Scheibe für 1. Übung

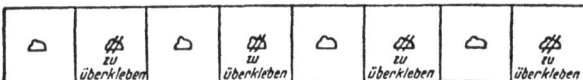

le. M.-G.-Scheibe für 5. Übung

1. Welche Übungen von einzelnen Schießklaffen in Gruppe A geschoffen werden, geht aus der Zeile „Bedingungen" der vorstehenden Überschrift hervor.

2. Von Gruppe B schießen II. Schießklaffe die 1., 2., 3., 7. und 8. Schulschieß-übung, I. Schießklaffe 4., 5., 7. und 8. Schulschießübung.

3. Das Schießen der 7. und 8. Übung hat entsprechend dem Stande der Aus-bildung im Flugzielbeschuß zu erfolgen, ohne Rücksicht auf die Reihenfolge der anderen Schulschießübungen.

Schulschießscheibe für 6. Übung.

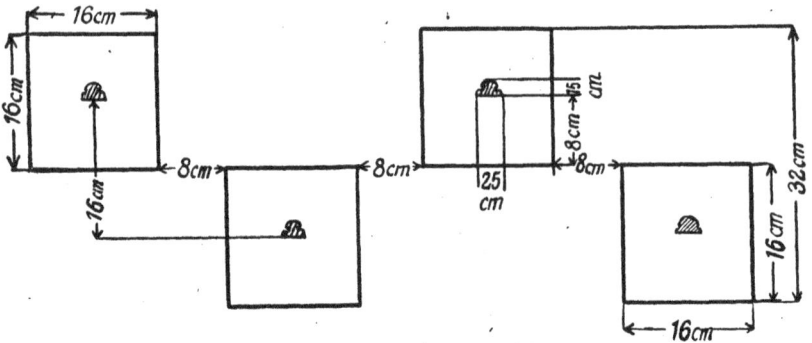

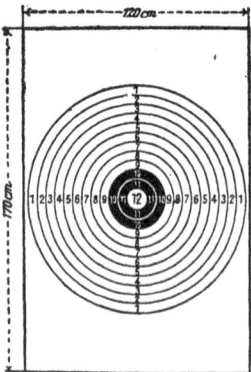

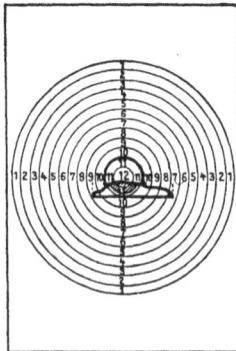

Ringscheibe   Kopfringscheibe   Bruftringscheibe

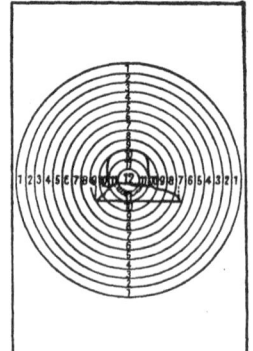

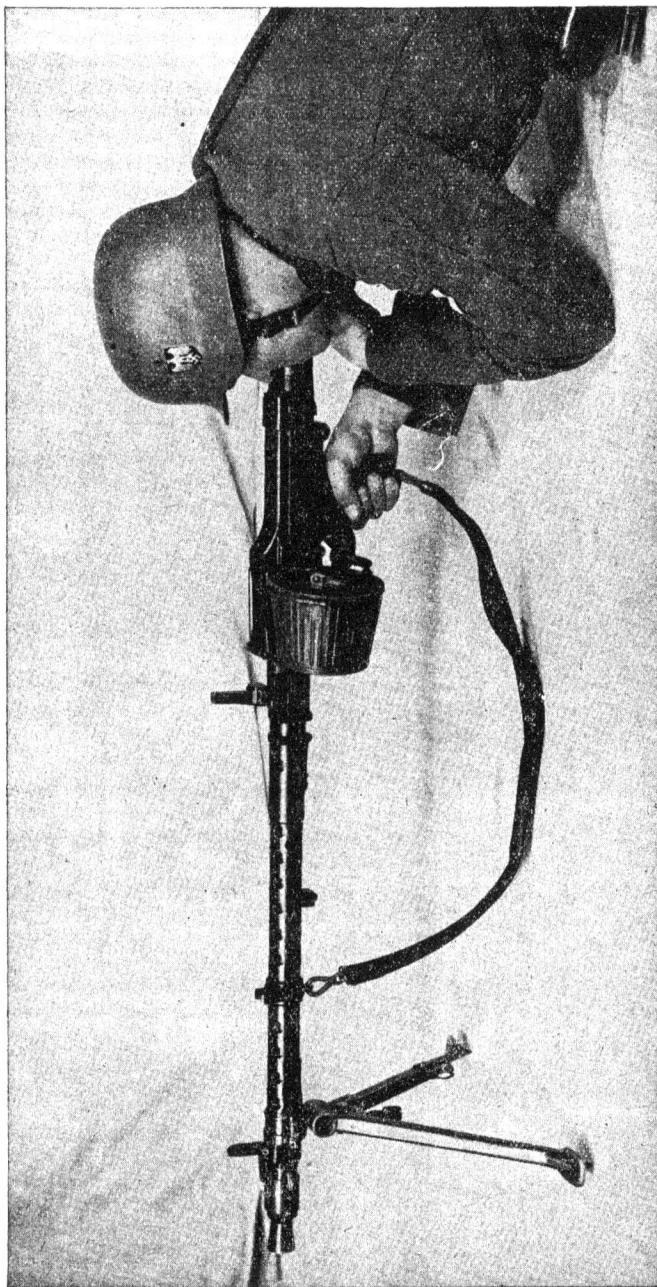

Anschlag liegend, mit le. M.-G., von links gesehen.

Schnellschuß während der Bewegung.

Ist ein plötzlicher Zusammenstoß mit dem Feind vorauszusehen, z. B. beim Vorgehen durch Wälder, Ortschaften oder Heckengelände, sowie beim Sturm, so werden mit dem Gewehr alle Vorbereitungen zum Nahkampf getroffen. Es wird mit entsichertem schußbereitem Gewehr vorgelaufen. Das Seitengewehr ist auf= zupflanzen. Trifft man auf nächste Entfernung auf plötzlich auftauchenden Gegner, so bleibt man aus dem Anlaufen oder Angehen kurz stehen, schlägt an, zielt und zieht ab. Dann wird weiter gestürmt. **Es wird dabei in der Bewegung durchgeladen, ohne auf die Waffe zu sehen.** Hochschüsse sind zu vermeiden.

Stoß mit aufgepflanztem Seitengewehr mit vorhergehendem Schuß von der Hüfte.

Das Seitengewehr ist aufgepflanzt und das Gewehr entsichert.

Zum Schuß von der Hüfte ist das Gewehr sturmbereit zu machen: Der Lauf zeigt nach links, der Kolben liegt an der rechten Hüfte. Die rechte Hand liegt am Kolbenhals, die linke Hand am Hülsenkopf. Der rechte Ellbogen ist eng an den Kolben heranzunehmen.

Trifft der Schütze auf kürzeste Entfernung (10 bis 5 m) auf den Gegner, so verhält er und gibt dabei den Schuß von der Hüfte ab.

Dabei hat er bewußt tief zu halten. Nach dem Schuß stürmt er weiter und stößt mit beiden Händen kräftig mit dem Gewehr zu.

b) Schießausbildung mit le. M.=G.

Das le. M.=G. ist der Träger des Feuerkampfes der Schützenkompanie. Große Feuerkraft, hohe Unabhängigkeit von Verlusten der Bedienung und eine leicht lenkbare Geschoßgarbe befähigen es zu seinen vielseitigen Aufgaben.

In der Regel besteht das Feuer des le. M.=G. aus schnell aufeinander= folgenden Feuerstößen von 3 bis 5 Schuß. Die Pausen zwischen den Feuerstößen dürfen nur so lang sein, als zum erneuten Anrichten des Ziels unbedingt erforderlich ist. Ausgebildete Schützen können in 30 Sekunden Feuerdauer je nach Entfernung, Größe und Sichtbarkeit des Ziels etwa 40—60 gutgezielte Schüsse in das Ziel bringen.

Das le. M.=G. gibt stets Punktfeuer ab. Breite Ziele werden bekämpft, indem der Schütze Punktfeuer an Punktfeuer reiht.

Einzelfeuer wird nur beim Schulschießen abgegeben.

Beim Einsetzen des Kolbens in die Schulter richtet der Schütze die Visier= linie auf den Haltepunkt und nimmt Druckpunkt. Unter Festhalten der Visier= linie ist mit dem Zeige= oder Mittelfinger mit stetig zunehmendem Druck abzu= ziehen. Beim Abgeben von Feuerstößen ist der am Abzug liegende Finger der rechten Hand in den Feuerpausen nur so lang zu machen, als es zur Unter= brechung des Feuers erforderlich ist.

Anschlag in der Bewegung.

c) Schießausbildung mit M.=P.

Die M.=P. ist eine Nahkampfwaffe. Ihr Feuer, das in der Regel in Feuerstößen abgegeben wird, verspricht gegen kleinere Ziele bis 100 m, gegen größere Ziele bis auf 200 m Entfernung noch Erfolg.

Bei Abgabe des Feuers ist stets die geringe mitgeführte Menge an Munition sowie die Schwierigkeit des Munitionsersatzes zu beachten.

Die Anschlagarten entsprechen denen mit Gewehr. Bei liegendem Anschlag kann das Magazin als Unterstützung benutzt werden. Beim Anschlag stehend erfaßt die linke Hand das Magazin.

Anschlag mit der M.=P. in der Bewegung.

Bei allen Anschlagarten muß die M.=P. mit beiden Händen fest in die Schulter eingezogen werden, um ein Ausweichen der Mündung nach oben zu verhindern.

Das Schießen in der Bewegung kann mit ausgeschwenkter oder zurückgeklappter Schulterstütze erfolgen.

Anſchlag liegend.

Schulſchießübungen für M.-P.

Lfde. Nr.	Anſchlag	Entfer- nung m	Scheibe	Patr.	Feuerart	Zeit vom Be- fehl „Feuer frei!" bis zum letzten Schuß	Ringzahl oder Treffer
1	liegend aufgelegt	50	12-er Ring- ſcheibe	5	Einzelfeuer	—	5 Treffer, kein Schuß unter 7 oder 40 Ringe, dabei kein Schuß unter 5
2	liegend freihändig	50	3 Bruſtſcheiben mit je 2 Schritt Zwiſchenraum	8	Feuerſtöße	10 Sekunden	2 Scheiben getroffen
3	ſtehend freihändig	50	4 Figuren- ſcheiben je 2 Schritt Zwiſchenraum	16	Feuerſtöße	14 Sekunden	3 Figuren getroffen
4	ſtehend freihändig nach kurzem Anlauf	Lauf von 50 auf 30 m dann feuern	4 Figuren- ſcheiben mit je 2 Schritt Zwiſchenraum	16	Breitenfeuer ohne Unter- brechung	30 Sekunden (vom Befehl „Marſch! Marſch!")	3 Figuren getroffen

d) Schießausbildung mit Pistole.

Durch die Kürze der Waffe wird bei falscher Handhabung die Umgebung des Schützen gefährdet. Deshalb muß sich jeder von Anfang an einprägen, daß er die Mündung der Pistole stets, ganz gleich, ob mit Zielmunition, Exerzier- oder mit scharfen Patronen geübt wird, nach vorn und zum Boden richten muß und daß er den Abzug nicht berühren darf (s. folgendes Bild). Der Zeigefinger liegt oberhalb des Abzugsbügels

längs des Griffstückes. Erst zum Schuß wird die Waffe entsichert, auf das Ziel gerichtet und der Finger an den Abzug gelegt.

Es darf nie vergessen werden, daß die Waffe nach jedem Schuß ohne weiteres wieder geladen und gespannt ist.

Der Haltepunkt ist im allgemeinen „Mitte des Ziels".

Der Abzug wird durch gleichmäßiges, entschlossenes Krümmen des Zeigefingers zurückgezogen, bis der Schuß fällt.

Wenn nicht sofort weitergeschossen wird, gibt der Zeigefinger nach dem Schuß den Abzug langsam frei und legt sich oberhalb des Abzugsbügels. Die Pistole wird im Anschlag gesichert.

Da der Schütze beim kriegsmäßigen Gebrauch der Pistole schnell zum

Schuß kommen muß, wird er meist im Stehen anschlagen. Bei schulmäßiger Ausführung dieses **Anschlages** (s. Bilder) stellt er sich — die Pistole in der rechten Hand — wie zum Anschlag stehend freihändig mit Gewehr hin, jedoch mit einer Wendung halblinks. Der linke Arm kann beliebig gehalten werden. Der rechte Arm ist, natürlich ausgestreckt, vorwärts abwärts gerichtet.

Die Pistole wird geladen und entsichert. Während die Augen den Haltepunkt suchen, hebt die rechte Hand mit leicht gekrümmtem oder zwanglos gestrecktem Arm

die Pistole bis in Augenhöhe und richtet sie gleichzeitig auf das Ziel. Der Zeigefinger geht an den Abzug, das linke Auge wird geschlossen und die Visierlinie auf den Haltepunkt gerichtet. Langes Zielen ist zu vermeiden.

Besondere Kampfverhältnisse können den Gebrauch der Pistole auch in anderen Körperlagen notwendig machen. Im Anschlag liegend kann es zweckmäßig sein, daß die linke Hand den rechten Unterarm dicht hinter dem Handgelenk umfaßt oder die rechte Hand von unten stützt.

Ob der Schütze beim Gebrauch der Pistole gezieltes Feuer abgibt oder nur deutet, hängt von der Zeit ab, die zur Abgabe des Schusses zur Verfügung steht. Meist wird nur **Deuten** in Frage kommen.

Der Mann „deutet" hierbei auf das Ziel und krümmt ohne genaues Zielen rasch ab. Dabei wird ihm gestattet, mit dem längs des Gleitstückes ausgestreckten Zeigefinger auf das Ziel zu deuten und mit dem Mittelfinger abzukrümmen.

Schulschießbedingungen für Pistole II. und I. Schießklasse.

Nr. und Art der Übung	Meter	Anschlag	Scheibe	Patronenzahl	Bedingung	Bemerkungen	Zum Anzug
1. Zielschußübung	25	stehend freihändig	Figurscheibe	5	II. = 3, I. = 4 Treffer in der Figur	Es wird nach jedem Schuß angezeigt. 2 Patronen dürfen nachgegeben werden.	Leibriemen, Seitengewehr, Stahlhelm
2. Deutübung	25	stehend freihändig	Figurscheibe	II. = 5 I. = 8	II. = Jeder Schuß innerhalb von 2 Sekunden, 2 Treffer in der Figur I. = 3 Schuß innerhalb 5 Sekunden, 1 Treffer in der Figur	II. = Nach jedem Schuß wird angezeigt. 2 Patronen dürfen nachgegeben werden. I. = Angezeigt wird nach dem 3. Schuß.	Leibriemen, Seitengewehr, Stahlhelm

e) Schießausbildung im Flugzielbeschuß.

Als Grundlage für den Flugzielbeschuß muß der Schütze kennen: Flugzeugtypen, Erkennungszeichen und Bewaffnung der Flugzeuge, Fluggeschwindigkeit, Flugformen sowie Aufgaben und Kampfweise feindlicher Flieger.

Zum Schießen mit le. M.=G. gegen Flugziele setzen der Gruppenführer und Schütze 1 Sonnenbrillen auf, ausgenommen beim Schulschießen. Beim Anschlag mit le. M.=G. auf Dreibein (Bild nächste Seite) wird die Schulter fest gegen den Kolben gedrückt. Die linke Hand umfaßt den Kolben von oben. Bei großem Zielhöhenwinkel zum Flugziel kann sich der Schütze auch auf ein Knie oder auf beide Knie herunterlassen.

Ist ein Schießgestell nicht vorhanden oder soll ohne Zeitverlust möglichst schnell das Flugziel beschossen werden, so kann mit dem M.=G. im Anschlag auf der Schulter eines Schützen (Bild übernächste Seite) geschossen werden. Bei diesem Anschlag legt der als Schießgestell dienende Schütze den Gewehrriemen um den Hals oder unter die Schulter und zieht ihn mit der rechten Hand an. Um ein Verkanten des M.=G. zu verhindern, stützt die linke Hand die Trommel.

Der Anschlag mit le. M.=G. richtet sich nach der Flugrichtung und der Erhöhung, die dem M.=G. beim Zielen gegeben werden muß. Fliegt das Flugziel unmittelbar auf die Feuerstellung zu oder von rechts heran, so wird die Schulterstütze in die rechte Schulter eingesetzt; bei einem Anflug von links kann die Schulterstütze in die linke Schulter eingesetzt werden.

In allen Anschlagarten ist besonders auf ruhigen aber raschen Übergang von einer Körperstellung zur anderen (Wechsel der Erhöhung) und auf schnelles Erfassen des Ziels und erneutes Anzielen zu achten.

Hat der Schütze das Flugziel angezielt, so wird, wenn der Befehl oder das Zeichen zum Schießen gegeben ist, das Feuer eröffnet.

Während des Feuers läßt der Schütze das angezielte Flugziel unter
Festhalten des M.-G. bis Fadenkreuzmitte, bzw. bis zum inneren Kreis
durchfliegen.
Das Auge begleitet durch die Kimme sehend die Bewegung des Flug-

Flugabwehr mit M.-G. 34 auf Dreibein.

ziels. Hierzu ist beim Vorbeiflug ein kurzes Seitwärtsbewegen des Kopfes
entgegengesetzt zur Flugrichtung notwendig.
Während der ganzen Dauer des Durchfliegenlassens wird geschossen.
Hat das Flugziel den inneren Kreis bzw. die Fadenkreuzmitte erreicht, so
wird das Feuer abgebrochen, das Flugziel sofort erneut angezielt und
weitergefeuert. Dieses Verfahren wird fortgesetzt, bis das Flugziel abgeschossen oder außerhalb des Wirkungsbereiches ist.

Auf Flugzeuge wird nur innerhalb einer Entfernung von 1000 m geschossen. Gewandte Schützen folgen auf Entfernungen unter 500 m bei Verwendung von L'spur-Munition während des Schießens mit der Ziellinie dem Flugziel. Fliegt das Flugziel unmittelbar auf den Standpunkt des Schützen zu (Sturzflug), so wird das Flugziel über Kimme-Fadenkreuzmitte angezielt.

Anschlag von der Schulter des Schützen
zur Flugabwehr mit M.-G. 34 und Gurttrommel 34 —
Anflugrichtung von links! Aufnahme von links gemacht.

Für das **Schießen mit Gewehr gegen Flugziele** werden die üblichen Anschlagsarten im Hochanschlag eingenommen. Zum Anschlag im Liegen legt sich der Schütze jedoch auf den Rücken.

Die Schützen richten ihr Gewehr, gleichzeitig Druckpunkt nehmend, auf die Mitte des Flugzieles. Dann reißen sie die Mündung in der eingeschätzten Flugrichtung etwa 2 bis 5 Flugziellängen vor das Flugziel und ziehen ab. Alle diese Bewegungen folgen so rasch als möglich aufeinander. Es wird grundsätzlich mit Visier 100 geschossen.

Mit Gewehr wird auf Flugzeuge nur innerhalb 600 m Entfernung geschossen.

Die **Schulschießbedingungen für das Schießen gegen Flugziele** sind auf S. 148/49 mit aufgeführt.

f) Gefechtsschießen.

Man unterscheidet Schulgefechtsschießen und Gefechtsschießen.
Es gibt **Schulgefechtsschießen**
des Einzelschützen mit Gewehr, le. M.=G., M.=P., Pistole, Pz.=Abw.
der Gruppe.
Gefechtsschießen finden statt
im Zuge,
in der Kompanie. Hierbei wird auch das Zusammenwirken mit schweren
Infanteriewaffen geübt.
Aus Sicherheitsgründen darf beim Schulgefechtsschießen und Gefechts=
schießen nicht getarnt werden.

3. Verhalten auf dem Schießstand.

Auf jedem Stand sind zum Schießen eingeteilt:
1 Leitender,
1 Unteroffizier zur Aufsicht beim Schützen,
1 Patronenausgeber,
1 Schreiber.
Beim Schießen mit le. M.=G. tritt bei den Übungen bei denen eine
Feuerleitung vorgeschrieben ist, noch ein Gruppenführer hinzu.

Der **Patronenausgeber** übernimmt vor dem Schießen die Patronen und gibt
sie nach Bedarf aus. Nicht verschossene Patronen und Versager werden an ihn
zurückgegeben. Keine Patrone darf verlorengehen.

Beim Schießen mit der Pistole füllt der Patronenausgeber das Magazin mit
Hilfe des Schraubenziehers mit der für die Übung vorgeschriebenen Patronenzahl
und gibt es dem Schützen, wenn er zum Schießen vortritt.

Der **Schreiber** erhält in der Nähe des Leitenden einen Platz, von dem er
die Zeichen des Anzeigers sehen kann. Er achtet genau auf sie und trägt nach
Meldung des Schützen das Abkommen oder den angesagten Sitz des Schusses in
einer besonderen Zeile und darunter den angezeigten Sitz des Schusses in die
Schießkladde mit Tinte oder Tintenstift ein. In den Schießbüchern vermerkt er
nur den angezeigten Sitz des Schusses.

Vor dem Eintragen wiederholt der Schreiber die Angaben des Schützen.
Verschiedenheiten zwischen diesen und den Zeichen des Anzeigers bringt er sofort
zur Sprache.

Der **Aufsichtführende an der Scheibe** ist verantwortlich für sorgfältige Be=
achtung der Sicherheitsbestimmungen, für richtiges Aufstellen der Scheiben (lot=
recht und rechtwinklig zur Schießbahn) und der Spiegelvorrichtung, für gewissen=
haftes Feststellen und Anzeigen der Treffergebnisse und für das Zukleben der
Schußlöcher. Zum **Dienst an der Scheibe** sind ein Unteroffizier oder geeigneter
Mann als Aufsichtführender und drei Gehilfen erforderlich.

Der Aufsichtsführende beobachtet die Schießbahn durch den Spiegel, bedient
den Fernsprecher, bezeichnet die Schußlöcher mit einem Bleistiftstrich und zeigt den
Sitz des Schusses mit der Stange bzw. mit dem Schußzeiger.

Weiter hat er darauf zu achten, daß die Anzeiger nicht durch Herausstrecken
von Körperteilen über die der Schießbahn zugekehrte Wand der Anzeigerdeckung
gefährdet werden.

Von den **Gehilfen** sitzt der eine bei verdeckter Anzeigerdeckung hinter dem
großen Rade und bewegt die Scheibenwagen, bei versenkter Deckung bedient er
das Scheibengestell. Der zweite schiebt nach Weisung des Aufsichtführenden die
Anzeigetafeln vor und zurück und bedient den Schußzeiger. Der dritte verklebt

v. Wedel=Pfafferott, Der Schütze. 6. Aufl. 11

die Schußlöcher und tritt, sobald die Scheibe wieder sichtbar gemacht wird, an die Rückwand der Deckung.

Wenn nichts anderes befohlen ist, wird die Scheibe nach jedem Schuß in die Deckung gezogen, das Schußloch gesucht und, nachdem das vorhergehende verklebt worden ist, mit einem Bleistiftstrich bezeichnet. Werden zwei Scheiben abwechselnd beschossen, so bleibt auf beiden das letzte Schußloch offen, das Kleben beginnt also erst nach dem dritten Schusse. Hierdurch soll jederzeit eine einwandfreie Feststellung des letzten Schusses ermöglicht werden. Nachdem Treffergebnis und Sitz des Schusses angegeben sind, wird die Scheibe wieder sichtbar gemacht. Anzeigetafel und Schußzeiger (Anzeigestange) werden nach kurzer Zeit wieder eingezogen.

Um das Vergleichen der Schußlöcher mit den Eintragungen in der Schießkladde zu erleichtern, dürfen keine zu stark beschossenen Scheiben verwendet werden. Auf dem Stande müssen grundsätzlich runde Pflaster benutzt werden. In der Scheibenwerkstatt werden diese durch edige Pflaster ersetzt.

Hat das Geschoß die zwischen zwei Ringen befindliche Linie berührt, so wird der höhere Ring angezeigt. Ebenso gilt die Scheibe als getroffen, wenn der Scheibenrand gestreift ist.

Muß in besonderen Fällen das Schießen unterbrochen werden, so ist dies durch Fernsprecher zu melden oder die Tafel „Treffer" wird wiederholt herausgeschoben.

Keinesfalls dürfen vor Erscheinen des Leitenden oder eines von ihm entsandten Soldaten Körperteile der Anzeiger über die der Schießbahn zugekehrte Wand der Deckung herausgestreckt werden.

Nach beendetem Schießen wird der Befehl zum Abbau durch Fernsprecher oder Zeichen und durch einen Soldaten der schießenden Abteilung, der die Deckung aufschließt, dem Aufsichtführenden übermittelt.

Vor dem Abmarsch zum Schießstand ist von dem Führer der Abteilung festzustellen, ob Kasten und Lauf der Gewehre rein und frei von Fremdkörpern und Munition sind. Die Patronentaschen werden ebenfalls nachgesehen. Dem Leitenden ist hierüber zu melden.

Beim Schulschießen werden die Läufe auf dem Schießstand durch einmaliges Hindurchziehen eines trockenen Dochtes entölt, bevor die Gewehre nachgesehen werden.

Nach Beendigung jedes Schießens werden die Läufe auf dem Schießstande mit einem gefetteten Docht durchgezogen.

Auf dem Stande müssen alle Gewehre, die nicht in der Hand der zum Schießen angetretenen Soldaten sind, geöffnete Kammern haben und dürfen keine Patronen enthalten.

Geladene Gewehre sind, auch wenn sie gesichert sind, nicht aus der Hand zu setzen. Soll dies geschehen, so sind sie vorher zu entladen und zu öffnen.

Geladene Gewehre werden, nachdem sie gesichert sind, stets mit den Worten „ist geladen und gesichert" übergeben.

Aus Sicherheitsgründen ist es verboten, auf den Ständen während des Schießens Anschlags- und Zielübungen abzuhalten.

Die Abteilung, die schießen soll, in der Regel nicht mehr als fünf Mann, stellt sich mit geöffneten Gewehren und langgemachten Gewehrriemen einige Schritte hinter dem Platz des Schützen mit der Front zur Scheibe auf. Die Schießbücher sind dem Schreiber zu übergeben.

Der einzelne Schütze tritt mit Gewehr bei Fuß vor, gibt dem Schreiber sein Schießbuch ab und meldet sich zum Schießen. Dann nimmt er die für die Übung vorgeschriebene Stellung oder Lage ein, ladet ohne Kommando einen vollen

Ladestreifen, stellt das Visier und schlägt an. Nur bei Schnellschußübungen erfolgt dies erst auf Befehl.

Setzt der Schütze vor dem Schusse ab, so hält er das Gewehr schußbereit, wenn er nicht wegtreten will. Sonst sichert er und nimmt Gewehr ab.

Nach dem Schuß setzt der Schütze ab, meldet das Abkommen (z. B. „7 tief abgekommen") oder den Sitz des Schusses (z. B. „9 tief angesagt") und ladet. Beim Anschlag stehend ist zu sichern.

Ist angezeigt, so meldet der Schütze unter Angabe seines Namens das Treffergebnis (z. B. „Schütze X., erster Schuß, 8 tief").

Hat der Schütze abgeschossen, so ladet er nicht wieder, sondern entfernt die Hülse oder entladet mit der Front nach der Scheibe. Die Kammer bleibt offen. Nachdem er sein Schießbuch zurückerhalten hat, meldet er dem Leitenden, daß er abgeschossen hat, wieviel Ringe er getroffen und ob er die Übung erfüllt hat.

Versagt eine Patrone, so setzt der Schütze ab, wartet und öffnet das Gewehr erst nach etwa einer Minute, damit er nicht beschädigt wird, wenn das Zündhütchen nachbrennen sollte, d. h. wenn Zündsatz und Pulver der Patrone erst einige Zeit nach dem Aufschlag der Schlagbolzenspitze entzündet werden. Dann wird dem Zündhütchen durch Drehen der Patrone eine andere Lage gegeben und nochmals abgedrückt. Versagt die Patrone wieder, so ist sie in ein anderes Gewehr einzuladen. Entzündet sie sich auch in diesem nicht, so ist sie als Versager anzusehen.

Falls eine Patrone nicht ladefähig, die Hülse beschädigt ist oder das Zündhütchen fehlt, wird die Patrone als unbrauchbar bezeichnet. In beiden Fällen erhält der Schütze eine neue Patrone.

Versager und unbrauchbare Patronen werden in der Schießkladde gebucht.

Zeichenverkehr beim Schulschießen.

I. Zeichen der schießenden Abteilung.

Feuer.   **Halt.**   **Nochmal anzeigen** oder **anzeigen,** wenn erst nach mehreren Schüssen angezeigt werden soll.   **Rennen durchgeschossen.** Bei Übungen, bei denen eine zweite Liste in der Anzeigerdeckung geführt wird, Zeichen dafür, daß die vorher verabredete Anzahl von Schüssen gefallen ist.

Mehrfaches Hochstoßen. **Scheibe soll erscheinen.**   **Schuß gefallen.** **Anzeigen.**

11*

II. Zeichen aus der Anzeigerdeckung.

a) Notzeichen zum Einstellen des Schießens.

Zunächst wird die Scheibe, wenn dies ausführbar ist, in die Deckung gezogen und bann die Tafel ⊞ wiederholt herausgeschoben und so lange gezeigt, bis der Leitende oder

ein von ihm ▦ entsandter Soldat in der Deckung eintrifft.

b) Zeichen zur Benachrichtigung der schießenden Abteilung, daß ihr Zeichen verstanden ist:

Vorschieben der Tafel | 1 |

Die vorstehenden, für den Schießbetrieb beim Schießen mit Gewehr gegebenen Bestimmungen gelten sinngemäß auch für das Schießen mit Pistole.

Bevor der Schütze mit s. M.=G. schießt, prüft er sorgfältig das s. M.=G. und den Patronengurt, richtet das Gewehr zum Schießen her und nimmt die für die betreffende Übung vorgeschriebene Anschlagsart ein. Er wird hierbei durch den Schützen 2 unterstützt. Geladen wird erst auf Befehl des Leitenden.

Ist die Übung beendet, wird die Scheibe gewechselt oder angezeigt, so ist das M.=G. zu entladen, das Schloß in hinterster Stellung zu belassen und zu sichern. Das M.=G. ist wie zum Laufwechsel aufzuklappen, und der Schütze überzeugt sich durch einen Blick in den Lauf, ob dieser frei ist. Alsdann ist das M.=G. auf die untere rechte Ecke der Schulscheibe auszuschwenken.

Nach der Meldung des Schützen an den Gew.=Führer: „Entladen, Lauf frei!" meldet der Gew.=Führer dem Leitenden: „Sicherheit" Der Leitende befiehlt alsdann den Scheibenwechsel oder das Anzeigen.

Die zum Schießen mit Pistolen bestimmten Schützen geben nach Prüfung der Waffen die Magazine an den Patronenausgeber ab. Der einzelne Schütze empfängt, wenn er zum Schießen an der Reihe ist, das gefüllte Magazin, gibt dem Schreiber Namen und Pistolennummer an, tritt auf den Schützenstand und nimmt die Anschlagstellung ein. Sobald die Scheibe sichtbar ist, wird geladen und angeschlagen. Bei Deutübungen erfolgt dies jedoch erst auf das Kommando des Unteroffiziers zur Aufsicht beim Schützen.

Nach dem Schuß sichert der Schütze im Anschlag und sagt bei den Zielschußübungen den voraussichtlichen Sitz des Schusses an. Sobald angezeigt worden ist, meldet er Namen und Ergebnis.

Bei allen Übungen soll der Schütze die einzelnen Schüsse hintereinander abgeben, ohne wegzutreten. Ist es ausnahmsweise notwendig, die Übung zu unterbrechen oder ist sie beendet, so wird gesichert, entladen und dem Unteroffizier gemeldet. „Magazin entnommen! Entladen! Lauf frei!" Dann geht der Schütze zum Patronenausgeber und händigt ihm etwa übriggebliebene Patronen und das Magazin aus.

4. Schießauszeichnungen.

Die besten Schützen mit Gewehr, le. M.=G. und Pat. erhalten Schützenabzeichen.

Der Erwerb des Abzeichens für Gewehr ist an folgende Bedingungen gebunden:

a) der Schütze muß alle für seine Gruppe und Schießklasse vorgeschriebenen Übungen mit einmaligem Schießen erfüllt haben und

b) darf nicht mehr als 5 Patronen zugesetzt haben.

In Gruppe B dürfen keine Patronen zugesetzt werden.

Der Erwerb des Abzeichens für le. M.=G. ist an die Bedingung gebunden, daß der Schütze alle für seine Gruppe und Schießklasse vorgeschriebenen Übungen mit einmaligem Schießen erfüllt hat.

Der Kompanie= (Batterie=) Chef stellt über den Erwerb der Abzeichen eine Bescheinigung aus. In der Truppenstammrolle, in der Schießübersicht und im Schießbuch wird er vermerkt.

Die jährlich zur Verteilung kommenden Abzeichen sind zahlenmäßig beschränkt.

5. Handgranatenausbildung.

a) Der Wurf.

Die Handgranate kann auf Entfernungen bis zu 30 m als Ergänzung der Schußwaffe verwandt werden.

Mit Handgranaten kann man Ziele in oder hinter Deckungen treffen und vernichten, die mit Gewehr und M.=G. nicht zu fassen sind (Ortskampf, Grabenkampf).

Im Frieden findet das Werfen scharfer Handgranaten als Schulgefechtswerfen des Einzelschützen oder als Gefechtswerfen statt.

Der Salvenwurf mit scharfen Handgranaten ist im Frieden verboten.

Zum Wurf wird die Handgranate mit der Wurfhand am verjüngten Teil des Stiels fest umfaßt. Der Topf zeigt im Stehen bei natürlich herabhängendem Arm schräg nach außen, im Liegen der Armhaltung entsprechend nach vorn. Die Sicherheitskappe wird mit der anderen Hand abgeschraubt, der Knopf der Abreißschnur zwischen Mittel= und Ringfinger erfaßt, mit kurzem kräftigem Ruck herausgerissen und die Handgranate ruhig aber sofort geworfen. Zögern mit dem Abwurf oder Zählen nach dem Abziehen, z. B. 21 — 22 — 23, Lockern oder leichtes Anspannen der Schnur vor dem Abreißen gefährden den Werfer und sind streng verboten.

b) Verhalten auf dem Wurfplatz.

Auf dem Wurfplatz sind eingeteilt:

1 Leitender,
1 Sicherheitsunteroffizier,
1 Ablauf=Unteroffizier,
1 Schreiber,
1 Hornist,
1 Sanitäts=Dienstgrad.

Während des Handgranatenwerfens wird der Wurfplatz durch eine rote Flagge als gefährdet gekennzeichnet.

Sicherheitsposten werden nur bei unübersichtlichem Gelände oder unsichtigem Wetter aufgestellt.

Der Beginn des Werfens wird auf Befehl des Leitenden durch das Signal „Feuer" angezeigt. Bei Unterbrechung oder Beendigung. des Werfens wird das Signal „Halt" geblasen.

Das Verhalten auf dem Wurfplatz ähnelt dem auf dem Schießstande.

Auf dem Wurfplatz darf nicht geraucht werden.

Die **Soldaten, die werfen sollen,** und der **Schreiber** (gleichzeitig Handgranatenausgeber) begeben sich in den Graben II, doch dürfen nicht

mehr als zehn Soldaten gleichzeitig barin sein. Ein Unteroffizier ober
Mann wirb als „Truppführer" bestimmt.
Ohne seine Erlaubnis barf niemanb ben Graben verlassen. Es ist
verboten, aus bem Graben herauszusehen.

Der **Ablaufunteroffizier** befinbet sich im Graben II auf ber ber Aus-
gabestelle ber Hanbgranaten — H — abgewenbeten Seite ber Schulterwehr in ber Nische für Sprengkapseln — Sp.
Der **Sanitätssoldat** hält sich im Graben I auf.

Soll bas Werfen beginnen, so läßt ber Truppführer einen Mann
(Werfer) eine Hanbgranate beim Schreiber empfangen unb beaufsichtigt

Handgranatenwurfplatz

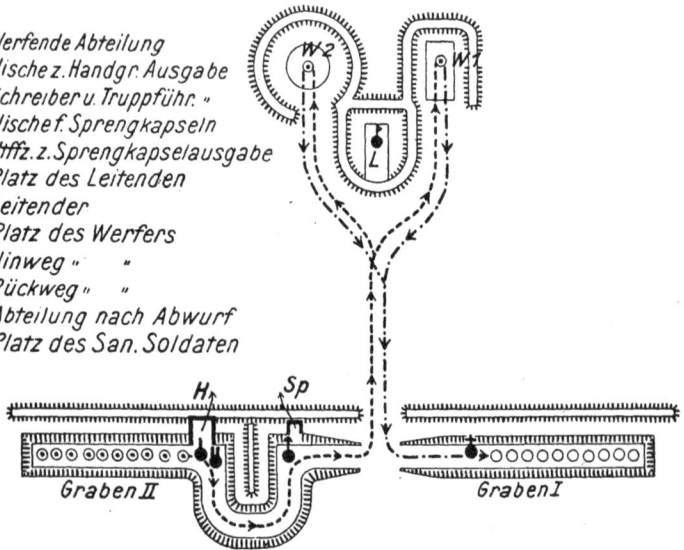

● ⊙ ⊙ Werfende Abteilung
H   Nische z. Handgr. Ausgabe
⚫⚫ Schreiber u. Truppführ. "
Sp   Nische f. Sprengkapseln
⚫   Uffz. z. Sprengkapselausgabe
L   Platz des Leitenden
⚫   Leitender
W1W2 Platz des Werfers
- - -→ Hinweg " "
←·- Rückweg " "
○○○ Abteilung nach Abwurf
⚫   Platz des San. Soldaten

Graben II   Graben I

bas Einsetzen bes Zünders. Die Sicherheitskappe wirb wieber auf-
geschraubt.
Der Werfer begibt sich bann auf bie anbere Seite ber Schulterwehr,
empfängt eine Sprengkapsel, setzt biese unter Aufsicht bes Ablaufunter-
offiziers ein unb melbet sich beim Leitenben — L —, sobalb ber Ablaufunteroffizier bies anorbnet.
Auf bem eigentlichen Werferstanb befinben sich nur ber Leitenbe unb
ber Werfer. Der Leitenbe bestimmt, ob ber Werfer aus bem Schützenloch
für liegenbe Schützen — W 1 — ober bem Trichter — W 2 — unb ob
er Weit- ober Zielwurf werfen soll.
Der Werfer schraubt selbständig bie Sicherheitskappe ab unb wirft
entsprechenb ber vorigen Seite.
Unmittelbar nach bem Wurf beobachtet ber Werfer an seinem Platz
ben Fall ber Hanbgranate unb beckt sich bann vor ber Detonation.
Nach ber Detonation verläßt ber Werfer erst auf Befehl bes Leiten-

den den Werferstand, begibt sich unverzüglich zum Graben I und bleibt dort in Dedung.

Bei Blindgängern ruft der Leitende den Werfer erst nach drei Minuten aus seiner Dedung und sendet ihn mit der Meldung an den Schreiber zum Graben II zurück:

„Schütze X. hat Blindgänger geworfen."

Blindgänger vermerkt der Leitende und der Schreiber.

Der Schreiber führt während des Werfens das Wurfbuch.

Den Wechsel der werfenden Abteilung befiehlt der Leitende, nachdem ihm vom letzten Mann gemeldet ist, daß die Abteilung abgeworfen hat.

Nach beendetem Werfen zählt der Leitende die noch vorhandenen Handgranaten und Sprengtapseln und errechnet die Zahl der Blindgänger.

Dann überwacht er das Absuchen des Platzes, das Sammeln der Blindgänger und veranlaßt ihre Vernichtung.

Sind vorstehende Maßnahmen durchgeführt, so hebt der Leitende die Absperrung auf. Bevor er den Wurfplatz verläßt, vermerkt er im Wurfbuch die Zahl der übriggebliebenen Handgranaten und der Blindgänger. Gegebenenfalls bescheinigt er ihre Vernichtung.

Für das **Behandeln und Vernichten von Blindgängern** gelten Sonderbestimmungen.

VII. Gefechtsdienst.

1. Feld= und Geländekunde.

Der gesamte Gefechtsdienst baut sich auf der Feld- und Geländekunde auf.

Unter Feld- und Geländekunde versteht man:
die Geländebeschreibung,
die Geländebeurteilung, darauf aufbauend
die Geländebenutzung und im unmittelbaren Zusammenhang hiermit Tarnung und Geländeverstärkung.

Außerdem gehört zur Feld- und Geländekunde die Kartenkunde und das Zurechtfinden im Gelände.

a) Geländebeschreibung.

Jeder Schütze muß lernen, die einzelnen Geländeformen, Geländebedeckungen und Gewässer einwandfrei zu benennen. Er braucht dies, um auch jemand, der das Gelände selbst nicht gesehen hat, ins Bild setzen zu können.

Der Form nach unterscheidet man ebenes, welliges und bergiges Gelände. Geländeformen sind Berg, Höhe, Kuppe, Hang, Steilhang, Damm, Ebene, Tal, Mulde, Kessel, Sattel, Hohlweg und trockener Graben.

Hinsichtlich der Geländebedeckung unterscheidet man freies und bedecktes Gelände. Unter Geländebedeckung versteht man Wald, Waldstück, Einzelbaum, Doppelbaum, Baumgruppe, Baumreihe, Busch, Gebüsch, Hede, Ortschaft, Gehöft, Haus, Fabrik, Windmühle und im freien Gelände Felder, Äcker, Wiesen sowie Waldblößen.

An Straßen und Wegen stehen Telegraphenstangen.

Brüden, Stege und Furten führen über die Gewässer.

Zu den Gewässern rechnet man Seen, Ströme, Flüsse, Kanäle, Bäche, Wassergräben Teiche und Sümpfe.

b) Geländebeurteilung.

Aufbauend auf der Geländebeschreibung muß der Schütze lernen zu beurteilen, welche Vor- bzw. Nachteile ihm das Gelände für seine Zwecke bezügl. Waffenverwendung, Feuerwirkung und Sicht, bietet. Er muß vorausschauend überlegen, wie er sich der Sicht des Gegners am besten entziehen kann oder wo günstige Feuerstellungen liegen. Auch muß jeder Schütze sagen können, ob ein Gelände panzersicher ist oder nicht.

c) Geländebenutzung.

Die Geländebenutzung zieht die Folgerungen aus der Geländebeurteilung. Sie fordert viel praktische Übung im Gelände. Geschickte Geländebenutzung ist die Grundforderung für den gesamten Gefechtsdienst des Schützen.

Jede, auch die kleinste Deckung im Gelände ausnutzend, arbeitet sich der Schütze an den Feind heran. Sobald er sich hinlegt oder in Stellung geht, um sein Feuer zu eröffnen, wählt er seinen Platz so, daß er vom Gegner auf der Erde und möglichst auch aus der Luft gar nicht oder doch nur schwer zu erkennen ist.

Man legt sich nie auf einen Höhenrand, sondern stets davor oder dahinter, weil sich jedes Ziel von hellem Hintergrunde deutlich abhebt. Es ist wichtig, darauf zu achten, daß die Farbe des Unter- und Hintergrundes mit der eigenen Farbe möglichst übereinstimmt. An Waldrändern legt man sich so weit in den Wald hinein, daß das Dunkel des Waldes die eigene Stellung von selbst tarnt. Auffallende Punkte im Gelände meidet der gewandte Schütze, da sie dem Gegner das Zielen erleichtern. Steinhaufen und dergleichen sind außerdem ihrer Splitterwirkung wegen gefährlich. Schatten von Bäumen, Sträuchern usw. werden ausgenutzt, um sich der Sicht des Gegners zu entziehen. Als Feuerstellung ist stets ein Platz anzustreben, der eine Deckung hinter sich hat. Nur dann läßt sich der stets erwünschte Feuerüberfall verwirklichen.

Je nach der Deckungsmöglichkeit geht der Schütze aufrecht oder gebückt vor, kriecht auf Knien und Händen vorwärts. Die Trageweise des Gewehrs ist dem Schützen hierbei freigestellt. Zweckmäßigerweise wird jedoch das Gewehr beim Kriechen um den Hals gehängt, beim Gleiten in beiden Händen gehalten.

Ist diese Art des Vorarbeitens im Gelände nicht möglich, so ist plötzliches, den Gegner überraschendes Vorstürzen angezeigt. Man nennt das „springen". Man springt grundsätzlich von Deckung zu Deckung und ist bestrebt, sich hierbei jedesmal nur ganz kurze Zeit, wenige Sekunden, dem Gegner in ganzer Figur zu zeigen, so daß diesem keine Zeit bleibt, einen gezielten Schuß abzugeben.

Ebenso wie das Vorarbeiten erfolgt das Ausweichen unter geschickter Geländeausnutzung von Deckung zu Deckung.

Als Grundsatz für alle Arten des Vorarbeitens und Ausweichens ist anzustreben, stets zunächst die alte Stellung unauffällig nach rückwärts zu räumen und erst dann die Bewegung anzutreten.

Alle Mittel, den Gegner zu täuschen sind hierbei recht.

d) Tarnung.

Tarnung soll dem Gegner Truppen, Gerät und Anlagen verbergen oder die feindliche Beobachtung durch Scheinanlagen und Scheinhandlungen irreführen.

Es bestehen drei **Möglichkeiten der Tarnung** gegen Sicht: Der zu tarnende Gegenstand wird der Sicht des Feindes durch Aufenthalt in Häusern, in dichtem Wald, durch Ausnutzung völliger Dunkelheit oder durch andere natürliche oder künstliche Deckungen vollkommen entzogen.

Der zu tarnende Gegenstand wird in Form und Farbe so dem Gelände angepaßt, daß er nicht zu erkennen ist.

Die Form des zu tarnenden Gegenstandes wird so verändert, daß er zwar zu sehen ist, aber für etwas Unverdächtiges (Busch, Bodenflecken, Gebäude, Feldbestellung) gehalten wird.

Bei näherer Feindberührung erhält die Tarnung gegen den feindlichen Horchdienst besondere Bedeutung. Sie verlangt, verräterische Geräusche zu vermeiden oder zu übertönen.

Natürliche Tarnmittel sind:
Bodengestaltung (Steilhänge, Dämme, Schluchten, Höhlen, Hohlwege, Gräben);
Bodenbedeckung (Gebäude, Wälder, einzelne Bäume, Büsche, Hecken und der Bodenbedeckung entnommene Mittel, wie Zweige, Gras, Getreide usw.);
Witterung (Schatten, Nebel, Unwetter, Dunkelheit).

Die Ausnutzung natürlicher Tarnmittel ist einfach und verspricht den meisten Erfolg. Sie ist grundsätzlich zu bevorzugen.

Bietet die Natur keinen oder ungenügenden Schutz, so sind künstliche Tarnmittel zur Tarnung heranzuziehen.

Künstliche Tarnmittel sind:
behelfsmäßige Tarndecken aus Fisch- oder Drahtnetzen, bunte Lappen, Leinwand, Stoffe, Masken, farbiger Anstrich, künstlicher Nebel, Zeltbahnen.

Anwendung und Ausführung der Tarnung sind je nach Lage, Jahreszeit, Gelände und Witterung so verschiedenartig, daß Richtlinien für jeden einzelnen Fall nicht aufgestellt werden können.

Mangelhaft ausgeführte oder falsche Tarnung ist schlechter als gar keine, da sie die Aufmerksamkeit des Gegners erst recht auf sich zieht.

Wichtigste und schwierigste Aufgabe der Tarnung ist der **Schutz gegen die Luftbeobachtung.**

Mangel an natürlichen Tarndeckungen kann hierbei durch geschickte Auswahl des Untergrundes ausgeglichen werden. Je dunkler der Farbton des Geländes wirkt, um so weniger wird der Flieger Einzelheiten unterscheiden. Danach gilt der Grundsatz, stets dunklen Untergrund auszunutzen.

Andererseits fallen durch Sonnenbestrahlung hervorgerufene helle Flecke, wie leuchtende Stahlhelme, Wagenplane, Bretter auf dunklem Untergrund besonders auf.

Nachts sind Lichterscheinungen ein besonders guter Anhalt für die Luftbeobachtung. Selbst kleine Lichter, wie unabgeblendete Taschenlampen oder aufflammende Streichhölzer können Truppen verraten. Größere Feuer werden aus jeder Höhe auf weite Entfernungen gesehen. In Mondnächten sind Bewegungen auf hellem Untergrunde erkennbar.

Stehen natürliche Tarnbedeckungen nicht zur Verfügung, so müssen sie künstlich geschaffen werden. In erster Linie werden dazu natürliche Tarnmittel, wie Zweige, Gras, Erdschollen, Stroh usw., verwandt.

Tarnmittel müssen in die Umgebung hineinpassen. Holzstapel auf Wiesen oder Büsche auf Sturzäckern wirken unnatürlich und fallen auf.

Ein paar Beispiele mögen das noch weiter erläutern:

In einem flachen Buschgelände ist es falsch, sich durch Aufwerfen von andersfarbiger Erde eine Deckung zu schaffen. Richtig ist vielmehr, sich im Rahmen der vorhandenen Büsche zu tarnen.

Auch die äußere Form muß ins Gelände passen. In der Natur sind die meisten Formen unregelmäßig. Künstliche Tarndecken (Zeltbahnen usw.) müssen daher jede Regelmäßigkeit vermeiden. So dürfen z. B. nicht scharfe Schattenlinien entstehen. Unregelmäßig und ohne Schlagschatten paßt sich das getarnte M.-G. oder Geschütz besser in das Landschaftsbild ein.

Die Grundsätze der Tarnung gegen Luftbeobachtung gelten im allgemeinen auch für die **Tarnung gegen Erdbeobachtung** einschließlich der Beobachtung aus Fesselballonen.

Zweckmäßige Auswahl des Hintergrundes ist besonders wichtig. Nachahmung aller Einzelheiten des Geländes und Tarnung gegen den feindlichen Horchdienst gewinnen erhöhte Bedeutung.

Der Stand der Sonne beeinflußt wesentlich die Sichtbarkeit eines Gegenstandes. Beleuchtung von rückwärts gegen den Feind zu blendet die feindliche Beobachtung und läßt Farben verschwinden, andererseits aber Konturen scharf hervortreten.

Licht von der Feindseite her läßt den Gegner auch Einzelheiten gut erkennen, Farben auch auf weite Entfernungen noch unterscheiden.

Auf nahen Entfernungen muß in deckungslosem Gelände Überraschung und Schnelligkeit die Tarnung ersetzen.

Schützen verharren nach jedem Sprunge eine Zeitlang in voller Regungslosigkeit, um den feindlichen Beobachter etwaige Merkpunkte verlieren zu lassen.

Auch wenn die Vorwärtsbewegung unterbrochen wird, ist Tarnung häufig nützlicher als Ausheben einer schwer zu verstehenden Erddeckung.

Scheinanlagen versprechen gegen Erdsicht besonders guten Erfolg, da dem Beobachter im Gegensatz zum Luftbeobachter die Möglichkeit genauer Überprüfung fehlt.

Diese wenigen Beispiele schon zeigen, wie ungemein vielseitig das Gebiet der Tarnung ist. Auch das Vermeiden jeder unnötigen Bewegung gehört hierher. Wer häufiger Beobachtungen in der Natur anstellt, weiß, wie gerade das Wild sich oft lange Zeit völlig still verhält, um dem Auge eines Feindes zu entgehen. Der Mensch kann hier viel von den Tieren lernen. Fast unbeschränkt kann und muß er seine Erfindungsgabe spielen lassen.

Es kommt darauf an, mit offenen Augen seine Umgebung anzusehen und dann geschickt auszunutzen. Wie man das zweckmäßig tut, das muß der Soldat in der Geländeausbildung in langsamer, steter Arbeit lernen. „Tarnen spart Blut."

Deckung gegen Sicht ist wertvoller als Deckung gegen Schuß. Hierbei spielen Untergrund (gegen Sicht aus der Luft) und Hintergrund (gegen Sicht von der Erde) die Hauptrollen. Heller Untergrund und heller Himmel als Hintergrund müssen z. B. vermieden, bewachsener Untergrund und Wald als Hintergrund z. B. aufgesucht werden. Auffallende Punkte im Gelände, wie Baumgruppen, einzelne Sträucher, Waldränder usw., können, wenn sie an der Stellung liegen, leicht zum Verhängnis werden. Sie sind willkommene Zielpunkte für die feindliche Artillerie und gute Merkmale zur Nachrichtenübermittlung für den Gegner. Im lichten Hochwald muß z. B. die Stellung aus dem gleichen Grunde möglichst weit vom Waldrande entfernt, in der Tiefe des Waldes, oder, falls die Wirkungs= möglichkeit dadurch zu sehr beschränkt wird, vor dem Walde liegen.

e) Geländeverstärkung.

Die Geländeverstärkung wird durch Feldbefestigung in Verbindung mit Tarnung erreicht.

Feldbefestigung soll die eigene Waffenwirkung erhöhen, die feindliche vermindern und so die eigene Kampfkraft erhalten. Der Erhöhung der eigenen Feuerwirkung dienen Waffenauflagen, gut ausgebaute Beobachtungsstände usw.

Die Verminderung der feindlichen Feuerwirkung wird durch zweckvolles Ausnutzen und Verstärken des Geländes sowie durch Tarnung erreicht.

Weitere Mittel zum Erhalten der Kampfkraft sind: Eingraben, Bau von getarnten Unterschlupfen oder Unterständen und möglichst ge= tarnte Verbindungen rückwärts und seitwärts.

Alle Anlagen der leichten Feldbefestigung muß die Truppe in der Regel mit dem mitgeführten **Schanz= und Werkzeug** ausführen.

Richtiger Schanz= und Werkzeuggebrauch erleichtert die Arbeit und erhöht die Leistung.

Spaten, Kreuzhacken und Äxte handhabt man mit der einen Hand dicht am Eisen, mit der anderen am Stielende.

Beim Sägen mit der **Gliedersäge** muß ein Mann die Säge straff halten, da sie sonst einknickt.

Drahtscheren sind zum Zerschneiden von Drähten weit zu öffnen, damit der Draht tief im Winkel der Schere gefaßt wird.

Das **Schützenloch für liegende Schützen** (z. B. für Beobachter) Schützen= mulde) entsteht durch Zusammenscharren von Erde mit Spaten, Kreuz= hacke, Kochgeschirr oder den Händen. Der Schütze schafft sich eine Deckung gegen Erdsicht. Unter dem Schutz dieser Deckung hebt er im Liegen, neben sich von vorn nach rückwärts arbeitend, eine Mulde aus. Der Bodenaushub ist zunächst für Gewehrauflage und Brustwehr, später für Deckung nach den Seiten und nach rückwärts (Rückenwehr) zu verwenden.

Den Grundriß für ein **Schützenloch für knieende Schützen** nimmt man, wenn möglich, von vornherein so groß, daß es zum Schützenloch für einen stehenden Schützen erweitert werden kann. Den anfangs ausgehobenen Boden wirft man so weit, daß man Doppelbewegen des Bodens ver= meidet, also mindestens 3 m über die Armauflage.

Die Brustwehr zieht man seitlich so weit herum, daß der Schütze, gegen feindliches Schrägfeuer gedeckt, selbst nach den Seiten feuern kann. Man wirft die Brustwehr stets so niedrig wie möglich auf.

Böschungen in festem Boden hält man stets so steil wie möglich, Böschungen in geschüttetem oder losem Boden dagegen flach.

Bei Beginn des Eingrabens **außerhalb des feindlichen Feuers** sticht man die Bodennarbe so weit ab, wie die späteren Schüttungen reichen sollen, und legt sie beiseite. Mit der abgestochenen Bodennarbe tarnt man später die Schüttungen.

Verbindet man mehrere Schützenlöcher durch Gräben, so entstehen **Nester**, die durch den Einbau von Unterschlupfen verstärkt werden können.

Kriechgräben bilden die ersten gedeckten Verbindungen zwischen Schützen=
löchern. Man erweitert sie, wenn möglich, zu **Verbindungsgräben.**

f) Kartenkunde.

Zuverlässiges Kartenlesen und genaue Kenntnis der Signaturen ist erforder=
lich, um sich in jedem Gelände nach der Karte schnell zurechtfinden zu können. Der
Schütze soll außerdem lernen, sich nach der Karte ein ungefähres Bild des Ge=
ländes zu machen.

Die Naturlängen sind auf der Karte stark verkleinert. Der Maßstab der
Karte ist das Verhältnis eines Zentimeters auf der Karte zur wirklichen Natur=
länge. Maßstab 1 : 100 000 bedeutet also, daß 1 cm der Karte = 100 000 cm
oder 1000 m oder 1 km in der Natur ist.

Die gebräuchlichsten Karten zeigen die Maßstäbe 1 : 100 000 (Generalstabs=
karte) und 1 : 25 000 (Meßtischblatt), in der Ostmark 1 : 75 000.

Die Bodenformen werden auf der Karte in Bergstrichen (auf der General=
stabskarte) oder Schichtlinien (auf dem Meßtischblatt) wiedergegeben.

Dünne Bergstriche bedeuten im allgemeinen fahrbare Hänge. Mittelstarke
Bergstriche zeigen noch gangbare Steigungen an, während starke Bergstriche meist
nur ersteigbare Steilhänge anzeigen. Die tatsächlichen Höhenunterschiede in Metern
kann man nur schätzen. Einzelne in die Karte eingetragene Höhenzahlen erleichtern
diese Schätzung.

Auf einer Schichtlinienkarte kann man mit Hilfe der auf der Karte einge=
tragenen Höhenzahlen und mit Hilfe der Schichtlinien selbst, welche am Rande
und vielfach auch innerhalb der Karte mit ihrer Höhenzahl bezeichnet sind, die
Höhe jeden Punktes feststellen. Kessel sind durch einen Pfeilstrich gekennzeichnet.

Da für einige Gegenstände eine maßstabsgerechte Wiedergabe kaum lesbar
wäre, z. B. Wege von 5 m Breite würden auf einer Karte 1 : 100 000 nur
0,05 mm breit sein, hat man bestimmte, besonders deutliche Zeichen abweichend
vom Maßstabe gewählt. Es werden die auf der nächsten Seite wiedergegebenen
Kartenzeichen benutzt.

Jede Beschriftung der Karte geht von Westen nach Osten.

Alle Karten sind so aufgenommen, daß oben Norden, unten Süden, rechts
Osten, links Westen ist.

Der Wunsch, jeden Punkt auf der Karte eindeutig nach seiner Lage zu be=
stimmen, hat dazu geführt, die Karten mit einem rechtwinkligen Gitternetz zu
versehen.

Die nordsüdlichen Linien des auf der Karte verzeichneten Gitternetzes weisen
nach „Gitter=Nord". Den Winkel zu magnetisch Nord bezeichnet man als „Nadel=
abweichung". Seine Größe ist auf einem Nebenkärtchen auf dem Kartenrand ver=
merkt. Das Ausgabejahr der Karte ist mit Rücksicht auf die Wanderung des
magnetischen Pols zu beachten. Den nicht großen Unterschied zwischen Mißweisung
und Nadelabweichung (Meridiankonvergenz genannt) kann man bei der Arbeit
mit einem Taschenkompaß unberücksichtigt lassen. Ist die Nadelabweichung bekannt,
so erhält man auf der Karte die Richtung nach magnetisch Nord, indem man den
am oberen Kartenrand bezeichneten Punkt M mit dem der Nadelabweichung ent=
sprechenden Teilstrich der am unteren Kartenrand verzeichneten Gradteilung ver=
bindet.

Das Gitternetz ist auch ein wertvolles Hilfsmittel zum Abschätzen von Ent=
fernungen auf der Karte.

Kartenzeichen für den Maßstab 1:100 000.

Eisenbahnen:

mehrgleisige Haupt- und vollspurige Nebenbahn

eingleisige Haupt- und vollspurige Nebenbahn

Vollspurige nebenbahnähnliche Kleinbahn
Schmalspurige Nebenbahn

Schmalspurige nebenbahnähnliche Kleinbahn
Straßen- und Wirtschaftsbahn

Seil- und Schwebebahn

Laubwald

Nadelwald

Mischwald

Buschwerk u. Weiden-Pflanzung

Straßen:

Fernverkehrsstraße Nr. 12   **12**

I A etwa 5,5 m Mindestnutzbreite mit gutem Unterbau, für Lastkraftwagen zu jeder Jahreszeit unbedingt brauchbar

Größere Steigungen

I B weniger fest, etwa 4 m Mindestnutzbreite, für Lastkraftwagen nur bedingt brauchbar

Heide u. Oedland

Sand oder Kies

Wege:

II A Unterhaltener Fahrweg, für Personenkraftwagen zu jeder Zeit brauchbar, abgesehen von außergewöhnlichen Witterungsverhältnissen

II B Unterhaltener Fahrweg

III Feld- und Waldwege

IV Fußweg

Wiese

Bruch mit Torfstich

Nasser Boden

Oberförsterei (Forstamt)   OF (FA)

Friedhof für Christen

Grube, Steinbruch

Kapelle   Kp.

Hervorragender Baum

Kirche

Bock- und Holländer Windmühle (weit sichtbar)   M.

Weingarten

Hopfenanpflanzung

Baumschule

Park

Innerhalb des Gitternetzes erfolgt die Bestimmung eines Punktes mit dem **Planzeiger.** Ein solcher ist zum Ausschneiden auf dem Rande jeder Karte gedruckt. Es wird nach Kilometern der Abstand des Punktes von der nächsten wage-

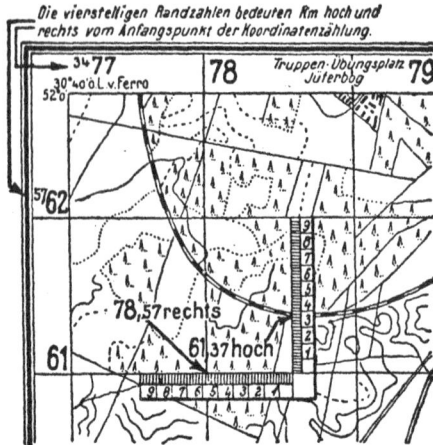

Die vierstelligen Randzahlen bedeuten Km hoch und rechts vom Anfangspunkt der Koordinatenzählung.

rechten Gitterlinie gemessen (Hochwert) und sein Zwischenraum von der nächsten links befindlichen senkrechten (Rechtswert). Grundsätzlich ist erst der Rechts-, dann der Hochwert anzugeben. Man braucht für jeden Maßstab einen besonderen Planzeiger.

Zielgevierttafel.

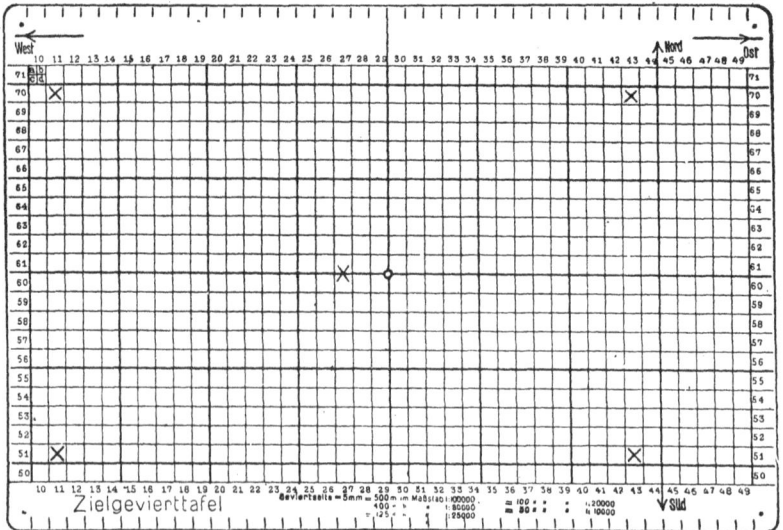

Zielgeviertafel

Zur Punktbezeichnung auf Karten ohne Gitternetz bedient man sich der **Ziel-geviertafel.** Hierfür wird grundsätzlich im voraus bestimmt, welches von den fünf Kreuzen der Zielgevierttafel auf einen bestimmten Punkt der Karte aufgelegt ist. Es kommt dann weiter darauf an, daß die Zielgevierttafel genau den Himmelsrichtungen entsprechend auf die Karte aufgelegt wird. Dann wird der zu bezeichnende Punkt ermittelt, indem zunächst in der waagerechten (obenstehenden) Zahlenreihe und dann in der senkrechten (seitlichen) Zahlenreihe die entsprechende Zahl abgelesen wird.

Das so bezeichnete Geviert denkt man sich noch in vier Untergevierte geteilt. Die hiernach ermittelte Punktbezeichnung heißt so z. B.: Ziel 32—63 a.

g) Zurechtfinden im Gelände.

Die wichtigste Grundlage für das Zurechtfinden im Gelände ist die **Feststellung der Himmelsrichtung.** Man kann dies auf verschiedenen Wegen erreichen. Die **Sonne** steht täglich um 6,00 Uhr ziemlich genau im Osten, um 9,00 Uhr im Südosten, um 12,00 Uhr im Süden, um 15,00 im Südwesten und um 18,00 Uhr im Westen. (Sommerzeit ist zu berücksichtigen).

Dementsprechend ist die Taschenuhr ein gutes Hilfsmittel zur Feststellung der Südrichtung.

Wenn man den Stundenzeiger auf die Sonne richtet und den Winkel zwischen dem Stundenzeiger und der 12 halbiert, so zeigt diese Halbierungslinie, vormittags v o r, nachmittags n a c h dem kleinen Zeiger abgelesen, genau nach Süden.

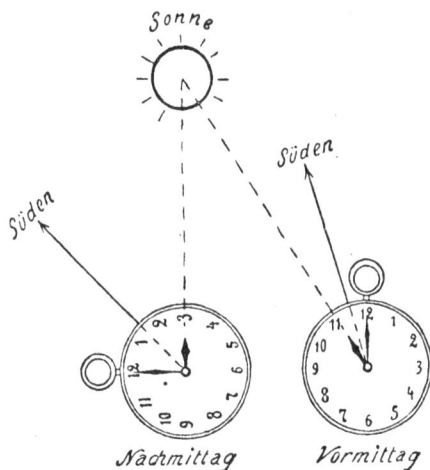

Nachmittag   Vormittag

In der Nacht erhält man die Nordrichtung nach dem **Polarstern.** Verlängert man die beiden hinteren Sterne des großen Bären 6—7mal, so trifft man auf den Polarstern (Bild auf folgender Seite).

Weitere Hilfsmittel zum Feststellen der Himmelsrichtung sind einige bekannte Tatsachen. Bei alten Kirchen steht der Turm im allgemeinen auf der Westseite, an freistehenden Bäumen wächst Moos meist an der Nordwestseite. Weinberge liegen meist an Südhängen.

Außerdem kann man sich im Gelände **nach der Karte** unterrichten.

Um einen Geländepunkt zu bestimmen, bezeichnet man seinen Standpunkt auf der Karte, wählt sich im Gelände einen gut sichtbaren, nicht zu nahen bekannten Punkt (Kirchturm) als Richtpunkt und fluchtet die Karte auf den Richtpunkt im Gelände ein. Die Karte ist dann orientiert. Visiert man nun über die Karte durch den eingezeichneten Standpunkt mit einem kleinen Lineal, Bleistift usw. andere Geländepunkte an, so muß die Linie dorthin über den gesuchten Punkt auf der Karte gehen.

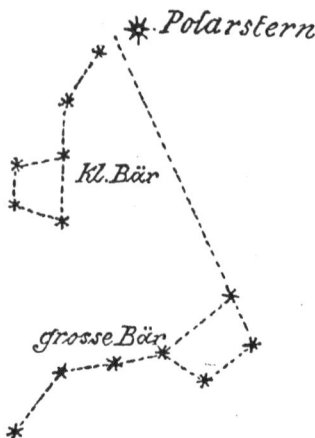

Ist der eigene Standpunkt nicht bekannt, so orientiert man die Karte mit Hilfe der Sonne oder eines der angegebenen Hilfsmittel nach Norden. Dann studiert man genau seine Umgebung auf Punkte, die auf der Karte erfahrungsgemäß leicht zu finden sind (Straßen, auffällige Geländeformen, Gehöfte auf Höhen und dergleichen) und vergleicht sie mit dem Kartenbild. In der Mehrzahl der Fälle wird man wenigstens annähernd seinen Standpunkt finden.

Auch mit Hilfe von **Karte und Kompaß** kann man sich orientieren. Die Nadelabweichung entnimmt man aus der Nebenkarte und merkt sie auf der Kompaßeinteilung an. Dann legt man die Nordsüdlinie des Kompaß auf eine nordsüdliche Gitterlinie und dreht die Karte so, daß die Nadel auf die Nadelabweichung einspielt. Die Karte ist dann eingerichtet.

Zum **Festlegen einer Marschrichtung**, wenn keine Karte vorhanden oder der gewählte Marschrichtungspunkt im Gelände nicht zu sehen ist, benutzt man den Marschkompaß.

Abmarschpunkt und Ziel werden durch eine Linie auf der Karte verbunden (Marschrichtung); dann wird die Karte nach Norden eingerichtet und in dieser Lage festgehalten. Der Marschkompaß wird mit der Anlegekante so an die Verbindungslinie gelegt, daß sein Richtungszeiger in die Marschrichtung zeigt. Unter Festhalten des Marschkompaß wird die Teilscheibe gedreht, bis die Nadel auf die Mißweisung einspielt. Am Teilring wird die Zahl (Strichzahl), auf die der Richtungszeiger zeigt, abgelesen und als „Kompaßrichtung" am Richtungszeiger eingestellt.

Will man im Gelände die Marschrichtung prüfen, so läßt man die Nadel auf die Mißweisung einspielen. Der Richtungszeiger zeigt nun in die befohlene Marschrichtung. Man visiert über Kimme und Korn des Kompasses einen Richtungspunkt an und marschiert auf ihn los. Bei Ankunft an diesen Punkt wird die Richtung nachgeprüft und für den Weitermarsch das Verfahren wiederholt.

Umgekehrt wird der Marschkompaß ebenfalls benutzt, wenn der Richtungspunkt anfangs sichtbar ist, im Laufe des Marsches aber verschwindet, z. B. bei Dunkelheit oder Nebel. Man stellt die Spiegel so, daß man die Nadel gut sehen kann. Über Kimme und Korn wird der Marschrichtungspunkt anvisiert. Dann wird der Teilkreis unter Festhalten der Visierlinie zum Richtungspunkt so gedreht, daß die Nadel auf die Mißweisung einspielt. Die am Teilkreis abgelesene Zahl, auf die der Richtungszeiger zeigt, wird als Kompaßzahl benutzt.

2. Grundbegriffe des Gefechts der verbundenen Waffen.

Die **Aufklärung** soll so schnell, so vollständig und so zuverlässig wie möglich ein Bild über den Feind beschaffen.

Luftaufklärung ist Sache der Flieger.

Ein Teil der **Erdaufklärung** ist die **Gefechtsaufklärung** der einzelnen Waffen. Sie erfolgt im wesentlichen durch **Spähtrupps**.

Die **Beobachtung** des Gefechtsfeldes von Beobachtungspunkten aus ergänzt diese Gefechtsaufklärung. Eine Gegenmaßnahme gegen die feindliche Aufklärung ist die **Verschleierung**. Sie soll dem Gegner die eigenen Maßnahmen verbergen.

Die **Erkundung des Geländes** soll Gangbarkeit, Beobachtungsmöglichkeiten, Deckungen gegen Sicht, Sperrmöglichkeiten u. dgl. feststellen und damit die Grundlage für den Einsatz der eigenen Waffen sowie für die Ausnutzung des Geländes zum Kampf geben.

Bei der **Sicherung** gegen überraschenden feindlichen Angriff aus der Luft und auf der Erde unterscheidet man die Sicherung in der Ruhe und die Sicherung in der Bewegung.

Die **Sicherung in der Ruhe** erfolgt durch **Vorposten, Gefechtsvorposten** oder **Nahsicherungen**.

Im Vorpostendienst und bei den Gefechtsvorposten verwendet man **Feldwachen** und **Spähtrupps**.

Die **Sicherung auf dem Marsche** erfolgt nach vorne durch die **Vorhut**, seitlich durch Seitendeckungen und beim Rückzuge nach rückwärts durch die **Nachhut**.

Im Rahmen der **Vorhut** und der **Seitendeckung** unterscheidet man, vom Feinde her angefangen, die **Reiterspitze**, die **Infanteriespitze**, die **Spitzenkompanie**, den **Vortrupp** und den **Haupttrupp**. Die Masse der nachfolgenden Truppe nennt man **Gros**.

Bei der Nachhut heißen die gleichen Abteilungen **Reiternachspitze, Infanterienachspitze, Nachspitzenkompanie, Nachtrupp** und **Haupttrupp**.

Der **Angriff** geht dem Gegner entgegen, um ihn niederzuwerfen und zu vernichten. Er wirkt durch Bewegung, Feuer und Stoß.

Eine marschierende Truppe, die mit baldigem Zusammenstoß mit dem Gegner rechnet, erhöht durch **Entfaltung** ihre Gefechtsbereitschaft. Sie zerlegt sich dadurch in kleinere Teile.

Beim Vorgehen zum Angriff geht die Infanterie sehr bald von der Entfaltung zur **Entwicklung** über. Hierunter versteht man das Einnehmen der geöffneten Ordnung.

Ergibt die Aufklärung, daß der Gegner zur Abwehr entschlossen zu sein scheint, so erfolgt eine **Bereitstellung** zum Angriff.

Das **Heranarbeiten** an den Feind erfolgt mit Feuerunterstützung der leichten und schweren Granatwerfer, der M.=G., J.=G. und der Artl.

Einbruch nennt man das Einbrechen der Schützen in die vorderste feindliche Linie.

Die **Verfolgung** erstrebt die Vernichtung des Feindes nach gelungenem Angriff bzw. Durchbruch.

Die **Abwehr** wartet den Gegner ab.

Die **Verteidigung** soll den feindlichen Angriff zum Scheitern bringen.

Das Gelände, in welchem sich eine Truppe **verteidigt**, ist ihre **Stel= lung**. Der wichtigste Teil jeder Stellung ist das **Hauptkampffeld**. Zu einer Stellung können außerdem **vorgeschobene Stellungen** gehören. **Ge= fechtsvorposten** werden vor das Hauptkampffeld vorgeschoben.

Die Linie der vordersten Verteidigungsanlagen des Hauptkampffeldes nennt man **Hauptkampflinie**.

Die Stellung wird für Aufklärung, Sicherung und Kampf in **Ab= schnitte** eingeteilt.

Bei feindlichem Einbruch in das Hauptkampffeld sucht man den Gegner durch Feuer zu vernichten und wirft ihn im **Gegenstoß** wieder aus dem Hauptkampffeld heraus.

Artillerie und schwere Inf.=Waffen haben in der Verteidigung **Sperr= feuer** vorbereitet, das auf Zeichen ausgelöst wird und zur Abwehr des angreifenden Feindes dient.

Man **bricht ein Gefecht ab**, um den Kampf an der bisherigen Stelle zu beenden.

3. Feuerkampf.

Man unterscheidet im Gefecht

nächste Entfernungen bis 100 m,
nahe Entfernungen bis 400 m,
mittlere Entfernungen bis 800 m
und weite Entfernungen.

Der Einzelschuß des Gewehrs hat gegen kleine Ziele nur auf nahen und nächsten Entfernungen Aussicht auf Erfolg.

Zusammengefaßtes Feuer mehrerer Schützen kann gegen kleine Ziele auch auf mittleren Entfernungen noch gute Wirkung erzielen.

Das le. M.=G. kann mit Vorderunterstützung kleine Ziele bis 1200 m, größere Ziele, wie z. B. sich ungedeckt bewegende Schützen, bis 1500 m mit Erfolg beschießen.

Gewehrschützen wie le. M.=G. können keine langen Feuerkämpfe führen. Sieger bleibt im Infanteriekampf, wer am schnellsten die größere Zahl gutliegender Schüsse auf den Gegner abgibt. Jeder Augenblick nutzlosen ungedeckten Herumliegens widerspricht der Erhaltung der Kampfkraft. Die Feuereröffnung wird daher möglichst in Deckung vorbereitet. Erst dann gehen le. M.=G. und Schützen zum Feuerüberfall in Stellung. Sobald die mit dem Feuer verbundene Absicht erreicht ist, verschwinden sie wieder in Deckung. In erster Linie wird das Ziel bekämpft, das dem eigenen Kampfauftrag am hinderlichsten ist. Jeder Schütze bekämpft das vom Gruppenführer befohlene Ziel, bei breiten Zielen den ihm gegen= überliegenden Teil des Ziels.

Die Wahl des Haltepunktes ist grundsätzlich dem Schützen überlassen. Beobachten der Einschläge und richtiges Auswerten sind besonders wichtig.

Jeder Soldat muß sich bewußt sein, daß die Munitionsfrage eine ent= scheidende Rolle spielt. Haushalten mit Munition ist eine Notwendigkeit. Solange es die Lage gestattet, soll bei jedem le. M.=G. eine Munitions= reserve von 200—250 Patronen zurückbehalten werden.

Im Rahmen der Gruppe führt der Schütze den Feuerkampf nach dem Befehl zur Feuereröffnung meist selbständig.

Solange das Feuer nicht freigegeben ist, darf der Schütze nur schießen, wenn sich ihm plötzlich auf nächster Entfernung ein wichtiges Ziel bietet, aber auch in diesem Falle nur, wenn der Gruppenführer sich die Feuer= eröffnung nicht ausdrücklich vorbehalten hat.

Kann der Einsatz der Gruppe aus der Deckung heraus zum Feuer= überfall erfolgen, so zeigt der Gruppenführer den Schützen möglichst unauffällig das Ziel. Leicht erkennbare Ziele können auch in Deckung an= gesprochen werden. Er bestimmt das Visier, das von den Schützen in Deckung gestellt wird. Auf das Kommando „Stellung!" „Feuer frei!" nisten sich die Gewehrschützen etwa in Höhe des le. M.=G. ein, bringen das Gewehr vor, entsichern und eröffnen sofort das Feuer.

Nachstehende Beispiele zeigen einige Möglichkeiten, wie Feuerbefehle lauten können:

a) „350 m vor uns ein Waldstück, davor Schützen!"
„Visier 450!"
„Jeder Schütze 5 Schuß!"
„Stellung!" — „Feuer frei!"

b) „250 m vor uns eine Wegegabel!"
„2 Daumenbreiten rechts der Wegegabel M.=G.!"
„Alles kurz über Deckung sehen und sofort wieder volle Deckung!"

„Bifier 250!"
„Stellung!" — „Feuer frei!"
Die Feuereröffnung kann auch auf ein verabredetes Zeichen erfolgen: Ist Eile geboten oder muß die Feuereröffnung in offenem Gelände unter feindlicher Feuerwirkung erfolgen, so werden Ziel- und Visierwahl meist dem Schützen überlassen. Das Instellunggehen und die Feuereröffnung erfolgt dann häufig auf das Kommando:
„Stellung (Stellung, Marsch! Marsch!) — Schützenfeuer!"
Verschwindet der Feind oder ist die für einen Feuerüberfall befohlene Munition verschossen, so unterbrechen die Schützen selbständig das Feuer, sichern und gehen in volle Deckung. Andernfalls wird zur Unterbrechung des Feuers „Gruppe A — Stopfen!" kommandiert, das von allen Schützen laut nachgerufen wird. Es wird ohne weiteres gesichert! Meist folgt dem Kommando „Stopfen" unmittelbar das Kommando „Volle Deckung".

Der **Feuerkampf des le. M.-G.** wird in der Regel durch den Gruppenführer geleitet. Fortgeschrittene Richtschützen müssen ihr Feuer auch selbst leiten können. Zum Feuerüberfall bleibt das le. M.-G. meist zunächst in Deckung und wird vom Schützen 2 fertiggemacht und geladen. Währenddessen zeigt im allgemeinen der Gruppenführer dem Schützen 1 — oft mit dem Fernglas — das Ziel: z. B. „Geradeaus, weißes Haus mit Fahnenmast!" „25 Strich rechts ein M.-G.!" Das richtige Erkennen des Ziels wird vom Schützen 1 bestätigt, z. B. „Am M.-G. Raucherscheinung!" Der Gruppenführer befiehlt dann das Visier, z. B. „Visier 900" und kann die bei dem Feuerüberfall zu verschießende Munitionsmenge z. B. „30 Schuß!" festsetzen. Auf „Stellung! — Feuer frei!" wird das M.-G. dann vorgebracht, entsichert und sofort das Feuer eröffnet.

Muß die Feueraufnahme in offenem Gelände angesichts des Feindes erfolgen, so sind lange Befehle für die Feuereröffnung nicht am Platze. Ziel und Visier werden vom Gruppenführer kurz befohlen. Nur in besonders dringenden Fällen, z. B. bei plötzlichem Zusammenstoß mit dem Gegner auf nächsten Entfernungen wird der Gruppenführer auch hiervon absehen.

Beispiele hierfür:
a) „Stellung! Marsch! Marsch!"
„Feindliches M.-G. in den Büschen halbrechts, Visier 350, — Feuer frei" oder
b) „Stellung! Marsch! Marsch! — Feuer frei!"
Sobald der Gegner verschwindet oder die für den Feuerüberfall befohlene Munition verschossen ist, unterbricht der Schütze 1 das Feuer selbständig und geht in volle Deckung. Andernfalls wird zur Unterbrechung des Feuers „Stopfen" und meist auch „Volle Deckung" kommandiert, das vom Schützen 1 laut nachgerufen wird. Es wird ohne weiteres gesichert.

Das **Schießen durch Lücken** mit le. M.-G. und Gewehr bildet im Gefecht die Regel. Als allgemeiner Anhalt gilt, daß mit le. M.-G. und Gewehr durch eine Lücke geschossen werden kann, wenn der Abstand des

Schießenden von der Lücke kleiner ist, als diese breit ist, und wenn er etwa hinter ihrer Mitte liegt.

Beim Lückenschießen sind weiter folgende Bedingungen zu beachten:
a) Mit dem Lauf darf nicht mehr durch Lücken geschossen werden, wenn der Kaliberzylinder 7,94 mm an der Mündung angreift.
b) Zum Lückenschießen darf nur vollwertige s. S.=Munition verwendet werden. Munition, die auf den Packgefäßen die Bezeichnung enthält „nicht zum Über= schießen und Schießen durch Lücken geeignet" darf nicht zum Schießen durch Lücken verwendet werden.
c) Anstreichen der Geschosse an Gräsern, Ästen usw. muß ausgeschlossen sein, weil hierdurch die Geschosse abgelenkt werden können und die eigene Truppe gefährdet wird.
d) In hohem Grase, Ginster, Heidekraut usw. darf daher nur durch Lücken ge= schossen werden, wenn der Leitende es ausdrücklich für unbedenklich erklärt.

Das Überschießen mit Gewehr und le. M.=G. ist nur von stark über= höhenden Punkten (Bäumen, Häusern) gestattet, wenn die zu über= schießende Truppe unmittelbar davor liegt, ihre Gefährdung also aus= geschlossen ist.

4. Beobachtungs= und Meldedienst.

Man beobachtet das Gelände und das Verhalten schon erkannten Feindes. Die Beobachtung kann sich auch auf das Verhalten eigener Truppen erstrecken. Besonders geübt wird das Beobachten während der Fahrt.

Es kommt darauf an, rechtzeitig jede Veränderung, jede Bewegung im Feindgelände zu erkennen. Ferngläser sind hierzu besonders geeignete Hilfsmittel. Zu langes Spähen durch das Fernglas ermüdet jedoch und führt leicht zum Beschlagen der Gläser. Von erhöhten Punkten im Ge= lände, auch von Bäumen aus, ist der Überblick besser als von ebener Erde her.

Der Beobachter muß lernen, aus Beobachtungen richtig zu folgern. Staubwolken auf einer Straße lassen je nach Größe und Schnelligkeit einen Wagen, Kraftwagen oder auch eine Marschkolonne vermuten.

Heftiges Bellen von Hunden, Auffliegen von Vögeln, Flüchten von Wild und ähnliches deuten auf besonderen Anlaß durch Menschen oder Tiere.

Ein wichtiger Zweig des Beobachtungsdienstes ist die Beobachtung der eigenen Feuerwirkung. An den Geschoßeinschlägen und am Verhalten des Gegners muß der Schütze zu erkennen suchen, ob das Feuer richtig liegt. Einzelne Geschoßeinschläge an gut zu beobachtenden Stellen führen jedoch leicht zu Trugschlüssen. Die zusammengehaltene Garbe des le. M.=G. und das Feuer von Gewehrschützen liegen gut, wenn etwa die Hälfte der Ein= schläge vor und etwa die Hälfte der Einschläge hinter dem Ziel beobachtet werden.

Vom Melder werden Unerschrockenheit, Findigkeit im Gelände, Aus= dauer und unbedingte Zuverlässigkeit gefordert. Jeder Melder muß fol= gende Punkte einer ihm anvertrauten Meldung kennen:
a) die meldende Dienststelle,
b) die empfangende Dienststelle und ihren Aufenthalt,
c) den Meldeweg, insbesondere, wenn er durch verschiedene Ortschaften führt, die Namen dieser Ortschaften,

d) den wesentlichen Inhalt der Meldung,

e) seinen Verbleib nach Erledigung des Auftrages.

Herrscht über einen dieser Punkte Unklarheit, so ist der Auftraggeber danach zu fragen.

Wenn der auftraggebende Vorgesetzte nichts anderes befiehlt, wird grundsätzlich jede mündliche Meldung im Wortlaut wiederholt. Es ist besonders wichtig, daß dieser Wortlaut dem Empfänger wortgetreu übermittelt wird. Unterwegs erfragt der Melder unbefangen den Platz des Vorgesetzten, an den die Meldung gerichtet ist. Bei drohender Gefahr ruft er Truppen, an denen er vorbeikommt, den Inhalt der Meldung zu. Jeder Überbringer eines wichtigen Befehls usw. ist berechtigt, auch eine Besprechung oder Befehlsausgabe zu unterbrechen (z. B. durch Zuruf „Bataillonsbefehl"). Kehrt ein Melder zum Absender der Meldung zurück, so wiederholt er grundsätzlich noch einmal den überbrachten Wortlaut der Meldung.

Für das **Abfassen einer Meldung** gelten bestimmte Regeln. Im allgemeinen wird eine schriftliche Meldung auf einem Meldekartenvordruck ausgefertigt.

Mündliche Meldungen sollen möglichst kurz sein, damit Verstümmelungen bei der Übermittlung vermieden werden.

Jede Meldung über den Feind muß folgende Fragen beantworten:

a) **W a s   s e h e   i c h?**

Dabei darf nur tatsächlich selbst Gesehenes als sicher gemeldet werden. Vermutungen sind als solche zu bezeichnen.

Wesentlich ist, wie der Gegner gesehen wurde (z. B. schanzend, im Vorgehen, in Marschkolonne usw.).

b) **W o   s e h e   i c h   e t w a s?**

Wenn möglich, nach der Karte zu beschreiben, sonst nach auffallenden Geländepunkten.

c) **W a n n   h a b e   i c h   d i e   B e o b a c h t u n g   g e m a c h t?**

Genaue Uhrzeit.

d) **V o n   w o   a u s   i s t   d i e   B e o b a c h t u n g   g e m a c h t   w o r d e n?**

e) **W a s   v e r a n l a ß t   d e r   M e l d e n d e   w e i t e r?**

Insbesondere ist dies anzugeben, wenn der Meldende seinen bisherigen Platz verläßt.

Bezeichnungen wie rechts, links, vor, hinter, diesseits, jenseits, oberhalb, unterhalb sind oft nicht klar. Besser ist es, die Himmelsrichtung anzugeben. Ortsbezeichnungen sind lateinisch zu schreiben und so wie auf der Karte angegeben. Ortseingang und -ausgang sind nach der Marschrichtung zu unterscheiden. Oft ist es hier zweckmäßiger, statt der Himmelsrichtung den nächsten Ort anzugeben, wohin man von dem Ortsausgang gelangt, z. B. Ausgang von B.-Dorf nach H.-Berg, anstatt Südwestausgang B.-Dorf. Vorsicht mit Abkürzungen! Alle Meldungen und Zeichnungen sollen so deutlich geschrieben oder gezeichnet sein, daß sie der Empfänger auch bei spärlichem Licht lesen kann.

Für jede Meldung, besonders aber für Meldungen über den Feind, ist es wichtig, daß die Meldung den Empfänger rechtzeitig erreicht. Eile ist also fast immer geboten. Die beste Meldung nutzt nichts, wenn sie zu spät in die Hand des betreffenden Führers gelangt.

Abſenbeſtelle: *Spähtrupp* 3./J.R.4	*1.* te Meldung	Ort	Tag	Zeit
	Abgegangen *fart nördlich Neuendorf*		*2.6. 37.*	*8 13 Uhr*
	Angekommen			

An *3./ J.R.4*

8¹⁰ 2 ſchw. ẽr.M.G. feuernd am Nordrand Neuendorf beobachtet. 1 ſchw. Grüppe antwickelt im Vorgehen fart nordöſtl. Neuendorf. Jch beobachte weiter.

Kurz Gefreiter

Zur Erläuterung von Meldungen und in manchen Fällen auch um längere Meldungen zu erſetzen, verwendet man **Skizzen.** Wenige Bleiſtiftſtriche müſſen hierbei genügen, um die Örtlichkeit darzuſtellen und die Truppen einzutragen. Man unterſcheidet Grundrißſkizzen und Anſichtsſkizzen. Grundrißſkizzen eignen ſich in allen den Fällen, in denen eine Meldung an einen Empfänger mit

Signaturen für das Skizzenzeichnen.

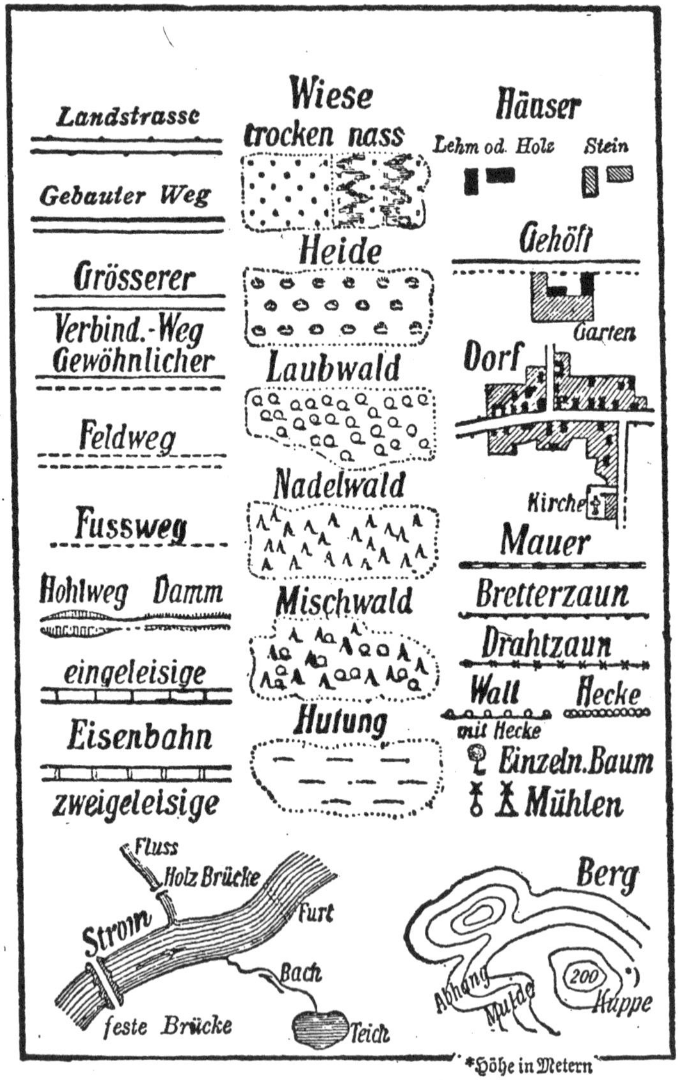

*Höhe in Metern

Nachstehendes Muster zeigt eine Grundrißskizze.

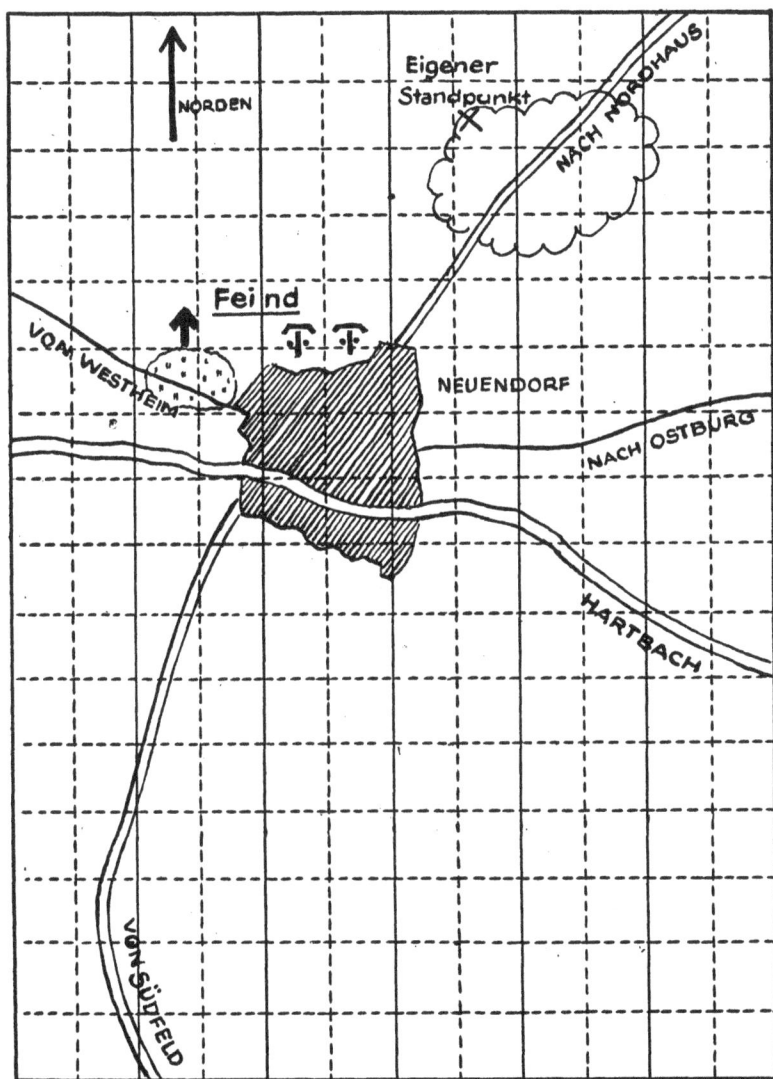

NORDEN

Eigener
Standpunkt

NACH NORDHAUS

Fei nd

VOM WESTHEIM

NEUENDORF

NACH OSTBURG

HARTBACH

VON SÜDFELD

O   250   500   750   1000

1 : 25 000

entferntem Standort gesandt werden soll, besser als Ansichtsskizzen. Ansichts=
skizzen dagegen sind wertvoll, wenn man z. B. bei der Ablösung seinem Nach=
folger am gleichen Standort Meldungen und dgl. übermitteln will.

Die **Grundrißskizze** (Muster siehe vorige Seite) wird, soweit es möglich, maßstabs=
gerecht gezeichnet. Wo dies nicht möglich ist, werden die wichtigsten Entfernungen
in Zahlen eingetragen. Jede Grundrißskizze muß die Nord=Richtung enthalten.
Im übrigen wird die Skizze möglichst groß gezeichnet, weil sie dadurch klarer wird.
Immer ist anzugeben, in welchem Maßstab, in welchem ungefähren Maßstab oder
ob die Skizze ohne Maßstab gezeichnet ist. Zum Einzeichnen des Geländes bedient
man sich der auf der vorvorigen Seite aufgeführten Signaturen.

Truppen (Freund und Feind) werden entsprechend umstehender Zusammen=
stellung eingetragen. Dabei zeichnet man eigene Truppen aus, während feindliche
Truppen meist hohl oder gestrichelt gezeichnet werden. Wenn man Farbstifte zur
Hand hat, werden die Zeichen in Blau oder Rot wiedergegeben.

Muster einer richtig gezeichneten Ansichtsskizze.

Im Gegensatz zur Grundrißskizze gibt die **Ansichtsskizze** (Muster vorstehend)
das Gelände so wieder, wie es sich dem Auge des Zeichners darstellt. Für die
Ansichtsskizze gelten nachstehende Grundsätze:

1. Der Vordergrund wird mit weichem Bleistift stark gezeichnet.
2. Der Hintergrund wird mit härterem Bleistift nur angedeutet.
3. Nur das Charakteristische der Landschaft und das unbedingt Notwendige
   wird dargestellt. Alle Einzelheiten fallen fort. (Siehe vorstehendes Muster.)

Laubwald stellt man in bogenförmigen Umrissen und schräger Schraffur,
Nadelwald in zackigen Umrissen mit senkrechter Schraffur dar. Im übrigen
werden alle Einzelheiten, wie Häuser, einzelne Bäume usw. in Umrissen so
gezeichnet, wie sie das Auge sieht.

Auch die Ansichtsskizze soll möglichst maßstabsgerecht sein. Im übrigen werden
auch bei der Ansichtsskizze geschätzte oder gemessene Entfernungen nach der Tiefe
und nach der Seite, soweit sie zum Verständnis wesentlich sind, eingetragen.

Taftifche Zeichen.

Kommandobehörden und höhere Stäbe.

Heeresgruppen=Kommando.

Kommando einer Infanterie=
Division.

Armee=Oberfommando.

Kommando einer Panzer=
Division.

Korpsfommando.

Stab eines Artillerie=
Kommandeurs.

Zeichen der Luftwaffe.

Gefechtslandeplatz.

Feldflugplatz (unbelegt).

Infanterie.

Stab Inf.=Regt. 7.

Infanteriegefchütz.

einzelner Schütze.

Stab I. Batl.
Inf.=Regt. 63.

Komp.=Führer
5. Komp.
Inf.=Regt. 90.

Feldpoften oder Spähtrupp.

7. Komp.
Inf.=Regt. 13.

F.W.   Feldwache.

14. (Pak)=Komp.
ob. Pz.=Jäger=Komp.
(bei Geb.=Jägern
16. Komp.)

B   Beobachtungsftelle.

le. M.=G.

Schützennest.

f. M.=G.

Schützen in Entwicklung.

Pak in Feuerstellung.

I./1   13/1

Marschtolonne der Inf.
(hier I. Batl. Inf.=Regt. 1
und 13. [J.G.]=Komp.
Inf.=Regt. 1).

Pz.=Büchfe.

I. Gr.=W.

f. Gr.=W.

Kavallerie.

Stab einer Kavallerie-
Brigade.

Reiterposten.

Stab eines Reiter-
Regiments.

Reiterabmarsch
oder Reiterspähtrupp

Stab einer Divisions-
Auffl.-Abt.

Reiterfeldwache.

Schwadronsführer
der 1. Schwadron
Reiter-Regt. 2.

Radfahrerfeldposten
oder Radfahrerspähtrupp.

Radfahrschwadron.

Bewegungen von Kavallerie.

1./A. A. 17
1. Schwadron
der Auffl.-Abt. 17.

Kavalleriemarschkolonne.

Artillerie.

Stab des Artl.-Regt. 2.

1. Battr. Artl.-Regt. 13
(leichte Feldhaubitzen).

Stab der II. Abt.
Artl.-Regt. 23.

Battr. 10-cm-Kanonen.

Stab einer Beobachtungs-
Abteilung.

Beobachtungsstelle.

Panzertruppe.

Stab einer Panzer-
Brigade.

Stab einer Panzer-
jäger-Abt.

Stab eines Panzer-
Regiments.

Stab eines Schützen-
bataillons (mot.).

Stab einer Panzer-
Abteilung.

Stab eines Kraftrad-
schützen-Batl.

Stab einer Auffl.-Abt.
(mot.).

Nachrichtenzug (mot.).

Gruppe
Panzer-
kampf-
wagen.

Bewegungen motorisier-
ter Kräfte (nötigen-
falls Zusatz AA =
Auffl.-Abt., Pz =
Panzertruppen usw.).

Pioniere.

Stab eines Pionier-
Bataillons (mot.).

Pionierkompanie.

xxxxxxx   Drahtzaunhindernis.

Nachrichtentruppe.

Stab der Nachrichten-
Abt. 8 (mot.).

1./N. 3   Kompanieführer
1. Komp.
Nachr.-Abt. 3

1./N. 16   1. Komp. Nachr.-
(Fspr.-Kp.).
Abt. 16

2./N. 16   2. Komp. Nachr.-
Abt. 16
(Funktp.).

kl. Fernsprech-
trupp a

kl. Fernsprech-
trupp b (mot)

m. Fernsprech-
trupp a

gr. Fernsprech-
trupp b (mot)

Feldfernkabel-
trupp a (mot)

Fernsprech-
abstecktrupp (mot)

Fernsprech-
bautrupp (mot)

Fernsprech-
betriebstrupp (mot.)

Tornisterfunk-
trupp b

Tornisterfunk-
trupp d (ber.)

kl. Funktrupp
(mot)

m. Funktrupp
(mot)

gr. Funktrupp
(mot.)

●   Fernsprechstelle.
○   Fernsprechvermittlung.

─────   Feldkabeleinfachleitung.

+-+-+-+   Feldkabeldoppelleitung.

-ₙ-ₙ-ₙ-   Feldfernkabelleitung

●-●-●-   Feldbauerlinie
(2 Doppelltg.).

∝   Blinkstelle.

○   Fernsprech-Vermittl.-Stelle
mit Handbetrieb.

⊖   Fernsprech-Vermittl.-Stelle
mit Wählbetrieb.

[V]   Verstärkeramt.

── 7215 ──   Freileitung (Zahl bedeutet
Leitungsnummer).

----890----   Sp.-Leitung (es sind mehrere
Teilnehmer angeschlossen).

∿∿∿   Erdkabel.

∿~∿~   Luftkabel.

5. Aufklärungs= und Sicherungsdienst.

a) Allgemeines.

Der Aufklärungs= und Sicherungsdienst verlangt:
besonders geschickte Geländeausnutzung,
lautloses Wegräumen und. überwinden von Hindernissen,
gewandtes Erklettern von Bäumen mit und ohne Steigeisen,
scharfe Beobachtung des Geländes (Zielerkennen und Augengewöhnung),
Lesen der Karte, Verwendung des Planzeigers und des Marschkompasses,
Zusammenfassen der Beobachtungen in kurzen klaren schriftlichen oder
mündlichen Meldungen (häufig mit einfachen Skizzen).

Alle im Aufklärungs= und Sicherungsdienst eingesetzten Soldaten
haben neben ihren sonstigen Aufgaben auf das Vorhandensein feindlicher
Kampfstoffe zu achten. Nur in Ausnahmefällen werden besondere Gas=
spürer oder Gasalarmposten eingeteilt.

Alle Anzeichen drohender Gasgefahr oder erkannter Geländevergiftung
müssen umgehend gemeldet werden.

Im Aufklärungs= und Sicherungsdienst sind alle Mittel der List,
z. B. Schwärzen der Hände und Gesichter, Umhüllen der Helme mit Gras,
Zurufe in der Sprache des Feindes usw. anwendbar.

b) Spähtrupp.

Aufgabe eines **Spähtrupps** ist meist die Aufklärung des Gegners
oder die Erkundung des Geländes (z. B. Gangbarkeit, Annäherungs=
verhältnisse, Beobachtungsstellen usw.).

Auch ohne besonderen Befehl verbinden alle im Aufklärungsdienst
eingesetzten Spähtrupps, soweit es ihr Auftrag gestattet, mit der Auf=
klärung die Erkundung des Geländes und der Wegeverhältnisse.

Stärke und Zusammensetzung des Spähtrupps richten sich nach Lage
und Aufgabe. In der Regel ist der Spähtrupp eine Gruppe stark. In
Ausnahmefällen genügen einige beherzte Leute, wenn es nur auf das
Sehen ankommt.

Der Spähtruppführer wird möglichst mit Fernglas und Kompaß, mit
Uhr, Meldeblock, Bleistift, Buntstift, Signalpfeife und nachts mit einer
Taschenlampe ausgerüstet. Bei fehlender Karte wird ihm eine Wegeskizze
mitgegeben. Nach Möglichkeit wird der Spähtrupp das Rückengepäd ab=
legen. Briefe und Schriftstücke sind auf jeden Fall zurückzulassen. Mit=
nahme von Verpflegung und einer vollen Feldflasche kann zweckmäßig sein.

Der Spähtrupp soll sehen und melden, aber nur im Notfall kämpfen.
Unvorsichtiges Verhalten gefährdet die Durchführung des Auftrages.

Den Formen des Geländes angepaßt, geht der Spähtrupp ab=
schnittweise von Beobachtungspunkt zu Beobachtungspunkt vor. Weit ab
vom Feinde sind größere, in Feindnähe kleiner werdende Abschnitte not=
wendig. Die einzelnen Leute des Spähtrupps gehen so nahe zusammen,
daß sie ihre Beobachtungen austauschen können. Ist Feindberührung wahr=
scheinlich, so wird der Führer sich oft nur mit einem Teil des Spähtrupps
vorpirschen. Die übrigen Schützen folgen schußbereit oder überwachen das
Vorgehen.

Spähtrupps müssen bestrebt sein, schnell zu melden. Es ist falsch, wenn sie zögernd und zaudernd handeln. Sie müssen mit der gebotenen Vorsicht, aber entschlossen auf ihr Ziel losgehen.

Feindlicher Widerstand kann seitliches Ausholen der Spähtrupps unter Vermeidung des Kampfes erfordern. Ist der Auftrag ausnahmsweise nicht anders zu erfüllen, so darf auch Kampf nicht gescheut werden. Bei unerwartetem Zusammenprall mit Feind ist es fast immer richtig, unverzüglich, meist mit der blanken Waffe, anzugreifen und den Feind so zu überrumpeln.

Der Spähtruppführer muß besonders beurteilen können, ob und wann er Meldungen absendet und wann die Meldung den Empfänger erreichen kann. Die Meldung, daß ein bestimmter Geländeabschnitt usw. frei vom Feinde gefunden wurde, kann wichtig sein.

Jeder Mann des Spähtrupps muß beim Vorgehen auf den Weg achten und sich auffallende Geländepunkte einprägen. In schwierigem Gelände, bei Dunkelheit und unsichtigem Wetter kann es zweckmäßig sein, den Weg zu bezeichnen (Umkniden von Zweigen, usw.), um sich den Rückweg zu sichern. Vom Gegner erkannte Spähtrupps gehen meist auf einem anderen Wege zurück.

Bei Bewegungen und Tätigkeiten in der Dunkelheit muß möglichste Stille und Lautlosigkeit gewahrt werden, um dem natürlichen Zweck aller bei Nacht oder Nebel ausgeführten Bewegungen — Überraschung des Feindes — gerecht zu werden.

c) Gasspürer, Gasalarmposten und Luftspäher.

Alle im Aufklärungs- und Sicherungsdienst eingesetzten Soldaten achten neben ihren sonstigen Aufgaben auf das Vorhandensein feindlicher Kampfstoffe. Feststellungen über Vorbereitungen des Gegners für Gasangriffe, Anzeichen drohender Gasgefahr und erkannte Geländevergiftungen sind schnell zu melden, damit rechtzeitig Gegenmaßnahmen getroffen werden können.

Zur näheren Erkundung begasten oder vergifteten Geländes werden sodann Gasspürtrupps eingesetzt.

Aufgabe der **Gasspürer und Gasalarmposten** ist es, feindliche Gasverwendung und die Art des verwendeten Kampfstoffes sofort zu erkennen, vergaste und vergiftete Räume in ihrer Ausdehnung festzustellen und die Truppe rechtzeitig aufmerksam zu machen. Sie sind mit Gasschutzkleidung, Spürgeräten usw. besonders ausgerüstet. Die Kenntnis aller Gebiete des Gasschutzes ist Voraussetzung für den Erfolg ihrer Tätigkeit (s. Abschn. VII, 7).

Wird feindliche Gaswirkung erkannt, so setzt sofort Gasalarm ein. Die Gasspürer oder Gasalarmposten setzen sofort beim Erkennen des Gasangriffes die Gasmasken auf und sorgen in ihrem Abschnitt für Weitergabe des Gasalarms mittels der Gasalarmgeräte. Wenn Zeit und Umstände (genügende Entfernung des Gases) es gestatten, so alarmieren sie noch vor dem Aufsetzen der Gasmasken durch den lauten, langgedehnten Ruf „Gas!"

Über die verschiedenen Gasarten, ihre Erkennungsmöglichkeiten und über ihre Abwehr vgl. Abschn. VII, 7.

Aufgabe der **Luftſpäher** iſt Überwachung des Lufttaumes mit Auge und Ohr nach allen Seiten, beſonders in der Richtung, aus der nach Lage und Gelände feindliche Tiefangriffe am wahrſcheinlichſten ſind und in Sonnenrichtung. Sie ſollen die Truppe rechtzeitig warnen und alarmieren.

Die Luftſpäher werden möglichſt mit Sonnenbrillen, Ferngläſern und Signalgerät ausgeſtattet, ſie tragen meiſt keinen Stahlhelm.

Grundlage ihres Dienſtes iſt die Kenntnis der verſchiedenen Flugzeug-Gattungen und -Typen ſowie ihrer Angriffs-Formen und -Arten. Häufig machen die Sprengwölkchen von eingeſetzten Flugabwehrbatterien zuerſt auf das Nahen feindlicher Flieger aufmerkſam. Luftſpäher ſind meiſt in unmittelbarer Nähe des Führers ihrer Einheit. Erkennen die Späher feindliche Fliegerverbände, die zum Tiefangriff anſetzen, oder den Tief-anflug mehrerer feindlicher Flieger, ſo warnen ſie den Führer der be-drohten Einheit, damit die Flugabwehr mit M.-G. auf Zwillingsſockel, M.-G. von der Schulter und mit Gewehr einſetzen kann.

Die Warnung auf dem Marſche erfolgt durch Zuruf oder durch Sichtzeichen oder das Signal „Fliegerwarnung". Sie gilt nur dem Füh-rer. Dieſer ordnet gegebenenfalls alles Weitere an.

Bei der Raſt, in der Unterkunft und im Gefecht geht der Späh- und Warndienſt i. a. auf die Bedienungen der zur Flugabwehr eingeſetzten Waffen über. Falls hierdurch keine ausreichende Sicherung gegen Über-raſchungen aus der Luft gewährleiſtet erſcheint, werden beſondere Luft-ſpäher aufgeſtellt. Sie müſſen bei Tage gute Sicht nach allen Seiten, bei Nacht gute Hörmöglichkeit haben; bei ausreichender Zeit werden Horch-gruben angelegt.

Die Warnung der Truppe bei der Raſt und in der Unterkunft erfolgt durch vom Führer beſtimmte Sichtzeichen oder das Signal „Flieger-warnung".

d) Vorpoſtendienſt.

Eine ruhende Truppe ſchiebt, ſobald die Möglichkeit fdl. Einwirkung beſteht, fächerförmig Sicherungen nach der Feindſeite vor.

Die in einem Vorpoſtenabſchnitt eingeſetzten, meiſt durch ſchwere Inf.-Waffen verſtärkten Inf.-Kompanien ſind die Hauptträger der Sicherung. Von dieſen Kompanien werden Feldwachen und ſelbſtändige Feldpoſten vorgeſchoben.

Die Feldwache ihrerſeits beobachtet und ſichert ſich durch Poſten. Anlage einer Gefechtsſperre gegen gepanzerte Fahrzeuge iſt notwendig.

Die Feldwache muß guten Überblick haben und ſich ſelbſt der Sicht des Feindes entziehen. Beſetzen von hochgelegenen Punkten iſt für Sehen und Hören vorteilhaft. Meiſt iſt die Aufſtellung bei Tage und Nacht verſchieden. Die Poſten werden möglichſt mit Ferngläſern und Signal-mitteln ausgeſtattet.

Iſt nichts anderes befohlen, iſt die Stellung der Feldwache zu halten.

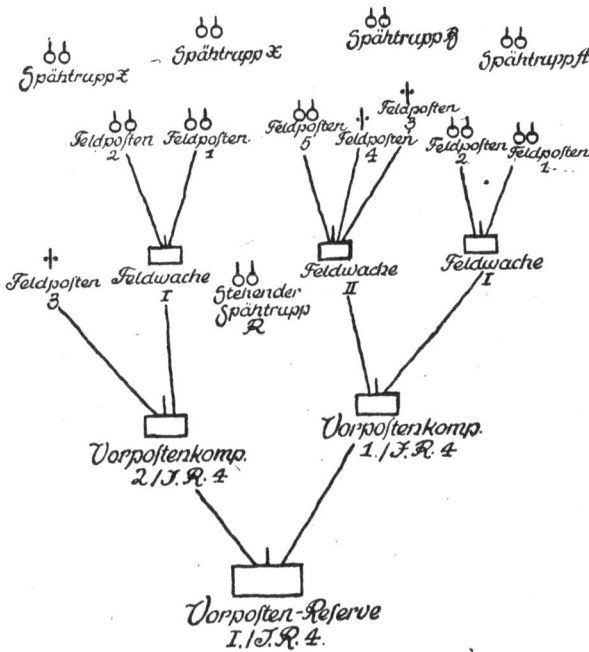

Sicherung einer Ortschaft.

e) Marschsicherungsdienst.

Die Grundsätze des Marschsicherungsdienstes sind im Kapitel VII, 2 „Grundbegriffe des Gefechts der verbundenen Waffen" enthalten.

Zur Verbindung zwischen den einzelnen Teilen marschierender Verbände, besonders innerhalb der Vor- bzw. Nachhut sind Reiter, Radfahrer oder Kraftfahrzeuge, bei kleineren Abständen auch Verbindungsleute oder Verbindungsrotten eingesetzt.

Gegen Bedrohung aus der Luft sichern sich größere Verbände, indem sie sich nach Tiefe und Breite in kleinere Teile zerlegen und damit die sogenannte „Fliegermarschtiefe" oder „Fliegermarschbreite" einnehmen.

Außerdem begleiten Luftspäher die Truppe. Über ihre Tätigkeit vgl. S. 192.

Erscheinen am Tage feindliche Aufklärungsflieger, so wird im allgemeinen weitermarschiert.

Wird ein feindlicher Fliegerverband im Tiefanflug oder sein Ansetzen zum Tiefangriff erkannt, so warnen die Luftspäher. Das Weitere erfolgt dann auf Anordnung der Kompanie- usw. Führer.

Die Truppe nimmt auf Befehl im allgemeinen in Straßengräben oder Bodenvertiefungen in der Nähe der Straße Deckung. Die zur Abwehr von Tiefangriffen eingeteilten Waffen gehen sofort in Stellung und nehmen das Feuer auf. **Einzelne Gewehrschützen** beteiligen sich jedoch ohne Befehl nicht am Abwehrfeuer.

Schema einer Marschkolonne eines verst. Inf.-Regt.

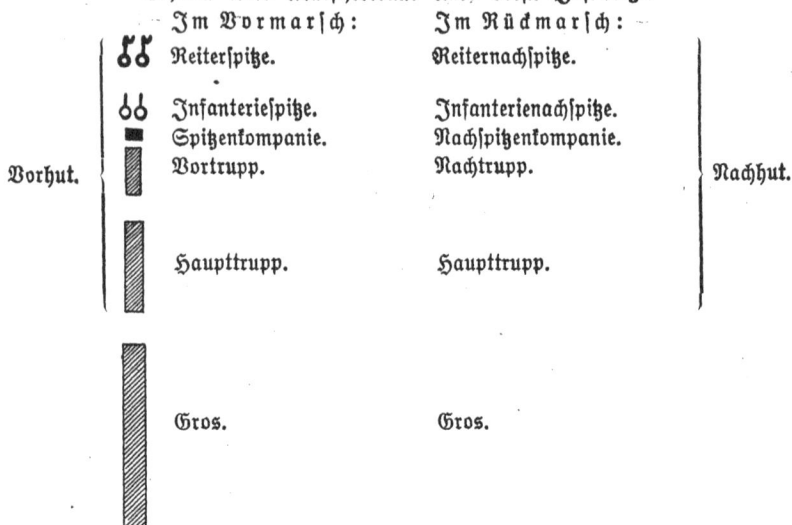

	Im Vormarsch:	Im Rückmarsch:	
	Reiterspitze.	Reiternachspitze.	
	Infanteriespitze.	Infanterienachspitze.	
	Spitzenkompanie.	Nachspitzenkompanie.	
Vorhut.	Vortrupp.	Nachtrupp.	Nachhut.
	Haupttrupp.	Haupttrupp.	
	Gros.	Gros.	

Spitzenkompanien werden nur beim Marsch größerer Verbände (vom Regt. aufwärts) eingeteilt. Andernfalls schiebt der Vortrupp eine Infanteriespitze vor.

6. Verhalten bei Dunkelheit und Nebel.

Richtiges Verhalten bei Dunkelheit, bei natürlichem und künstlichem Nebel bedarf eingehender Schulung.

Für das Verhalten im Nebel gelten im allgemeinen die gleichen Grundsätze, wie für das Verhalten bei Dunkelheit.

Auge und Ohr müssen an die veränderten Bedingungen gewöhnt werden. Der Schütze muß wissen, daß ein liegender oder stehender unbeweglicher Feind oft nur auf allernächsten Entfernungen zu erkennen ist. Lautloses Vorpirschen, Vermeiden unnötiger Körperbewegungen und Anpassen an das Gelände gewinnen in der Nähe oder angesichts des Feindes erhöhte Bedeutung.

Der Schütze selbst sieht im Liegen besser, das Ohr am Boden hört mehr als im Stehen.

Licht wird leicht zum Verräter. Das Glühen von Zigarren oder Zigaretten, das Aufleuchten von Streichhölzern und Taschenlampen ist bei Dunkelheit weithin sichtbar.

Der Schütze muß lernen:

a) Zurechtfinden nach Geländepunkten, die bei Helligkeit eingeprägt sind und nach Gestirnen, auch außerhalb der Wege,

b) den Gebrauch des Marschkompasses bei Dunkelheit und Nebel,

c) das Verhalten gegenüber feindlichen Leuchtmitteln,

d) Befeſtigung der Ausrüſtungsſtücke ſo, daß ſie keine Geräuſche ver=
urſachen.

Das Verhalten gegenüber Leuchtkugeln und Scheinwerfern bedarf be=
ſonderer Übung.

Werden Leuchtkugeln geſchoſſen, ſo hört man zunächſt den ganz eigentümlichen
Knall, den ein geübtes Ohr mit nichts anderem verwechſelt. Erſt nach Verlauf etwa
einer halben Sekunde wird das Gelände beleuchtet. Es beſtehen hier alſo zwei
Möglichkeiten:
a) raſches aber völlig geräuſchloſes Verſchwinden ſofort beim Hören des Ab=
ſchuſſes. Bis das Gelände beleuchtet wird, muß die Abteilung verſchwunden
ſein. Das iſt das beſte Mittel. Ob ſich die Leute dabei hinter einem Buſch
uſw. ducken oder hinlegen, iſt gleichgültig. Im deckungsloſen Gelände gibt es
nur ein Mittel, das Hinlegen. Die Ausführung — ſehr raſch und doch geräuſch=
los — iſt ſchwierig und bedarf eingehender Übung.
b) Wird das Gelände beleuchtet, noch bevor ſich die Leute hingelegt haben, ſo
muß der Schütze regungslos erſtarren oder langſam im Boden verſinken. Jede
raſche Bewegung iſt dann fehlerhaft, weil Bewegung vom Gegner am leich=
teſten erkannt wird.

Iſt die Leuchtkugel erloſchen, ſo erheben ſich die Leute wieder geräuſchlos
und ſetzen ihre Tätigkeit von vorher ohne Befehl fort.

Im allgemeinen macht bei Dunkelheit jeder ohne Befehl oder Kommando
das lautlos nach, was der Vordermann tut.

7. Gasſchutz.

Durch internationale Abmachungen iſt der Gebrauch von chemiſchen
Kampfſtoffen verboten. Im Auslande iſt man jedoch mit dem Ausbau
der chemiſchen Waffe intenſiv beſchäftigt. Uns bleibt als Ausweg nur, uns
ſo gut wie möglich dagegen zu ſchützen.

Chemiſche Kampfſtoffe werden der Luft beigemiſcht, um beim Gegner
Menſch und Tier kampfunfähig zu machen. Manche Kampfſtoffe ſind
Gaſe, andere Flüſſigkeiten, andere feſte Körper, die in feinſter Verteilung
zur Wirkſamkeit gebracht werden (Schwebſtoffe).

Die gasförmigen Reizſtoffe verurſachen Tränenreiz und Schmerz in
der Naſe. Der feſte ſogenannte Blaukreuzkampfſtoff, der bei der Exploſion
des Gasgeſchoſſes zu feinſtem Staub in der Luft verteilt wird, erzeugt
Stechen und Kratzen in Naſe und Rachen, Würgen im Hals bis zum Er=
brechen Der Reiz verſchwindet nach kurzer Zeit, wenn der Kampfſtoff
nicht mehr einwirkt. Vergiftungen und Dauerſchäden ſind ſelten.

Bei den Giftſtoffen unterſcheidet man erſtickende und ätzende Kampf=
ſtoffe.

Von den erſtickenden Kampfſtoffen haben Phosgen und Perſtoff ver=
hältnismäßig geringe Reizwirkungen, ſolange die Menge nicht zu groß iſt.
Die Giftwirkung der ſogen. Grünkreuzkampfſtoffe häuft ſich aber von
Atemzug zu Atemzug. Beſchwerden ſind nicht ſofort bemerkbar. Daher
beſteht die Gefahr, daß die Wirkung im Anfangsſtadium der Vergiftung
unterſchätzt wird.

Der wichtigſte ätzende Kampfſtoff, der Gelbkreuzkampfſtoff Loſt, iſt
eine ölige Flüſſigkeit, die leicht durch Kleider und Leder bringt und deren
Dunſt Haut und Augen verätzt. Auch das Einatmen des Dampfes ver=
giftet. Auf der Haut gibt es nach einiger Zeit Brandblaſen, dann Ge=
ſchwüre. Die Wirkung iſt nicht gleich ſpürbar. Loſt riecht nach Senf,
das dem Loſt ähnliche Lewiſit nach Geranienblättern. Das Ätzgift haftet

13*

lange im Gelände und macht dieses unbetretbar. Es sinkt im Wasser unter; man sieht es also nicht auf der Oberfläche.

Die **Anwendung der Kampfstoffe** erfolgt in verschiedenartigster Weise. Kampfstoffe werden durch Artillerie=Geschosse, Minen und Fliegerbomben in Stellungen oder Ortschaften des Gegners geworfen. Auch Abblasen von Gaswolken aus Behältern kann in Frage kommen. In einem Zukunfts= krieg sind Fliegerangriffe mit Gasbomben oder durch Abregnenlassen von Kampfstoff zu erwarten.

Die Vergiftung ausgedehnter Flächen kann auch durch Spreng= und Sprühgeräte, Gasminen usw. erfolgen. Die hierfür nötige Kampfstoff= menge ist groß. Ihre Wirksamkeit hängt vom Wetter, Gelände u. a. ab. Es ist berechnet worden, daß zur völligen Vergiftung von einem Quadrat= kilometer etwa 10 Tonnen Lost erforderlich sind.

Wichtig für den Erfolg des Gaskampfes ist Überraschung. Im Kriege wurden Angriffsziele mit Blau= und Grünkreuz beschossen, um den Gegner kampfunfähig zu machen, zur Verteidigung dagegen wurde Gelbkreuz an= gewandt, um unbetretbare Gebiete zu schaffen und dem Gegner das Heran= führen von Ersatz zu erschweren.

Für das Verhalten bei Kampfstoffgefahr gelten nachstehende Regeln. Gasgefahr besteht im Kriege immer, weil Gasüberfälle meist überraschend kommen. Stets muß man auf Wetterlage, Wind und Tätigkeit des Feindes achten.

Kennzeichen des Gasangriffs sind in erster Linie der matte Knall von Geschossen und Bomben. Erfahrene kennen den Geruch der einzelnen Gifte. Verdächtig ist jeder „Apothekengeruch", sowie das Auftreten von Nebel, Dunst und Schwaden.

Das Erkennen von Kampfstoffen im Gelände kann äußerst schwierig sein. Es wird jedoch erleichtert durch folgende Umstände:

1. Viele Kampfstoffe (Lewisit, Perstoff, Phosgen, Chlorpikrin) haben einen markanten chemischen Gestank.
2. Mit Ausnahme von Lost und Phosgen in kleinen Konzentrationen üben die Kampfstoffe so starke Reize auf die Nase, Augen oder Atem= organe aus, daß man schon an den Reizerscheinungen das Vorhanden= sein eines Kampfstoffes erkennt.

Die größte Schwierigkeit bleibt die Feststellung von Lost:

weil Lost sehr schwach riecht,
keine Reizerscheinungen herbeiführt und
weil Lostschädigungen erst nach Stunden bemerkbar werden.

Das Feststellen von Lost kann behelfsmäßig so geschehen: Wer mit Gasmaske das vergiftete Gelände betritt, lüfte den Maskenrand wenig und schnüffle behutsam, ob ein chemischer Gestank vorhanden ist. Ist dieser Gestank vorhanden, so sucht man Pflanzen und Gegenstände der näheren Umgebung daraufhin ab, ob ölige Tropfen oder Tröpfchen an ihnen hängen oder ob sich ihre Oberfläche besonders feucht und fettig anfühlt (äußerste Vorsicht) oder man läßt die Tropfen oder Feuchtigkeit von einem Stück weißen Papier aufsaugen. Zeigen sich auf dem Papier Stellen oder Flecken, die wie Fettflecke aussehen und meist dunkel gefärbt sind, so be= steht Lostverdacht. Schwenkt man das beschmutzte Papier stark hin und her und bleibt der Fleck unverändert erhalten, d. h. verdunstet die Sub= stanz nicht, so wird die Maske kurzzeitig abgenommen und vorsichtig am

Papier geschnüffelt. Läßt sich ein leicht stechender chemischer Gestank nachweisen, der an Senf oder Meerrettich erinnert, so besteht erhöhter Loftverdacht und es sind alle für diesen Fall vorgesehenen Maßnahmen zu ergreifen.

Die Gasmaske muß stets zur Hand sein. Der Schütze darf sich weder im Gefecht noch in der Ruhe von ihr trennen. Bei drohender Gasgefahr wird „Gasbereitschaft" befohlen. Die Gasmaske wird in eine Lage gebracht, die das schnelle Aufsetzen gewährleistet.

Die Maske wird auf Befehl oder bei Gasalarm aufgesetzt, abgesetzt nur auf Befehl. Als Gasalarmsignal dienen Leuchtzeichen mit Pfeifton oder aushilfsweise auf besondere Anordnung Gegenstände, die durch Anschlag tönen: Glocken, Gongs, Eisenschienen usw.

Einzelne Leute setzen die Maske selbständig auf, sobald sie Gas riechen. Vor dem Absetzen überzeugen sie sich durch Riech- und Absetzprobe, daß die Luft frei von Kampfstoffen ist.

In vergiftetem Gelände zieht man sich Hautverätzungen zu. Es wird durch Gasspürtrupps in besonderer Ausrüstung festgestellt und durch Warnungstafeln abgesperrt. Auf entgifteten Durchgängen kann es, nachdem die Gasmaske angelegt worden ist, durchschritten werden.

Wer in vergiftetes Gelände gerät, setzt die Gasmaske auf und sucht unnötige Berührung mit dem Boden und seiner Bewachsung durch Knien, Hinlegen, Anstreifen an Büschen usw. möglichst zu vermeiden.

Vor Hautverätzungen durch Giftregen feindlicher Flugzeuge kann man sich behelfsmäßig, wie bei einem Platzregen, durch Untertreten in Häusern oder unter dicht belaubte Bäume, Umhängen einer Zeltbahn oder der Gasplane schützen. Letztere müssen abgelegt werden, sobald der Angriff vorüber ist. Vergiftete Bekleidungsstücke sind sobald als möglich abzulegen und dürfen nicht vor erfolgter Entgiftung wieder angelegt werden. Vergiftete Gasplane werden vernichtet.

Nach beendeter Gasgefahr sind die Gasschutzmittel nachzusehen und sofort wieder gebrauchsfertig zu machen, Gaskranke — soweit es noch nicht geschehen konnte — ärztlicher Versorgung zuzuführen, Waffen, Munition und Gerät zu reinigen und in Stellungen, die besetzt bleiben müssen, für die Kampfführung wichtige Geländepunkte zu entgiften bzw. zu entgasen.

Die Behandlung Gaskranker ist Sache des Arztes! Gaskranke dürfen nicht laufen. Sie müssen unbedingt still liegenbleiben, wenn ein Wegtragen nicht möglich ist.

Soldaten, die mit ätzenden Kampfstoffen in Berührung gekommen sind, werden sobald als möglich entgiftet. Von einzelnen Flecken reinigt jeder Mann selbst seine Haut, Bekleidung und Waffen.

Von Lost getroffene Hautstellen muß man innerhalb der ersten 15 Minuten mit Chlorkalkbrei bestreichen. Dabei darf man jedoch nie Chlorkalk in die Augen bringen!

8. Luftschutz.

Auf dem Marsch, bei der Rast und in der Unterkunft erfolgt die Warnung vor feindlichen Fliegerangriffen durch Zuruf, durch vom Führer bestimmte Sichtzeichen, Sirenen oder durch das Signal „Fliegerwarnung". Die Warnung gilt stets dem Führer der Einheit; seine Anordnungen sind abzuwarten.

Nur in der Unterkunft, also bei fehlender sofortiger Einwirkungsmöglichkeit des Führers der Einheit, suchen bei „Fliegerwarnung" die nicht zur Abwehr bestimmten Leute ohne weiteren Befehl Deckung gegen Sicht und Waffenwirkung.

Für Abwehrwaffen, die ausdrücklich zur Flugabwehr bestimmt sind, bedeutet die Warnung stets „Feuerbereitschaft".

Über Luftschutzmaßnahmen größerer Verbände enthält Abschnitt VII, 2 das Nähere.

Die Tätigkeit der Luftspäher ist im Abschnitt VII, 5 c geschildert.

Die wichtigste Abwehrmaßnahme des passiven Luftschutzes ist die Tarnung gegen feindliche Luftbeobachtung. Im Abschnitt VII, 1 d ist das Nähere hierüber erläutert. Für die aktive Luftabwehr gilt das im Abschnitt VI, 2 a für Gewehr, 2 b für l. M.-G. Gesagte.

9. Abwehr gepanzerter Kampffahrzeuge.

Bei der Annäherung von Panzerfahrzeugen des Gegners muß die eigene Truppe durch Leuchtzeichen oder das Signal „Panzerwarnung" (Straße frei) gewarnt werden.

Panzerfahrzeuge verraten sich:
a) dem Ohr durch Motoren- und Kettengeräusch, besonders beim Auftreten in größerer Zahl. Die Entfernung, auf die sie zu hören sind, hängt ab von Tageszeit, Witterung, Windrichtung, Geländegestaltung, Bodenbedeckung und vom Gefechtslärm anderer Waffen. Mit Geräuschtarnung durch Flugzeuge und Artilleriefeuer ist zu rechnen.
b) dem Auge — namentlich der Luftaufklärung — oft durch ihre Staubentwicklung, je nach Jahres- und Tageszeit, Witterung, Untergrund und Bodenbedeckung.

Für die **passive Abwehr** von Panzerfahrzeugen gilt es in erster Linie, **Geländehindernisse** auszunutzen!

Sorgfältige Geländeerkundung muß ergeben, welche Abschnitte sicher gegen Panzerfahrzeuge sind oder wo doch mit Hemmungen des Angriffs gerechnet werden kann.

Undurchschreitbar für Panzer-Kampfwagen sind Sumpf, Böschungen über 45 Grad, breite steilrandige oder sumpfige Gräben, Wasserläufe von genügender Tiefe, zusammenhängender, dichter Wald.

Steilhänge, Hohlwege, steiniges Gelände, kleinere Wasserläufe, starke Steigung, starkes Gefälle, Stangen- und Unterholz hemmen die Geschwindigkeit der Panzerfahrzeuge. Solche natürlichen, die Geschwindigkeit hemmenden Geländehindernisse können oft auch mit den Mitteln der Infanterie kampfwagensicher gemacht werden.

Wenn möglich, wird man außerdem künstliche Hindernisse schaffen. Besonders wirksam ist es, Ortschaften durch genügend schwere Stein- und Lastwagenbarrikaden zu sperren.

Auch Hochwald kann durch Anlage von Baumverhauen auf den durch den Wald führenden Straßen und Schneisen für Panzerfahrzeuge undurchschreitbar gemacht werden.

Steilhänge lassen sich oft durch Abgraben kampfwagensicher verstärken. Wenn viel Zeit und genügend Arbeitskräfte zur Verfügung stehen, kann der Bau nachstehender **künstlicher Sperren** durchgeführt werden:

Tief gerammte Pfähle oder Betonböcker mit verschiedener Höhe über dem gewachsenen Boden auf Straßen und im Gelände. Sie sind wirksam, weil Panzerfahrzeuge und geländegängige Kraftfahrzeuge auf den Pfählen festfahren und damit die Bodenfreiheit verlieren.

Anlage von Minenfeldern ist die Sache der Pioniere; sie erfordert Zeit und reichlichen Einsatz von Arbeitskräften.

K=Rollen (ausziehbare Drahtrollen). Sie halten auf Straßen Panzerspäh=
wagen auf und bilden vor kurzen Stellungsabschnitten eine vorübergehende
Kampfwagensperre. Es sind 7—8 Rollen hintereinander in 3—4 m
Abstand auszulegen.

Gräben mit fast senkrechten Wänden, besonders in standfestem Boden. Die
Gräben müssen im allgemeinen 2,5 m breit und 1,8 m tief sein.

Fallen auf Straßen oder Wegestrecken, die nicht umgangen werden können.

Schwere Baumsperren auf Straßen und Wegen, in dichtem Wald oder an
nicht zu umgehenden Stellen, die den Gegner lange aufhalten können.

Französischer Panzerspähwagen.

Englischer leichter Kampfwagen.

Ohne **panzerbrechende Waffen,** Artillerie und überschwere M.=G. ist
die Infanterie kaum in der Lage, Panzerfahrzeuge niederzukämpfen.

S.= und f. S.=Munition kann durch Bleispritzer wirken.

Gut gezieltes **Feuer auf die Sehschlitze** kann durch eindringende Blei=
spritzer die Besatzung blenden oder außer Gefecht setzen. **Handgranaten,**
möglichst als geballte Ladung unter den Panzerwagen geworfen, machen
ihn mit ziemlicher Sicherheit bewegungsunfähig. Der Wurf wird aber

nur einem sehr kaltblütigen, sicheren und vom Glück begünstigten Werfer gelingen.

Soweit nach diesen Ausführungen der Schütze sich an der Abwehr gegen Panzerfahrzeuge nicht beteiligen kann, nimmt er volle Deckung und versteckt sich so vor den Panzerfahrzeugen.

Wer sich Panzerfahrzeugen innerhalb ihrer wirksamen Schußweite durch Bewegung entziehen will, setzt sich der Vernichtung aus.

Die aktive Panzerabwehr ist in erster Linie Sache der Panzerjägerwaffen. Aber auch die Artillerie beteiligt sich daran durch Bekämpfung des Anmarsches, der Bereitstellung feindlicher Panzerkampfwagen und durch die Nahabwehr. Durch PzKw. angegriffene Infanterie beteiligt sich auf nahe und nächste Entfernungen mit allen verfügbaren Mitteln an der Bekämpfung der PzKw. und der hinter ihnen folgenden fdl. Schützen.

10. Infanterie=Pionierdienst.

Der Inf.=Pionierdienst umfaßt im wesentlichen
das Legen und Beseitigen einfacher Sperren,
das Übersetzen über Wasserläufe und
die Feldbefestigung.

Für das Legen einfacher Sperren gegen gepanzerte Kampffahrzeuge ist das Wichtigste bereits im vorhergehenden Abschnitt gesagt.

Gegen nicht geländegängige Kraftfahrzeuge und Pferdefahrzeuge verwendet man außerdem noch
leichte Baumsperren,
Barrikaden (in Ortschaften oder Engen),
starke Drahtseile und
Flächendrahtsperren von etwa 10 m Tiefe.

Gegen Schützen und Reiter kommen noch hinzu
Drahtsperren, wie Drahtschlingen,
Drahtwalzen, spanische Reiter oder
Maschendrahtzäune.

Für das Beseitigen einfacher Sperren stellt man zuerst bei allen Sperren fest, ob Minen oder Ladungen in ihnen versteckt oder mit ihnen verbunden sind, oder ob die Sperren durch chemische Kampfstoffe verseucht sind. Bei Drahtzäunen und Flächendrahtsperren ist die Feststellung wichtig, ob sie mit Starkstrom geladen sind.

Beseitigen von Minen= und Starkstromsperren und Öffnen von großen Anstauungen ist Aufgabe der Pioniere.

Wie man im einzelnen Sperren beseitigt, wird dem Schützen während der Ausbildung an praktischen Beispielen gezeigt.

Als Übersetzmittel führen Infanterie und Pioniere Floßsäcke mit sich, die nötigenfalls auch von Nachrichtentrupps benutzt werden können. Floßsäcke kann man schnell aufpumpen und fahrbereit machen. Sie werden fahrbereit von Mannschaften zum Wasser vorgetragen oder auf Gefechtsfahrzeugen aller Art vorgebracht. Floßsäcke eignen sich daher besonders als Übersetzmittel für überraschenden und schnellen Uferwechsel. Das Aufpumpen ist jedoch zu hören. Es muß deshalb bei ungünstigem Wind mindestens 500 m vom Feind entfernt geschehen.

Floßsäcke sind empfindlich. Aufgepumpte Floßsäcke dürfen daher nur auf der Schulter oder an den Scheuertauen getragen, nicht auf dem Boden geschleift

werden. Dreibeine von Maschinengewehren und andere Geräte, durch die die Floßsäcke verletzt werden können, müssen vorsichtig verladen werden.

Späh= und Erkundungstrupps sowie andere schnell vorgeworfene kleine
Abteilungen, die kein Übersetzmittel mitführen, setzen auf vorgefundenen
oder selbst hergestellten, behelfsmäßigen Wasserfahrzeugen über.

Kleiner Floßsack.   Großer Floßsack mit M.=G.
                       (an Stelle des M.=G. auch Pak,
                       Solokrad und Beiwagen möglich).

Als solche kommen in Frage:
Kähne, Flöße aus Rundholz, Stangen oder Tonnen, mit Stroh, Heu usw.
gefüllte Wagenplanen, Schläuche von Kraftfahrzeugen.

Die für die Infanterie wichtigen Angaben über **Feldbefestigung** enthält
Abschnitt VII, 1.

11. Bestimmungen über Marschzucht.
a) Allgemeines.

Anordnungen der Kräfte für die Verkehrsregelung ist Folge zu leisten (Kennzeichen: Ringkragen oder orange=rote Armbinden).
Die „Kraftfahrvorschrift für alle Truppen" (H.Dv. 472) und die Straßenverkehrsordnung muß auch nichtmotorisierten Truppen bekannt sein.
Ein großer Teil der Tätigkeit der Kompanie im Felde besteht im Marschieren. Um die Kompanie an große Marschleistungen und Marsch-
anstrengungen zu gewöhnen, muß die Leistungsfähigkeit im
Marschieren planmäßig gesteigert werden.

b) Vorbereitungen für den Marsch.

Soll der Marschweg erkundet werden, so sind Zustand der Straße, Vorhandensein von Sommerwegen, Zustand von Engen und Brücken sowie Verkehrshindernisse und größere Steigungen festzustellen.
Der Platz für die Versammlung soll abseits der Straße liegen, Fliegerdeckung
gewähren und reibungsloses Einfädeln in die Marschkolonne gewährleisten.
Marschwege und Umleitungen werden durch Schilder bezeichnet.
Vorkommandos haben Verkehrshindernisse, z. B. liegengebliebene Fahrzeuge,
zu beseitigen. Bei Glätte ist zu streuen. Kolonnen von Flüchtlingen oder Gefan-
genen sind auf Nebenwege umzuleiten.
Die Vorkommandos stellen auf Befehl auch die Verkehrsposten an Wege-
gabeln.

Für das Folgen der Fahrzeuge auf schwierigen Wegen sind folgende Aus-
hilfen zu treffen:
1. Vorspann durch Pferde oder Kraftfahrzeuge.
2. Bestimmen von Abteilungen zum Ziehen der Fahrzeuge.
3. Frühzeitiges Freimachen des Geräts auf kurze Strecken; Tragen der Tornister.
4. Beitreiben von Fahrzeugen, um die Fahrzeuge der Kompanie zu entlasten.

Der Marschbefehl der Kompanie enthält oft besondere Anordnungen, die für
die Verkehrsregelung und Marschzucht wichtig sind, z. B.:
1. Bezeichnung der zu benutzenden Straße, z. B. durch Namen oder „Tarn-
zeichen" der Division.
2. Vorrang bei Kreuzungen.
3. Lichtbeschränkung bei Nacht.
4. Kennzeichnen des Anfanges und Endes der Kompanie bei Nacht und unsichtigem Wetter mit Lampen (Durchführung gemäß RStrVO.).
5. Fürsorge für Marschkranke (Beitreiben von Fahrrädern, Aufsitzen auf Fahrzeuge).
6. Einteilen eines besonders energischen „Schließenden".

Oft ist es zweckmäßig, daß sich Erkundungskommandos, Fahrer, Meldefahrer
und Meldereiter schriftliche Aufzeichnungen über die Marschstraße machen (z. B.
Ortsnamen) oder einfache Wegeskizzen anfertigen.

c) Verhalten auf dem Marsch.

Der Marsch erfolgt grundsätzlich auf der rechten Straßenseite.

Auf der linken Straßenseite ist nur ausnahmsweise auf Befehl zu marschieren.

Zum besseren Ausnutzen der Fliegerdeckung oder zum Schonen der Truppe
sowie zum Auflockern der Marschkolonne in der Vorhut können die Schützen auch
auf beiden Seiten der Straße marschieren. Dies ist aber nur auf breiten Wegen
möglich, die überholen und Meldeverkehr gestatten. Die Fahrzeuge haben die
rechte Straßenseite einzuhalten.

Innerhalb der Kompanie sind Marscherleichterungen gleichmäßig durchzuführen (Trageweise der Waffen, Abnehmen der
Kopfbedeckung, Öffnen der Kragen, Aufsetzen der Kopfschützer).

Das Anhängen von Begleitmannschaften usw. an Fahrzeuge hat zu unterbleiben. Zum Verlassen der Marschkolonne ist die Erlaubnis des Schließenden
einzuholen.

Kranke dürfen auf Fahrzeuge nur mit Erlaubnis des Kompanieführers, in
dringenden Fällen auf Veranlassung des Sanitätsoffiziers, aufsitzen. Schriftliche
Genehmigungen zum Aufsitzen erleichtern das Nachprüfen.

Auf dem Marsch ist die befohlene Straßenseite genau inne-
zuhalten.

Dies wird erleichtert, wenn jeder Mann auf Vordermann marschiert und die
Fahrzeuge genau hintereinander fahren.

Die Marschkolonne darf nicht verbreitert werden.

Ein selbständiges Benutzen der frei zu haltenden Straßenseite durch einzelne
Reiter, Radfahrer oder Mannschaften hat zu unterbleiben. Diese benutzen Rad-
fahrwege, Fußpfade und Sommerwege, um ohne Behinderung des Verkehrs vorwärts zu kommen.

Einzelne Radfahrer fahren hintereinander, nicht nebeneinander.

Fällt ein Fahrzeug aus, so stellt der Schließende am Ende der Fahrzeuge
die Ursache fest. Er sorgt für etwaige Hilfe. Er meldet dem Kompanieführer:
1. Ort und Zeit des Ausfalls.
2. Art des Schadens und voraussichtliche Beseitigung.
3. Art der Hilfe, z. B.: „Abschleppen", „Umladen", „Vorspann".

Durch Instandsetzungsarbeiten an Fahrzeugen oder Gespannen dürfen marschierende Truppen nicht gestört werden. Sie erfolgen möglichst abseits der Straße. Muß das Fahrzeug auf der Straße bleiben, fährt es scharf rechts an den Straßenrand heran. Der Fahrzeugbegleiter gibt nachfolgenden Fahrzeugen sofort das Zeichen zum Überholen, bei Nacht durch Taschenlampe.

Verkehrsposten sind, besonders bei Nacht und Nebel, aufzustellen.

Ist der Schaden behoben, gliedert sich das Fahrzeug in einen Marschabstand ein.

Selbständiges Überholen, Nachjagen oder Eingliedern des Fahrzeuges in eine Kompanie oder geschlossene Fahrzeugkolonne ist verboten. Erst beim nächsten Halt nimmt es seinen alten Platz wieder ein.

Soll eine haltende Abteilung überholt werden, ist der Gegenverkehr anzuhalten und das Überholen durch rückwärtige. Kolonnen zu verhindern.

Motorisierte Kolonnen sind angewiesen, beim Vorbeifahren an zu Fuß marschierenden Kolonnen Rücksicht auf diese zu nehmen und ihre Marschgeschwindigkeit herabzusetzen.

Will eine Kompanie nach links abbiegen, ist der Verkehr auf der linken Straßenseite anzuhalten. Der nachfolgenden Kompanie ist die Absicht des Abbiegens mitzuteilen.

Beim Flußübergang größerer Verbände oder bei Brücken, die eine besondere Verkehrsregelung erfordern, wird die Kompanie meist von der Ablauflinie abgerufen. Das eigenmächtige Überschreiten der Ablauflinie ist verboten.

d) Halte.

Kurz vor dem Halten ist auf das Kommando oder Zeichen „Rechts heran!" mit den Fahrzeugen bis an den Straßenrand heranzufahren.

Bürgersteige sind auszunutzen.

Die Abstände zwischen den Kompanien und Bataillonen dürfen nicht verringert werden. Sie geben Einzelfahrzeugen beim Überholen die Möglichkeit, entgegenkommenden Fahrzeugen auszuweichen.

Die Fahrbahn ist frei zu halten. Gewehrgruppen und Handpferde sind möglichst abseits der Fahrbahn aufzustellen.

Handpferde am Straßenrand sind mit Front zur Straßenmitte aufzustellen.

Jede haltende Kompanie regelt den Verkehr neben der Kolonne selbst.

Halten zwei Kolonnen nebeneinander, ist der Durchgangsverkehr auf dem mittleren Teil der Straße zu regeln.

Die haltende Kompanie darf — ohne Befehl — nicht antreten, wenn neben ihr eine andere Truppe überholt.

e) Rast.

Rastplatz und Tränkstelle sind rechtzeitig zu erkunden. Die Rast hat grundsätzlich abseits der Straße zu erfolgen.

Jede Kompanie stellt Posten zum Bewachen von Fahrzeugen, Waffen und Gerät sowie zum Einweisen von Meldern auf*).

Das Überschreiten der Fahrbahn, z. B. durch Wasserholer, wird so geregelt, daß der Verkehr auf der Straße nicht abgestoppt zu werden braucht.

Stäbe sind durch Flaggen an der Straße gekennzeichnet.

---

*) Der Posten meldet herankommenden Vorgesetzten, z. B. „Posten vor Gewehr der 5./J.=R. 35".

12. Bestimmungen für Friedensübungen.

Zur Unterstützung des Leitenden sind bei allen Truppenübungen Schiedsrichter eingeteilt.

Besondere Aufgabe der **Schiedsrichter** ist es, die bei Friedensübungen fehlenden Eindrücke und Einflüsse des Krieges zur Geltung zu bringen. Hierzu schildern sie der Übungstruppe die kriegsmäßige Kampftätigkeit und Wirkung der eigenen sowie der feindlichen Waffen. Durch Mitteilungen und Entscheidungen greifen sie belehrend ein, wo das Verhalten der Truppe der Gefechtslage und der angegebenen Waffenwirkung nicht entspricht.

Die **Darstellung der Waffenwirkung** erfolgt durch:

a) entsprechende Mitteilungen und Entscheidungen an die Truppe,

b) Feuerflaggen zur Darstellung von M.-G.-, M.-W.- und Artilleriefeuer,

c) Rauchkörper zur Darstellung von M.-W.-, Artilleriefeuer und Fliegerbomben,

d) Reizwürfel zur Darstellung des Beschusses mit Luftkampfstoffen,

e) Riechwürfel zur Darstellung des Beschusses mit Geländekampfstoffen,

f) Versprizen oder Vergießen von Übungsreiz- oder Riechstoffen, •

g) Tafeln zum Bezeichnen von Sperrungen aller Art.

Nichtberücksichtigen der schiedsrichterlichen Entscheidungen gefährdet den Übungszweck und schadet der Ausbildung. Die Truppe muß im Schiedsrichter den Lehrer und Ausbilder sehen. Sie darf nicht erwarten, daß ihr in allen Fällen die erhoffte Wirkung zugestanden wird. Sie muß vielmehr verstehen lernen, daß der Schiedsrichter bei seiner Beurteilung auch die unberechenbaren Einwirkungen des Krieges berücksichtigen muß.

Außer Gefecht gesetzte Soldaten beider Parteien legen das Helmband mit der gelben Seite nach außen an Stahlhelm oder Mütze an.

Einzelne Soldaten bleiben dort liegen, wo sie die schiedsrichterliche Entscheidung trifft. Sie werden im allgemeinen auf Anordnung der Schiedsrichter friedensmäßig gesammelt, sobald hierdurch für den Feind kein unkriegsmäßiges Bild mehr entstehen kann.

Geschlossene Abteilungen bleiben dort, wo sie sind. Fußtruppen setzen die Gewehre zusammen und legen sich hin, wenn der Zustand des Bodens es gestattet.

Wird eine einzelne Waffe, z. B. eine Pak außer Gefecht gesetzt, so wird an der Waffe die **Ausfallflagge** gezeigt.

Die **Organe des Leitungs- und Schiedsrichterdienstes** sind wie folgt gekennzeichnet:

Der Stab der Übungsleitung, die Leitungsoffiziere und ihre Hilfsorgane tragen Dienstanzug mit Feld- oder Schirmmütze und eine gelbe Binde am linken Oberarm der Feldbluse (Rock) und des Mantels.

Der Stab der Übungsleitung wird in größeren Verbänden durch eine gelbe Flagge mit liegendem schwarzem Kreuz kenntlich gemacht. Die im Leitungsdienst verwandten Kraftfahrzeuge sind durch ein an der Windschutzscheibe angebrachtes gelbes Abzeichen in der Größe eines Quartblattes mit liegendem schwarzem Kreuz gekennzeichnet.

Alle im Schiedsrichterdienst Verwendeten tragen Dienstanzug mit Feld- oder Schirmmütze mit weißem Band um den Besatzstreifen und eine weiße Binde am linken Oberarm der Feldbluse (Rock) und des Mantels.

Oberschiedsrichterstäbe werden durch rechteckige, Schiedsrichterstäbe durch dreieckige weiße Flaggen kenntlich gemacht. Im Schiedsrichterdienst verwendete Kraftfahrzeuge sind durch ein an der Windschutzscheibe angebrachtes weißes Abzeichen in Größe eines Quartblattes gekennzeichnet.

Alle im Leitungs- und Schiedsrichterdienst eingerichteten Fernsprechstellen werden durch eine weiße Tafel mit schwarzem „F" bezeichnet.

Zur Darstellung fehlender einzelner Waffen und geschlossener Teile von Volltruppen oder zur Aufstellung von Flaggentruppen werden **Flaggen** verwendet. (Siehe Bild unten.)

Die Flaggen zeigen stets die Parteifarbe.

Jede blaue oder rote Schützenflagge sowie jede blaue oder rote Reiterflagge stellt eine Gruppe oder Schützenabmarsch, jeder der anderen Flaggen eine Waffe der betreffenden Art mit Bedienung dar. Sollen die Flaggen andere Bedeutung haben, so wird dies vom Leitenden besonders angeordnet.

1. Rahmenflaggen zur Truppendarstellung

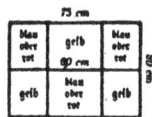

a) Schützen b) Leichtes Maschinengewehr c) Schweres Maschinengewehr d) Inf.-Geschütz

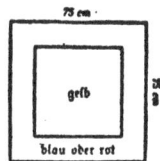

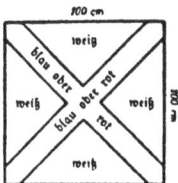

e) Kavallerie zu Pferde f) Artillerie

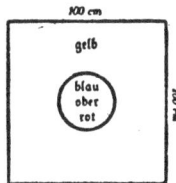

2. Flaggen zur Darstellung der Waffenwirkung

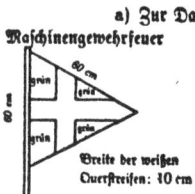

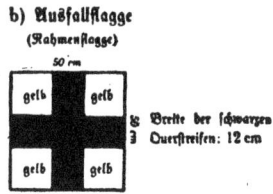

a) Zur Darstellung von Maschinengewehrfeuer Artillerie- und Minenwerferfeuer b) Ausfallflagge (Rahmenflagge)

13. Das Pferd, Reit= und Fahrausbildung.

1. Körperbau des Pferdes.

Knochengerüst.

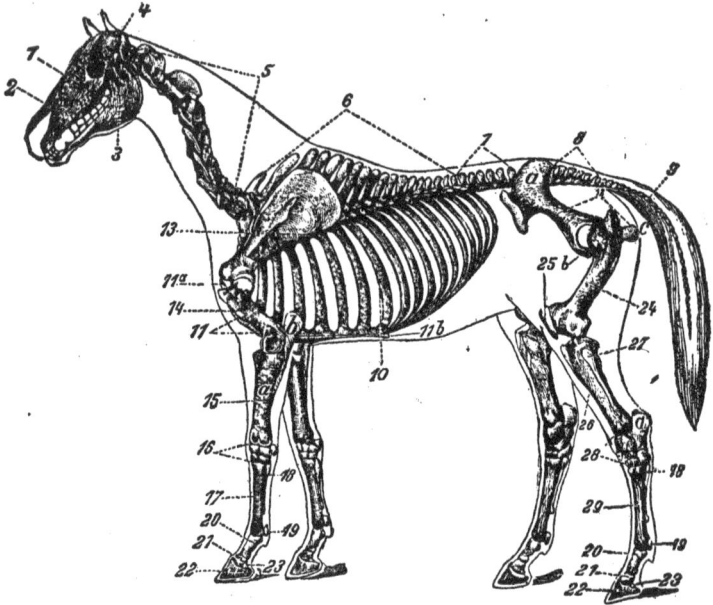

1 Jochbein.	15 Vorarmbein.
2 Nasenbein.	15a Speiche.
3 Unterkieferbein.	15b Ellenbogen mit Ellenbogenhöder.
4 Hinterhauptsbein.	16 Vorderkniegelenksknochen.
5 Halswirbel (7).	17 Vorderschienbein.
6 Rückenwirbel (18).	18 Griffelbein.
7 Lendenwirbel (6).	19 Gleichbein.
8 Kreuzwirbel (8) bzw. Kreuzbein.	20 Fesselbein.
9 Schweifwirbel (18—21).	21 Kronbein.
10 Rippen.	22 Hufbein.
11 Brustbein	23 Strahlbein.
11a Habichtsknorpel.	24 Oberschenkelbein.
11b Schaufelknorpel.	25 Kniescheibe.
12 Beckenknochen.	26 Unterschenkelbein.
12a Hüftbein.	27 Wadenbein.
12b Schambein.	28 Sprunggelenksknochen.
12c Sitzbein mit Sitzbeinhöder.	28a Sprungbeinhöder.
13 Schulter.	29 Hinterschienbein.
14 Armbein.	

Benennung der äußeren Körperteile.

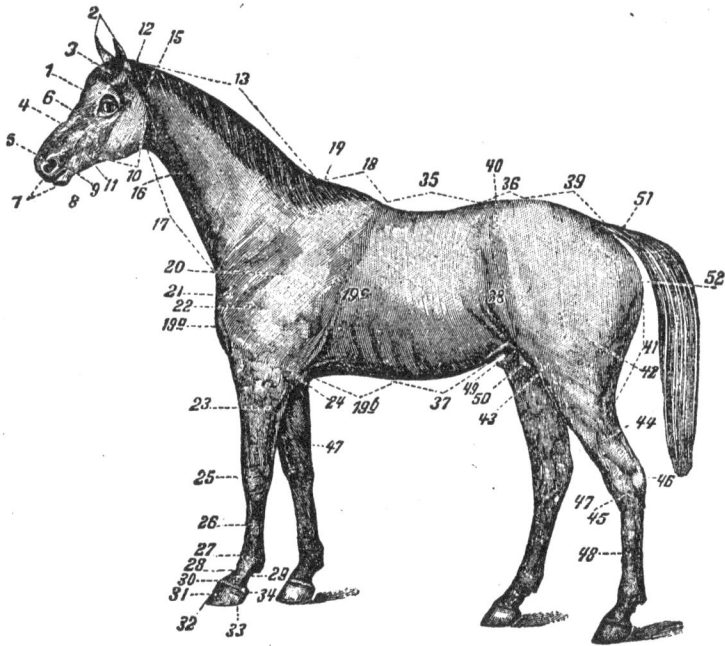

1 Stirn.	19a Vorderbruſt.	35 Rücken.
2 Ohren.	19b Unterbruſt.	36 Lende.
3 Scheitel.	19c Bruſtwand.	37 Bauch.
4 Naſenrücken.	20 Schulter.	38 Flanke.
5 Nüſtern.	21 Bugſpitze.	39 Kruppe.
6 Jochleiſte.	22 Oberarm.	40 Hüfte.
7 Ober= und Unterlippe.	23 Vorarm.	41 Hinterbacke.
8 Kinngrube.	24 Ellenbogenhöcker.	42 Oberſchenkel.
9 Maulwinkel.	25 Vorderknie.	43 Knie.
10 Ganaſche.	26 Vorderſchienbein.	44 Unterſchenkel.
11 Backe.	27 Feſſelkopf.	45 Sprunggelenk.
12 Genick.	28 Feſſel (Köthe).	46 Hacke.
13 Mähnenrand des Halſes.	29 Köthenzopf.	47 Kaſtanie.
14 Halskerbe.	30 Hufkrone.	48 Hinterſchienbein.
15 Ohrdrüſengegend.	31 Huf (Seitenwand)	49 Schlauch.
16 Droſſelrinne.	32 Huf (Zehenwand).	50 Hodenſack.
17 Kehlrand.	33 Huf (Trachtenwand).	51 Schweifanſatz.
18 Widerriſt.	34 Ballen.	52 Sitzbeinſpitze.

2. Pferdepflege.

Den **Stalldienst** beaufsichtigt der Futtermeister oder der älteste Unteroffizier.

Das Rauchen im Stalle und auf den Stallböden ist verboten.

Über die Tätigkeit der **Stallwache** siehe S. 50.

Das **Putzen** erfolgt in der Regel von vorn nach hinten. Man putzt im allgemeinen zuerst Vor- und Hinterhand und dann erst die Mittelhand.

Mit der Kardätsche macht man lang über das Pferd hingleitende, ruhige Striche, ohne zu stoßen oder zu hacken. Im allgemeinen muß man gut dabei aufdrücken, an den empfindlicheren Körperstellen und bei empfindlichen Pferden den Druck jedoch mäßigen. Es wird vorzugsweise mit dem Strich der Haare gebürstet; besonders in der Zeit des Haarwechsels.

Der Striegel dient in der Hauptsache zur Reinigung der Kardätsche. Im übrigen ist er nur zum Abkratzen stärkerer Schmutzkrusten zu benutzen, niemals jedoch an Körperteilen, denen das Fleischpolster fehlt, also niemals an Knochenvorsprüngen, an den unteren Gliedmaßen und am Kopfe.

Besondere Behutsamkeit und Vertraulichkeit ist beim Putzen des Kopfes notwendig.

Bei der Reinigung der Schopf-, Mähnen- und Schweifhaare erfolgt zunächst unter Auseinanderfalten der Haarbüschel das Ausbürsten des Schinnes und der losen Schuppen mit der Kardätsche. Dann werden die Haare verlesen, d. h. je ein paar Haare werden durch die Finger gezogen. Zum Schluß wird das Haar mit der Mähnenbürste oder Kardätsche, erforderlichenfalls unter Anfeuchten derjenigen Stellen, an denen die Haare nicht ordentlich liegen wollen, glatt gebürstet.

Die Reinigung der Körperöffnungen erfolgt mit einem Schwamm oder feuchtem Lappen in der Reihenfolge: Augen, Maul, Nasenlöcher, After, untere Schweiffläche, Schlauchöffnung. Nach der Reinigung jeder Körperöffnung wird der Schwamm oder Lappen möglichst ausgespült.

Die Hufe werden so lange gewaschen, bis sie völlig frei von Sand und Schmutz sind. Wenn nötig, wird der Huf zuerst mit einem entsprechend zugeschnittenen Holzstück sauber abgekratzt. Hufkratzer aus Eisen sind hierzu ungeeignet.

Nach dem Einrücken vom Dienst wird das Pferd abgezäumt, das Geschirr abgenommen, der Gurt gelockert und etwas Heu gegeben; erst nachdem die Pferde sich abgekühlt haben, wird abgeschirrt.

Durch Regen oder Schnee naßgewordene Pferde werden sofort am ganzen Körper mit Strohwischen trockengerieben und lang eingedeckt. Wenn nötig, sind Bauch, Weichen und Beine ebenfalls mit Strohwischen abzureiben. Hat es auf dem Marsche gestaubt, so sind die Augen mit einem trockenen, Nasenlöcher, Schlauch und After mit einem nassen Lappen auszuwischen.

Nach dem Absatteln sind die Pferde auf Druckschäden zu untersuchen. Auch der Hufbeschlag wird nachgesehen. Die Untersuchung ist nach einigen Stunden zu wiederholen, da Anschwellungen oft erst nach einiger Zeit hervortreten.

3. Satteln und Schirren.

a) Sattelung.

Ein gut verpaßter Sattel liegt mit seinen überall gleichmäßig auf den Rippen aufliegenden Trachten an den Schulterblättern an. Die beiden Enden der Trachten sollen dabei vom Pferdekörper etwas abgebogen sein und mit ihren oberen Kanten nirgends den Rücken klemmen, namentlich nicht am Widerrist. Zwischen Vorderzwiesel und Woilach muß so viel freier Raum sein, daß man mit der Hand hineinfassen kann, solange der Woilach noch nicht in die Kammer gezogen ist.

Der tiefste Punkt der Sitzfläche muß in der Mitte des Sattels liegen.

Der sechs= oder neunfach zusammengelegte Woilach ist so auf den Rücken des Pferdes aufzulegen, daß er vorn etwa eine Handbreit über den

Der Armeesattel 25.

a) Sattelsitz.
b) Über die Seitennähte übergreifende Lederkappe.
c) Vorsteckriemen.
d) Schlitzblech für den Mittelpad= riemen.
e) Satteltaschen.
f) Kniepauschen.

g) Kramme zum Befestigen der Pad= tasche.
h) Trachtenkissen.
i) Einschnitt für die obere Kramme des Vorderzwiesels.

k u. l) Padringe zum Einschnallen des Seitenpadriemens und der Hinter= zeugstrippen.
m) Strippe zum Festlegen der beiden Schnallen.

Sattel hervorragt und zu beiden Seiten des Widerristes gleich tief herab= hängt. Die offenen Enden des Woilachs müssen nach links unten und hinten liegen.

b) Zäumung.

Gute und schlechte Zäumung haben weitgehenden Einfluß auf die Willigkeit und damit auf das Verhalten des Pferdes im Dienst.

Bei Zäumung auf Trense muß die Trense so verpaßt sein, daß das Gebiß an den Maulwinkeln anliegt, ohne diese hochzuziehen. Das Schnallstück liegt auf der Mitte des Genicks, der Stirnriemen dicht unterhalb der Ohren, am Pferde= kopf bequem anliegend. Die Backenstücke liegen etwa 40 mm breit hinter der Jochbeinleiste (Stirnbein). Der Kehlriemen ist soweit geschnallt, daß bei bei= gezäumtem Pferde zwischen ihm und dem Kehlgange die flache Hand Platz hat.

Das Kopfstück, der Kinnriemen und der Nasenriemen der Halfter sind in kleine Ringe eingenäht. Ein kleiner Verbindungssteg verhindert das Herabfallen des Nasenriemens. Dieser muß so kurz sein, daß die beiden Ringe vor den Backen= stücken der Trense liegen.

Zäumung auf Trense.

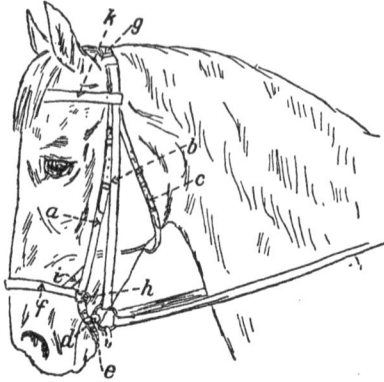

a) Kopfstück.
b) Backenstücke.
c) Kehlriemen.
d) Gebiß.
e) Kinnriemen.
f) Nasenriemen.
g) Schnallstück.
h) Kleine Ringe.
i) Verbindungssteg.
k) Stirnriemen.

Der Nasenriemen soll etwa 80 mm breit über dem oberen Nüsternrand liegen. Der Kinnriemen soll nur so eng geschnallt sein, daß das Pferd noch kauen kann. Bei Zäumung auf Kandare liegt das Hauptgestell des Zaumzeuges 22 so weit hinter den Pferdeohren, daß das Backenstück etwa 4 cm hinter der Jochbeinleiste entlang läuft. Danach richtet sich die Länge des Stirnriemens. Der Nasenriemen liegt 20 mm unter den Jochbeinleisten. Der Kehlriemen wird so

Zäumung auf Kandare.

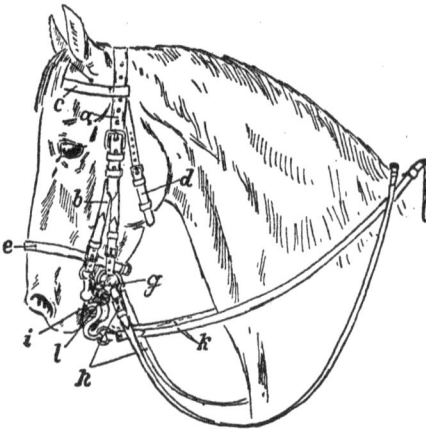

a) Kopfstück.
b) Backenstück.
c) Stirnriemen.
d) Kehlriemen.
e) Nasenriemen.
g) Trensengebiß.
h) Trensenzügel.
i) Kandare.
k) Kandarenzügel.
l) Kinnkette.

lang geschnallt, daß man bei beigezäumtem Pferde die flache Hand zwischen ihn und den Kehlgang stecken kann. Die Schnalle des Kehlriemens liegt etwa auf der Mitte des Backenknochens.

Beim Einschnallen der Kandarenzügel ist zu beachten, daß der um 25 mm kürzere in den rechten Kandarenring geschnallt wird. Das Trensengebiß liegt an den Mundwinkeln an, ohne diese hochzuziehen. Die Kandare soll so im Maule

des Pferdes liegen, daß das Gebiß sich etwa in gleicher Höhe mit der Kinnketten-
grube befindet und die Hakenzähne nicht berührt. Bei Pferden, die sich über-
zäumen, legt man das Mundstück etwas höher.

Die Kinnkettenhaken, nach außen gebogen, sollen bis auf das Mundstück
reichen. Ihre richtige Biegung ist von wesentlichem Einfluß auf eine gute Zäumung. Verbogene oder verwechselte Haken (z. B. rechter Haken im linken Ober-
gestell) führen leicht zu Verletzungen des Pferdemauls.

Die Kinnkette muß nach rechts glatt ausgedreht sein und in der Kinnketten-
grube in gleicher Höhe mit dem Mundstück liegen. Sie wird unter dem Trensen-
mundstück mit dem letzten Gliede so in den rechten Haken eingelegt, daß dieses
Glied rechts ausgedreht verbleibt und das übrigbleibende Glied auf der linken
Seite außerhalb des Hakens herabhängt. Weiter überschießende Glieder werden
auf beiden Seiten gleichmäßig verteilt, bei ungerader Zahl kommt die Mehrzahl
auf die linke Seite. Die Wirkung der Kinnkette soll erst beim Annehmen der
Kandarenzügel eintreten.

c) Beschirrung.

Sielengeschirr 25 mit Zaumzeug 22.

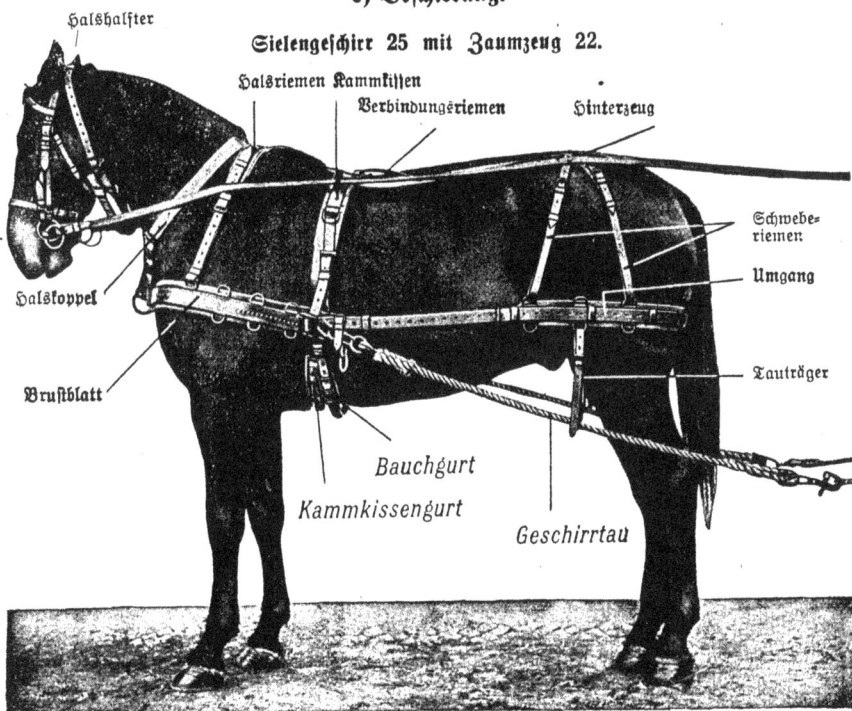

Das Brustblatt liegt richtig, wenn seine untere Kante mit dem Bug oder
Schultergelenk des Pferdes abschneidet. Die innere Fläche des Brustblattes muß
möglichst gleichmäßig am Pferdekörper anliegen.

Der Halsriemen muß vor dem Widerrist auf dem Mähnenkamm liegen. Der
Halsriemen darf nur das Brustblatt tragen, nicht aber beim Aufhalten mitwirken.
Da bei Stangenpferden der Halsriemen, wenn auch nur in beschränktem Maße,
beim Tragen der Deichsel und beim Aufhalten leicht mit in Bewegung kommt, so

14*

empfiehlt es sich, den sechsfach gelegten Woilach so weit nach vorn über den Widerrist aufzulegen, daß der Halsriemen auf den Woilach zu liegen kommt.

Die Halskoppel muß durch den Ring des Brustblattes laufen und ist so kurz zu schnallen, daß das Brustblatt bei anstehenden Aufhalteketten seine Lage nicht verändert, andererseits aber bei angezogenen Zugtauen die Atmung des Pferdes nicht behindert.

Der Umgang muß möglichst wagerecht und so liegen, daß der Zug nicht gebrochen wird. Bei straffen Tauen muß man mit der Faust zwischen Umgang und Muskulatur des Oberschenkels durchfahren können. Das Pferd darf in der freien Bewegung der Gliedmaßen niemals behindert werden.

Sielengeschirr 25 mit Armeesattel 25.

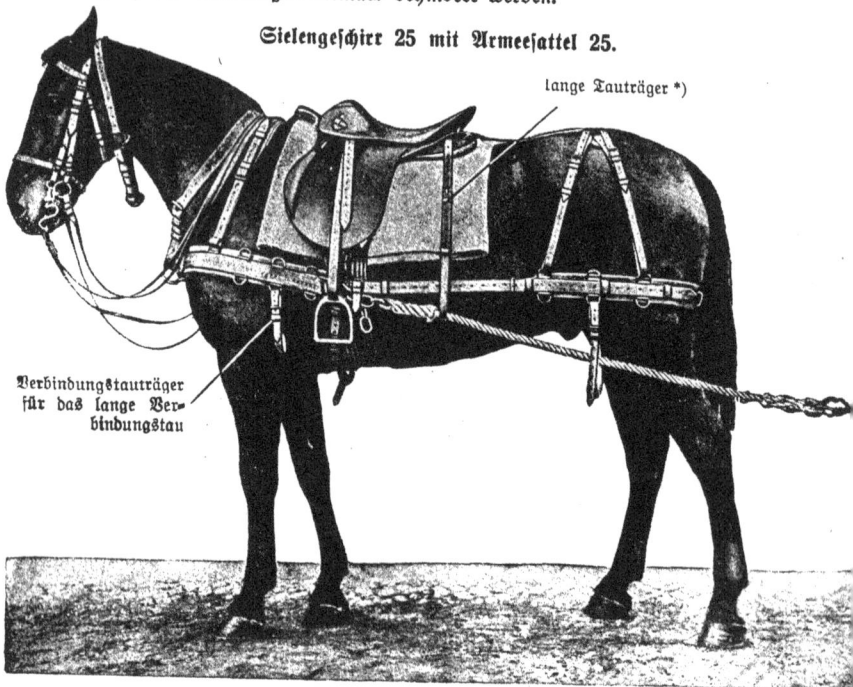

lange Tauträger *)

Verbindungstauträger für das lange Verbindungstau

Das Hinterzeug soll mit dem vorderen Rande des Blattes etwa eine Handbreit hinter dem höchsten Punkt der Kruppe liegen. Die Schweberiemen sind so in zwei oder drei am Umgang befindliche Schnallen einzuschnallen, daß sie den Umgang in der beschriebenen Lage halten.

Nach Verpassen der Geschirre dürfen unbenutzt bleibende Enden von Schnallenstrippen keinesfalls abgeschnitten werden, damit die Geschirre jederzeit auch für größere Pferde verwendet werden können. Die Enden müssen durch Ringe und Schlaufen gezogen und zurückgeschlauft werden.

Das Auf= und Abschirren der Pferde wird dem Fahrer praktisch gezeigt.

d) Behandlung des Reitzeuges und der Geschirre.

Nach jedem Gebrauch ist die gesamte Pferdebekleidung baldigst zu reinigen und dabei genau zu untersuchen. Alles Schadhafte muß sofort gemeldet und vor dem

*) Neuerdings fortgefallen.

nächsten Gebrauch instandgesetzt werden. Die Eisenteile müssen daraufhin geprüft werden, ob sie nicht gesprungen, verbogen oder gebrochen sind. Sie sind mit Petroleum zu reinigen, trocken zu reiben und dann leicht einzufetten. Gebisse, Steigbügel und Trakettenringe sind zu polieren. Bei lackierten oder grau gestrichenen Teilen müssen Lackierung oder Anstrich ab und an erneuert werden. Unter keinen Umständen darf aber über rostige Stellen neu gestrichen werden. Die Untersuchung der Lederteile erstreckt sich darauf, festzustellen, ob sie nicht zu sehr abgenutzt, brüchig oder mürbe sind. Ferner ist nachzusehen, ob Schnallen, Schnürlöcher usw. ausgerissen sind. Nähte und Knoten dürfen nicht scheuern. Sind einzelne Stiche in den Nähten aufgegangen, so muß die ganze Naht erneuert werden. Leder darf beim Zusammenbiegen nicht springen. Das Einstecken oder Einschneiden von Löchern mit Messern oder sonstigen Werkzeugen an Stelle der Lochzange ist verboten, da es das Einreißen des Leders zur Folge haben kann. Das Leder wird nach dem Dienste mit einer Bürste oder einem feuchten Schwamm von Staub, Schweiß und Schmutz gereinigt. Eine übermäßige Verwendung von Wasser ist zu vermeiden. Im Gebrauch oder bei der Reinigung naßgewordenes Leder ist an der Luft, nicht aber an der Sonne oder der Heizung zu trocknen. Nachdem die Feuchtigkeit von der Oberfläche verschwunden ist, kann es leicht eingefettet werden. Das Lederöl muß in sauberen geschlossenen Behältern aufbewahrt und darf nicht mit anderen Schmiermitteln gemischt werden. Es wird auf beide Seiten des Leders mit einer Auftragebürste aufgestrichen und erzeugt dann einen matten Glanz. Blankputzen mit Guttalin oder ähnlichen Mitteln ist verboten. Hartgewordenes Leder, das durch die Behandlung mit Lederöl nicht weich wird, ist in lauwarmem Wasser einzuweichen, an der Luft zu trocknen und unter kräftigem Einreiben mit der Hand nochmals einzuölen.

Polsterungen, Sattelkissen, Woilache und Taue müssen, nachdem sie vom gröbsten Schmutz befreit sind, an der Luft getrocknet und erst dann gründlich gereinigt werden. Trockener Schmutz ist abzubürsten, Staub auszuklopfen. Hartgewordene Polster sind durch den Sattler zu ersetzen. Polsterüberzüge müssen unbeschädigt sein, zerrissene sind zu erneuern. Die Taue sind stets trocken zu halten, weil sie sonst stocken und unbrauchbar werden.

Für das **Wiederherstellen von Geschirren** gelten nachstehende Regeln:

Alle Bunde und Schnürungen sind so anzubringen, daß sie die Pferde nicht scheuern.

Für unbrauchbar gewordene Geschirrstücke der Stangenpferde sind, soweit dies möglich, Ersatzstücke von den Vorderpferden zu entnehmen und bei diesen durch Herstellungsarbeiten zu ersetzen.

Gerissene Riemen werden wieder vereinigt, indem man die Teile übereinanderlegt, sie mit mehreren Löchern versieht und verschnürt. Sind die Riemen zum Übereinanderlegen zu kurz, so muß man sich mit Aneinanderstoßen behelfen.

Unbrauchbar gewordene Riemen werden durch Halfterriemen oder Bindestränge ersetzt; brauchbare Schnallen können hierbei benutzt werden.

Zum Ersatz gerissener Taue, fehlender Ketten usw. werden vierfach genommene Bindestränge ineinandergeflochten; Tauhaken und Kettenglieder lassen sich leicht einschließen.

Ein zerrissenes Brustblatt kann durch einen Umgang mit unterlegtem Kissen für Druckschäden ersetzt werden. Zu dem Zwecke wird der Umgang mit den Schnallstrippen nach hinten um die Brust des Pferdes gelegt und der Halsriemen in einen der Ringe *) eingeschnallt.

Zerbrochene Zughaken des Brustblattes werden durch drei zopfartig miteinander verflochtene, auf dem Umgang befestigte Bindestränge ersetzt.

---

*) Beim Sielengeschirr 16 in eine der Schnallen.

An Stelle eines unbrauchbaren Kammkissens*) wird ein Bindestrang verwendet. Halskoppel und Halsriemen werden ersetzt, indem man zwei Steigriemen zusammenschnallt und entsprechend befestigt. Bindestränge sind nur im Notfall und dann flach zusammengeflochten zu verwenden.

Gerissene oder schadhafte Taue werden durch vier Bindestränge ersetzt. Diese sind, zopfartig verflochten, durch die Schale des Tauhakens und durch den Verbindungsring der Taukette, der Länge des Taues entsprechend, zu ziehen und in sich durch Wickelbund stark zu befestigen.

Beim Fehlen des Tauhakens wird ein Bindestrang durch die Öse des Taues gezogen und neben der Zugöse des Ortscheites oder der Vorderbracke befestigt.

Fehlt eine Kinnkette, so kann ein Lederriemen als Ersatz verwendet werden.

4. An- und Ausspannen.

Zum **Führen** ergreift der Fahrer mit der rechten Hand das Backenstück des Sattelpferdes. Die Peitsche nimmt er in die linke Hand, Spitze nach vorwärts oben, den Griff dicht über der Erde.

Zum **Anspannen** führt er die Pferde an das Fahrzeug und legt die Peitsche, ohne die Pferde loszulassen, mit dem Griff nach der Sattelseite auf den Bocksitz. Dann stellt er die Pferde vorsichtig an die Deichsel und tritt an die linke Seite seines Sattelpferdes.

Auf „Anspannen!" schnallt der Fahrer die rechte Innenleine in den rechten Trensenring des Sattelpferdes. Die innere Leine des mit dem Kopfe höher gehenden Pferdes muß oben liegen, da sonst die Pferde sich gegenseitig im Maul stören.

Nun zieht der Fahrer die Aufhalteketten von innen nach außen durch den Brustring und hakt die Haken der Aufhalteketten so ein, daß die Sperriemen nicht von den doppelten Ketten eingeklemmt und durchgescheuert werden können, sondern nach außen liegen. Hierauf löst er die auf der rechten Seite des Handpferdes befestigte rechte Hälfte der Leine aus dem Leinenring, wirft sie über das Sattelpferd nach der linken Seite und spannt das Handpferd an. Die Tauhaken werden von unten nach oben in die Ösen der Endkappen gehakt und die Sperriemen durchgesteckt. Dann geht der Fahrer zur Sattelseite, löst die linke Hälfte der Leine und schnallt die Enden beider Leinenhälften zusammen. Dann steckt er sie, doppelt gelegt, von hinten nach vorn unter die Oberblattstrippe des Kammkissens. Hierauf spannt er das Sattelpferd an.

Auf das Kommando „An die Pferde!" tritt der Fahrer neben den Kopf seines Sattelpferdes und faßt dessen Leinen mit der rechten Hand etwa eine Handbreite vom Gebiß, linke Leine zwischen Daumen und Zeigefinger, rechte zwischen Mittel- und Ringfinger. Die Innenleine des Handpferdes wird mit der rechten Leine des Sattelpferdes zusammen zwischen Mittel- und Ringfinger genommen. Der Fahrer steht still.

Das **Ausspannen** geschieht in umgekehrter Reihenfolge. Nach dem Ausspannen rückt der Fahrer mit seinem Gespann eine Pferdelänge vor.

5. Reit- und Fahrausbildung.

Die Einzelheiten der Reit- und Fahrausbildung erlernt der Fahrer beim praktischen Dienst.

---

*) Beim Sielengeschirr 16 Rückenriemen.

Für handschriftliche Eintragungen.

Für handschriftliche Eintragungen.

Druck von Ernst Knoth, Melle.

Anhang zu den von Wedel'schen Hilfsbüchern für den Dienstunterricht

Die Kraftfahrausbildung

für mot. Truppen

mit der neuen Reichsstraßenverkehrsordnung

Richard Schröder (vorm. Ed. Dörings Erben) Verlag, Berlin W 62.

I. Teil: Kraftfahrzeugkunde.

1. Allgemeines.

Von jedem Militärkraftfahrer muß verlangt werden, daß er sein Kraftfahrzeug so kennt, wie der Soldat seine Waffe; denn sonst ist er nicht in der Lage, seine Besatzung und die durch das Kraftfahrzeug bewegte Waffe dahin zu bringen, wo es der taktische Einsatz erfordert. Der Fahrer muß sich also bei allen Störungen am Fahrzeug helfen können.

Die folgenden Seiten geben einen Überblick über die wichtigsten Gebiete der Kraftfahrzeugkunde, worüber der Kraftfahrer der Wehrmacht unterrichtet sein muß. Wer seine Kenntnisse vertiefen will, nehme den Kraftfahrdienst, welcher im gleichen Verlag erscheint*).

a) Arten der Kraftfahrzeuge.

Die Kraftfahrzeuge bewegen sich auf Rädern oder Gleisketten, bei den „Zwitterfahrzeugen" auf Rädern und Gleisketten.

Der Einfachheit halber seien die Kraftfahrzeuge nur in folgende Hauptarten unterteilt:

a) Personenwagen (Pkw), gefahren mit Führerschein Klasse 3.
b) Lastwagen (Lkw), gefahren mit Führerschein Klasse 2.
c) Krafträder (Krad), gefahren mit Führerschein Klasse 1 und 4.
d) Sonderfahrzeuge, gefahren nach Sonderausbildung (z. B. Zugkraftwagen).

b) Hauptteile des Kraftfahrzeuges.

1. **Das Fahrgestell,** Abb. 1, besteht aus:
a) Fahrwerk (Rahmen, Federn, Achsen, Rädern mit Bereifung, Bremsen, Lenkung, Kühler, Kraftstoffbehälter, elektrischem Zubehör);
b) Motor mit Anlasser, Lichtmaschine und sonstigem Zubehör (z. B. Drucklufterzeuger für die Bremsanlage);
c) Kraftübertragung (Kupplung, Getriebe, Gelenkwelle, Achsantrieb mit Ausgleichgetriebe).
2. **Der Aufbau** ist je nach Verwendungszweck sehr verschieden (z. B. Kübelsitze oder Ladeplattform) und wird hier nicht behandelt.

2. Motoren.

a) Einteilung.

Die Wehrmachts-Kraftfahrzeuge werden z. Zt. fast nur durch Verbrennungskraftmaschinen getrieben.

---

*) Der Kraftfahrdienst; Hilfsbuch für den Kraftfahrer aller Waffen, von Dr. Schollwoed und Johannis, Reg.-Bauräte an der Panzertruppenschule.

ANHÄNGEKUPPLUNG
S.58-61

KOFFERBRÜCKE
S.78-79

LAGERKOPF-DIFFERENTIAL
S.50-53

HINTERACHSE
S.48-55

STAUBSCHILD-BREMSTROMMEL, AUSPUFFLEITUNG
S.52-53   S.80-81

STOSSDÄMPFER
S.62-63

KARDANWELLE
S.50-51

BATTERIEAUFHÄNGUNG
S.59

STEUERUNG
S.44-47

RAHMEN
S.56-57

HANDBREMSWERK
S.36-39

RÄDER
S.80-81

STAUBSCHILD-BREMSTROMMEL
S.42-43

KÜHLER
S.66-67

VORDERACHSE
S.40-43

Abb. 1. Fahrgestell.

Die Einteilung der Verbrennungs=Kraftmaschinen kann erfolgen nach der Art, wie Verbrennungsluft und Kraftstoff gemischt und entzündet werden, in Otto= (Vergaser=) Motoren und in Diesel=Motoren. Man kann die Verbrennungsmotoren auch nach anderen Gesichtspunkten einteilen. So unterscheidet man z. B. Zweitaktmotoren und Viertaktmotoren, luft= gekühlte und wassergekühlte Motoren, Stern=Reihen= (Abb. 2) oder Boxer= Motoren (Abb. 3).

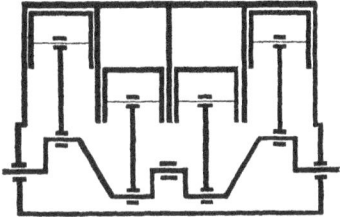

Abb. 2. Reihenanordnung.　　　　　Abb. 3. Boxeranordnung.

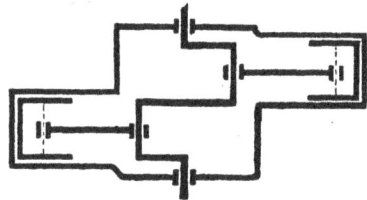

b) Allgemeiner Aufbau des Motors.

Im Zylinder Z (Abb. 4) gleitet der Kolben K. Der Zylinder wird nach oben durch den Zylinderkopf abgeschlossen, in dem das Einlaß= Ventil EV und das Auslaß=Ventil AV angeordnet ist. Der Zylinder

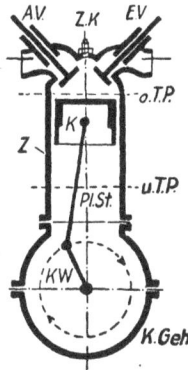

Abb. 4.

wird getragen von dem Kurbelgehäuse KGeh, in den die Kurbelwelle KW gelagert ist. Kolben K und Kurbelwelle KW werden durch die Pleuel= stange PlSt verbunden. Die Pleuelstange umfaßt den Kolbenbolzen im Kolben und die Kurbelwelle am Kurbelwellenzapfen. Die Kurbelwelle treibt die Nockenwelle, mit deren Hilfe die Ventile im richtigen Augenblick geöffnet und durch Ventilfedern geschlossen werden. An einem Ende der Kurbelwelle sitzt das Schwungrad. Im tiefsten Teil des Kurbel= gehäuses (Ölwanne) sammelt sich meist das Schmieröl, das durch eine Schmierölpumpe in Kreislauf gesetzt wird.

Die Stellung, in der der Kolben dem Zylinderkopf am nächsten ist, nennt man den oberen Totpunkt (o.T.P.) des Kolbens. Die Stellung, in der der Kolben vom Zylinderkopf am weitesten entfernt ist, heißt der untere Totpunkt (u.T.P.) des Kolbens. Die Bewegung des Kolbens von

1*

dem einen zu dem anderen Totpunkt nennt man einen Takt. Die Kurbel welle macht eine volle Umdrehung, während der Kolben zwei Takt durchführt.

c) Arbeitsverfahren.

Es gibt nun Motoren, die den ganzen Arbeitsvorgang für eine Ver brennung in zwei Kurbelwellen=Umdrehungen — das sind also vier Takte durchführen. Andere Motoren lassen den ganzen Arbeitsvorgang in nu einer Kurbelwellen=Umdrehung — das sind zwei Takte — vor sich geher **Viertakt.**

Die meisten Motoren der Wehrmachtsfahrzeuge arbeiten im Vier takt, d. h. der ganze Arbeitsvorgang in **einem** Zylinder spielt sich währen zweier Kurbelwellen=Umdrehungen — das sind vier Takte — ab. (Abb. 5.

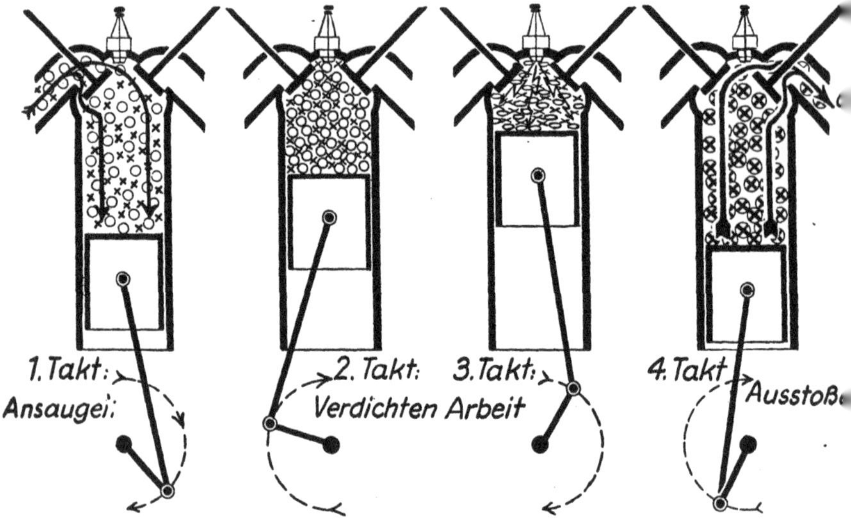

1. Takt: Ansaugen. 2. Takt: 3. Takt: Verdichten Arbeit 4. Takt. Ausstoß.

Abb. 5. Viertaktverfahren.

Die vier Takte beim Otto=Motor sind:

1. Takt. Saughub. — Leertakt. Das Einlaßventil ist offen, das Aus laßventil ist geschlossen. Beim Abwärtsgehen des Kolbens vom obere zum unteren Totpunkt saugt der Kolben Luft durch den Vergaser hindurc und das dabei entstehende zündfähige Kraftstoff=Luftgemisch durch da Einlaßventil in den Zylinder hinein.

2. Takt. Verdichtungshub — Leertakt. Beide Ventile sind geschlosser Das im Zylinder befindliche Gemisch kann vor dem hochgehenden Kolbe nicht entweichen. Das Gemisch wird zusammengedrückt, verdichtet.

3. Takt. Arbeitshub — Arbeitstakt. Beide Ventile bleiben geschlosser Ein elektrischer Zündfunke entzündet das Gemisch. Das Gemisch verbrenn (deshalb der Name Verbrennungsmotor), will sich infolge der Druc erhöhung stark ausdehnen und drückt den Kolben nach unten. Dabei wir die drückende Kraft mit Hilfe der Pleuelstange auf die Kurbelwelle übertragen.

4. Takt. Auspuffhub — Leertakt. Das Auslaßventil geht auf; da Einlaßventil bleibt geschlossen. Der aufwärts gleitende Kolben verdräng die verbrannten Gase und schiebt sie durch das Auslaßventil in den Aus

puffkanal. Am Schluß des vierten Taktes schließt sich das Auslaßventil, während sich gleichzeitig das Einlaßventil öffnet. Damit beginnt ein neuer Arbeitsvorgang.

Beim Viertakt-Motor wird nur im dritten Takt, also eine halbe Kurbelwellen-Umdrehung lang, Kraft vom Motor abgegeben. Während der drei anderen Takte, also im ersten, zweiten und vierten Takt, muß der Motor von außen her getrieben werden. Dazu dient das Schwungrad des Motors. Beim Arbeitstakt wird im Schwungrad Energie aufgespeichert. Während der drei anderen Takte wird ein Teil der aufgespeicherten Energie verbraucht, um den Motor weiter zu drehen.

Zweitakt.

Der Zweitakt-Motor wickelt den Arbeitsvorgang in einer Kurbelwellen-Umdrehung oder zwei Takten ab. Man will dadurch den Anteil der Arbeit schludenden Takte am ganzen Arbeitsvorgang verringern.

Zweitakt: 1 Arbeitstakt, 1 Leertakt;
Viertakt: 1 Arbeitstakt, 3 Leertakte.

Der Zweitakt-Motor arbeitet ohne Ventile. Dadurch braucht man auch keinen abnehmbaren Zylinderkopf mehr, sondern kann ihn mit dem Zylinder zusammen aus einem Stück gießen. Aus diesem Grunde sind die Herstellungskosten bei dem Zweitakt-Motor geringer als bei dem Viertakt-Motor. In der Wandung des Zylinders werden Schlitze für Einlaß und Auslaß angeordnet.

Das Gemisch von Luft und Kraftstoff wird beim Zweitakt nicht sofort in den Zylinder, sondern erst in den Kurbelwellenraum gesaugt und von dort durch den Überströmkanal und die Einlaßschlitze zum Zylinder gedrückt. (Abb. 6.) Man muß beim Zweitakt also gleichzeitig beachten: Vorgänge im Zylinder (**über** dem Kolben) und Vorgänge im Kurbelgehäuse (**unter** dem Kolben).

1. Takt. (Leertakt.) Kolben geht vom unteren Totpunkt zum oberen Totpunkt.

Über dem Kolben: Die obere Kolbenkante schließt beim Hochgehen die Einlaß- und Auslaßschlitze ab. Das vorher durch den Überströmkanal eingeströmte Kraftstoff-Luftgemisch kann nicht entweichen und wird verdichtet.

Unter dem Kolben: Der hochgehende Kolben erzeugt einen Unterdruck

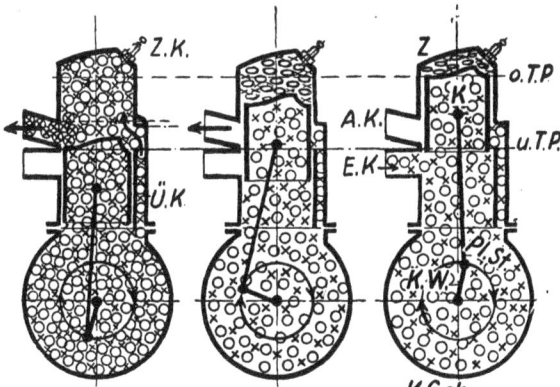

Abb. 6.   Zweitaktverfahren

im Kurbelgehäuse. Wenn die untere Kolbenkante den Einlaßkanal freigibt, wird Gemisch aus dem Vergaser herausgesaugt und füllt das Kurbelgehäuse.

2. Takt. (Abb. 6.) Arbeitstakt. Kolben geht vom oberen Totpunkt zum unteren Totpunkt.

Über dem Kolben: Der elektrische Funke springt an der Zündkerze über und entzündet das Gemisch. Bei der Verbrennung entsteht höherer Druck im Zylinder. Der Kolben wird unter Arbeitsabgabe nach unten gedrückt. Kurz vor der tiefsten Stellung des Kolbens werden die Einlaß- und Auslaßschlitze freigegeben. Das aus dem Kurbelgehäuse einströmende frische Gemisch drängt (spült) die Verbrennungsgase aus dem Zylinder hinaus.

Unter dem Kolben: Der heruntergehende Kolben schließt mit seinem unteren Rand den Einlaßkanal ab und beendet dadurch das Ansaugen ins Kurbelgehäuse hinein. Die obere Kolbenkante gibt aber noch nicht den Überströmkanal frei. Das im Kurbelgehäuse eingefangene Gemisch wird nun beim Hinuntergehen des Kolbens im Kurbelgehäuse vorverdichtet. Wenn der Kolben so tief gekommen ist, daß der Überströmkanal geöffnet wird, dann strömt das vorverdichtete Gemisch aus dem Kurbelgehäuse durch den Überströmkanal in den Zylinder. (Abb. 6.)

Damit beginnt der Kreislauf von neuem.

Beim Zweitakt geht der gesamte Arbeitsvorgang also tatsächlich in zwei Takten bei nur einer Kurbelwellen-Umdrehung vor sich. Es sind hierbei ähnlich wie beim Viertakt auch deutlich vier verschiedene Teile des Arbeitsvorganges zu erkennen. Man konnte sie dadurch in zwei Takte zusammendrängen, daß man gleichzeitig die Oberseite des Kolbens nachverdichten läßt, während die Unterseite ansaugt, ferner dadurch, daß auf der Oberseite des Kolbens Arbeit abgegeben wird, während mit der Unterseite des Kolbens vorverdichtet wird, und schließlich dadurch, daß während eines Teiles des Hubs gleichzeitig die Verbrennungsgase aus dem Zylinder herausgeschoben werden und frisches Gemisch einströmt.

Das Zweitakt-Verfahren findet man zurzeit bei der Wehrmacht nur bei kleinen Krafträdern.

Die Hauptteile des Motors sind:

Der **Zylinder** ist ein genau rund gearbeitetes Rohr, dessen eines Ende durch den Zylinderkopf, dessen anderes durch den auf- und abgehenden Kolben abgeschlossen ist. (Abb. 4.) In dem Raum zwischen Kolben und Zylinderkopf spielt sich der ganze Arbeitsprozeß ab, dieser Teil wird besonders heiß und muß daher sorgfältig gekühlt werden. Sein Material besteht aus Spezialgußeisen. Zwischen Zylinderkopf und Zylinderblock ist die Zylinderkopfdichtung, die aus Asbest und Kupfer hergestellt ist, angeordnet.

Der **Kolben** (Abb. 8) ist ein topfähnlicher Körper, der das Zylinderrohr durch die Kolbenringe nach der Gehäuseseite hin abdichtet und bei seiner hin- und hergleitenden Bewegung Arbeit an die Pleuelstange abgibt. Im Mantel des Kolbens befinden sich mehrere Nuten, in denen die aus Sondergußeisen hergestellten Kolbenringe sitzen. Diese bilden die Abdichtung des Zylinderrohres. Der unterste Kolbenring ist meist als Ölabstreifring ausgebildet. Der Kolben ist der am stärksten beanspruchte Teil, er wird aus einer Spezialgußlegierung (Leichtmetall) hergestellt. Quer durch den Kolben ist der zylindrische Kolbenbolzen gesteckt, der in den Wandungen des Kolbens, den Kolbenaugen, gelagert ist.

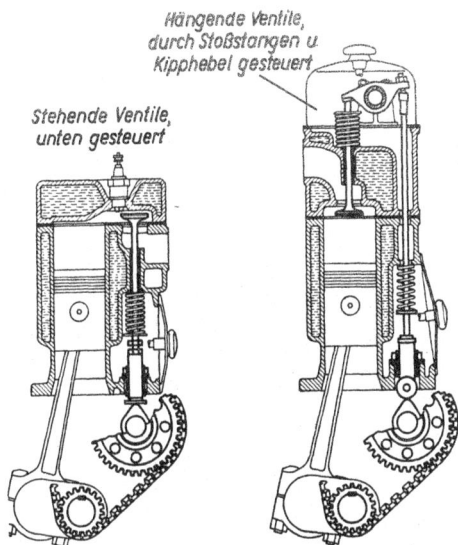

Abb. 7. Schnitt durch Zylinder u. Steuerung

Abb. 8. Leichtmetall-Kolben.

Die **Pleuelstange** (Abb. 10) verbindet den hin- und hergehenden Kolben mit der sich drehenden Kurbelwelle. Der geschlossene Kopf der Pleuelstange umfaßt den durchgesteckten Kolbenbolzen. Mit dem **zweiteiligen**

Pleuelstangenfuß umschließt sie den Hubzapfen der Kurbelwelle. Das Pleuellager muß den vom Kolben kommenden Druck aufnehmen und an den Hubzapfen der Kurbelwelle abgeben.

Die **Kurbelwelle** ist ein recht schwieriges Werkstück (Abb. 9). Die von den Pleuelstangen ausgeübten stoßartigen Drücke versuchen die Kurbelwelle zu verbiegen und zu verwinden. Es ist daher ein sehr zäher Werkstoff (vergüteter Stahl oder zähes Spezialgußeisen) notwendig. Die Kurbelwelle besteht aus den Lagerzapfen, Kurbelarmen und den Kurbelzapfen. An dem zur Kupplung gerichteten Lagerzapfen schließt sich meist

Abb. 9. Kurbelwelle.

Abb. 10. Kurbelgehäuse, Pleuelstange und Kurbelwelle mit Schwungrad.

ein Flansch an, an dem das Schwungrad befestigt wird. Jeder Lagerzapfen der Kurbelwelle ruht in einem der Hauptlager im Kurbelgehäuse des Motors. Jeder Kurbel- oder Hubzapfen wird umfaßt vom Pleuellager und dem Pleuelstangenfuß.

Die in den Lagern gleitenden Zapfen der Kurbelwelle müssen ständig geschmiert werden. Den Hauptlagern wird meist das Schmieröl mit Hilfe einer Schmierölpumpe zugeführt. Ebenso werden Hubzapfen und Pleuellager durch Bohrungen in den Kurbelarmen vom Hauptlager aus mit Schmieröl versorgt.

Das **Schwungrad** (Abb. 10) dient als Kraftspeicher und mildert das stoßartige Drehen der Kurbelwelle. Abbildung 10 zeigt ein Schwung-

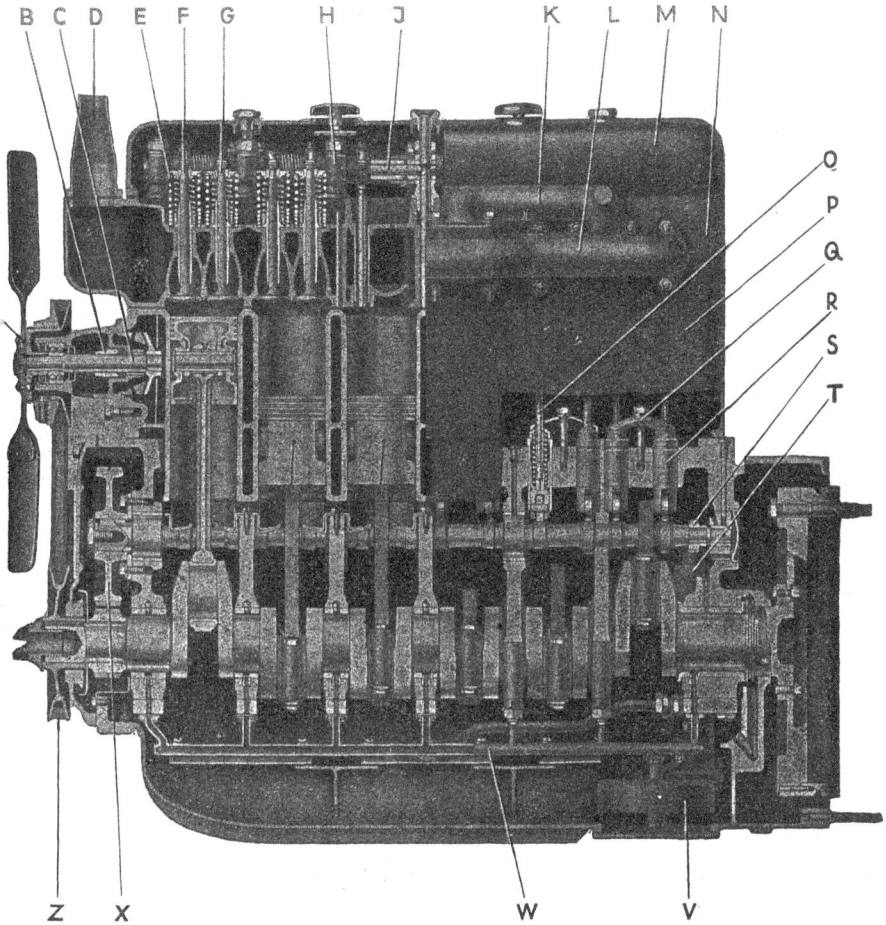

Abb. 11. Längsschnitt eines Reihen=Motors.

A Ventilator, B Stopfbuchse, C Kühlwasserpumpe, D Kühlwasserabflußstutzen, E Ventilfeder, F Federteller, G Ventil, H Schwing= (Kipp=) Hebellager, J Kipphebelwelle, K Ansaugrohr, L Auspuffrohr, M Gehäusedeckel für Kipphebel, N Zylinderkopf, O Stößelstangen, P Gehäusedeckel für Ventilstößel, Q Feder= gehäuse, R Federführung, S Nockenwelle mit Abtrieb für Schmierölpumpe, T Schmierölpumpenwelle, V Ölpumpe, W Druckölschmierleitung, X Zahnrad zur Nockenwelle, Z Ventilatorantrieb.

rad mit aufgeschrumpftem Zahnkranz, in welchen das kleine Zahnrad (Ritzel) des Anlassers eingreift, wenn der Motor angelassen wird.

Das **Kurbelgehäuse** (Abb. 10) umschließt, wie das Wort schon an= deutet, die Kurbelwelle. Bei den meisten neuzeitlichen Motoren besteht das Kurbelgehäuse aus zwei Teilen, dem Ober= und Unterteil (auch Öl= wanne genannt). Das Kurbelgehäuseoberteil ist meistens mit dem Zylin=

berblock zusammengegossen und gibt so das tragende Gerüst für den ganzen Motor. In diesem Gerüst sind untergebracht: die Kurbelwelle, die Nockenwelle, die Steuerräder und die Schmierölpumpe; alle übrigen Teile des Motors, wie z. B. Zylinderkopf, Ölwanne, Vergaser, Zünd- apparat, Lichtmaschine, Anlasser, Ventilator usw. sind an diesem Gerüst befestigt. Die Aufhängung des Motors im Fahrgestell erfolgt mit Hilfe von Tragarmen, die an das Kurbelgehäuseoberteil angegossen oder an- geschraubt sind.

Im tiefsten Teil der Ölwanne sammelt sich das Schmieröl; es wird dort von der Schmierölpumpe abgesaugt. An der tiefsten Stelle des Ölsumpfes befindet sich die Ölablaßschraube, aus der man beim Ölwechsel das alte Öl ablaufen läßt. Neues Öl wird stets durch den Öleinfüllstutzen eingefüllt. Am Verschluß des Öleinfüllstutzens ist ein Meßstab an- gebracht, der mit Marken zur Kontrolle des Ölstandes versehen ist.

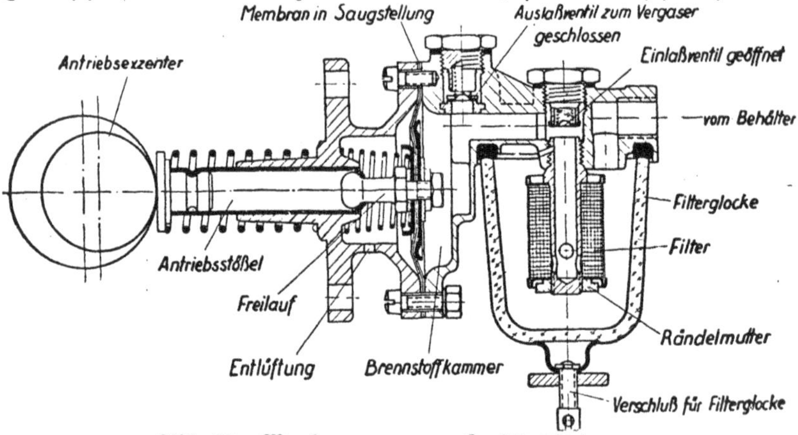

Abb. 12. Membranpumpe zur Kraftstofförderung.

Zur **Steuerung** des Viertaktmotors gehören folgende Teile: die Nockenwelle (Abb. 11) mit den zugehörigen Zahnrädern auf der Kurbel- und Nockenwelle, die Stößelführung und die Stößel mit Stößeleinstell- schrauben und Gegenmuttern, das Ventil mit Ventilführung, Feder und Federteller, bei manchen Motoren noch Stoßstangen und Schwinghebel. Die Nockenwelle, welche mit der halben Drehzahl der Kurbelwelle um- läuft, betätigt durch die Stößel die Ventile.

Die Kraftstofförderung und Reinigung erfolgt durch die Membran- pumpe (Abb. 12) und die in ihr eingebauten Siebe aus dem Brennstoff- vorratsbehälter.

Der Vergaser hat die Aufgabe, den ihm als Flüssigkeit zugeführten Kraftstoff in feinste Tröpfchen aufzulösen und mit der vom Motor an- gesaugten Verbrennungsluft eng zu mischen. Alle Vergaser arbeiten nach dem Prinzip der Blumenspritze. Der durch das Blasrohr hindurchgejagte Luftstrom saugt im Steigrohr den Kraftstoff hoch und zerstäubt ihn (Abb. 13). Jeder Vergaser hat folgende Teile (Abb. 14): 1. Schwimmer- gehäuse mit Schwimmer und Schwimmernadel. Wenn die Kraftstoff- membranpumpe das Schwimmergehäuse vollpumpt, steigt der Schwimmer hoch und verschließt mit Hilfe der Schwimmernadel die Zuflußöffnung.

2. Die Kraftstoffdüse, aus der der Kraftstoff durch die Saugwirkung der vorbeiströmenden Luft herausgerissen wird. 3. Die Luftdüse. 4. Die Drosselklappe zur Regelung der angesaugten Kraftstoffluftmenge. Bei fast geschlossener Drosselklappe wird wenig Gemisch angesaugt und der Motor läuft nur langsam.

Die **Zündung** muß das in den Zylinder gesaugte und dort verdichtete Kraftstoffluftgemisch im richtigen Zeitpunkt zur Entzündung bringen. Der

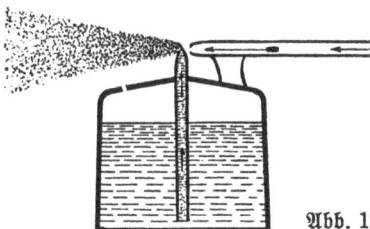

Abb. 13. Zerstäuber.

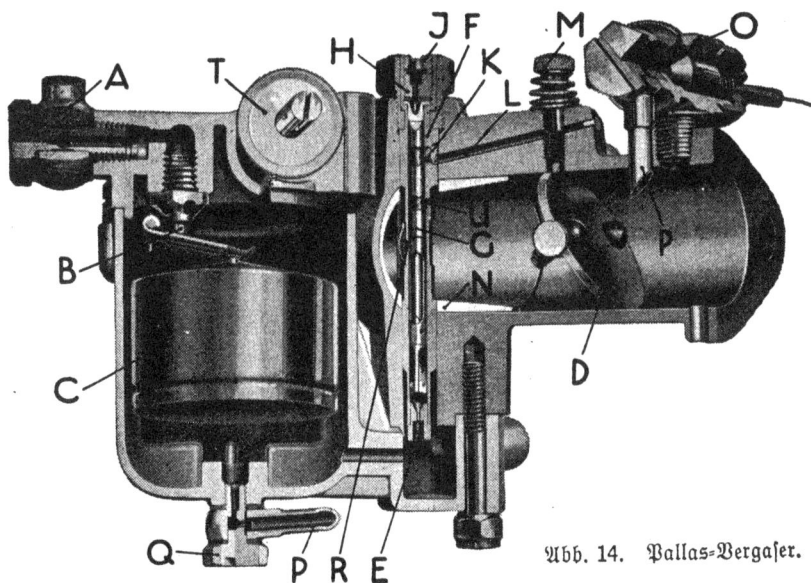

Abb. 14. Pallas=Vergaser.

A Brennstoffzuleitung, B Schwimmernadel, C Schwimmer, D Drossel=
klappe, E Brennstoffeintritt, G Kraftstoffdüse, L Luftzufuhr.

dazu erforderliche elektrische Zündfunke wird durch eine Batterie (Akku=
mulator) oder durch einen Magnet erzeugt. Bei der Batteriezündung entnimmt man elektrischen Strom von niedriger Spannung aus der Bat=
terie und leitet ihn in die sogenannte Primärwicklung eines Umformers. In dem Umformer, den man im Kraftfahrzeug die Zündspule nennt, wird in der Sekundärspule der erforderliche, hochgespannte Strom er=
zeugt. Der hochgespannte Sekundärstrom entsteht in dem Augenblick, in dem mit Hilfe eines Unterbrechers der Primärstrom unterbrochen wird.

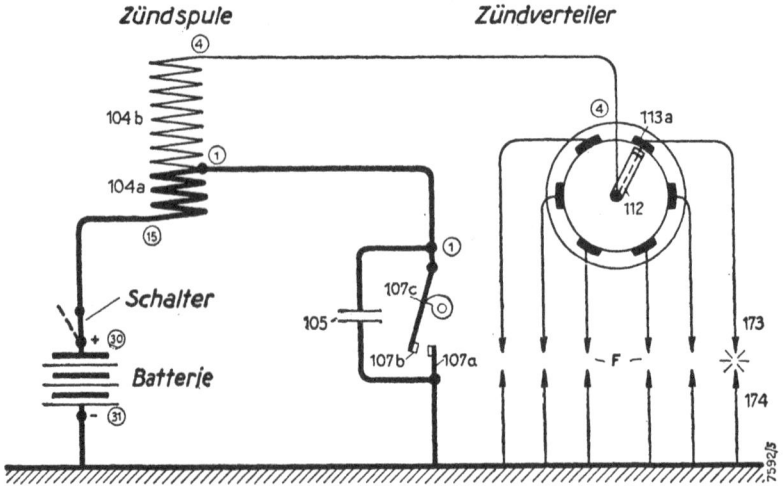

Abb. 15. Arbeitsweise der Batteriezündung.

In der obenstehenden Abbildung (Abb. 15) ist der Aufbau der Batteriezündung dargestellt. Der Primärstrom kommt von der Batterie, geht in die Primärwicklung der Zündspule und von dort über den Unterbrecher zur Masse. Der in der Sekundärwicklung erzeugte hochgespannte Strom fließt der Zündkerze zu. Wenn es sich um einen mehrzylindrigen Motor handelt, muß der Zündfunke immer zu **dem** Zylinder geleitet werden, der zum Zünden an der Reihe ist. Deshalb führt bei mehrzylindrigen Motoren das Hochspannungskabel nicht sofort zur Zünd=

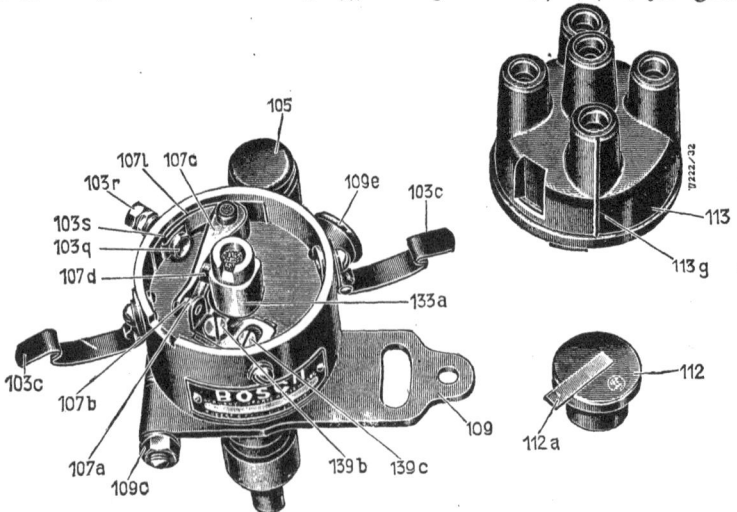

Abb. 16. Unterbrecher.

kerze, sondern erst zum Zündverteiler, der den Zündstrom immer gerade auf den richtigen Zylinder schaltet.

Der Unterbrecher (Abb. 16) wird meist in den Verteilerkopf mit eingebaut. Die Befestigungsschraube leitet den von der Primärwidlung kommenden Primärstrom auf den Kontaktbod und den Gegenkontakt am Amboß. Amboß und Schraube sind gegen Masse isoliert. Der Gegen= kontakt sitzt auf dem Hammer, der sich auf dem Zapfen drehen kann. An dem zweiten Ende des Hammers sitzt das Schleifstück. Wenn der Noden des Nodenringes am Schleifstück vorbeiläuft, wird der Hammer bewegt und dabei die Kontakte geöffnet. Im ersten Augenblick des Hammerhebens wird der von der Batterie kommende Strom unterbrochen und dabei der Zündfunke erzeugt.

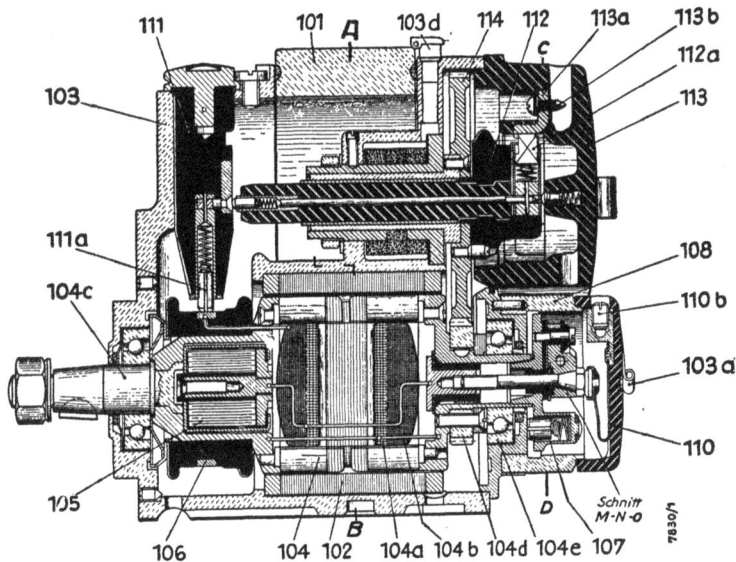

Abb. 17. Magnetzünder (Schnitt).

Während bei der Batteriezündung der niedrig gespannte Strom fertig von der Batterie bezogen wird, muß dieser Primärstrom bei der **Magnetzündung** mit Hilfe eines Stromerzeugers erst hergestellt werden. Der Primärstrom wird dann genau wie bei der Batteriezündung in einem Umformer zu hochgespanntem Sekundärstrom verwandelt. Man braucht also einmal alle diejenigen Teile, die von der Batteriezündung bekannt sind, nämlich Umformer, Unterbrecher und Verteiler. Außerdem muß an die Stelle der Batterie ein anderer Stromerzeuger treten. Alle diese Teile sind in dem Magnetzünder (Abb. 17) zusammengefaßt.

Den Primärstrom erzeugt man dadurch, daß die Primärspule zwischen den Polen eines Dauermagneten gedreht wird. Der Primärstrom fließt durch die Welle des Stromerzeugers zum Unterbrecher. Wenn der Unter= brecher abhebt, entsteht in der Sekundärwidlung, die über die Pri= märwidlung gewidelt ist, der hochgespannte Zündstrom. Die Welle mit den aufgewidelten Spulen nennt man den Anker des Stromerzeugers.

Der Anker trägt an seinem einen Ende einen Schleifring, an dem der Zündstrom durch eine mit Federdruck anliegende Kohle abgenommen und zum Verteiler weitergeleitet wird.

Die **Zündkerze** (Abb. 18) entzündet durch den an den Elektroden überspringenden Zündfunken das Gemisch. Das Wesentliche an der Zündkerze ist die Funkenstrecke vom Zündstift (in der Mitte der Kerze) bis zu den im Gewindekörper sitzenden Elektroden. Die Entfernung soll je nach Vorschrift 0,4 bis 0,6 mm betragen. Der Zündstift muß durch einen Isolator gegen den Gewindekörper gesichert sein.

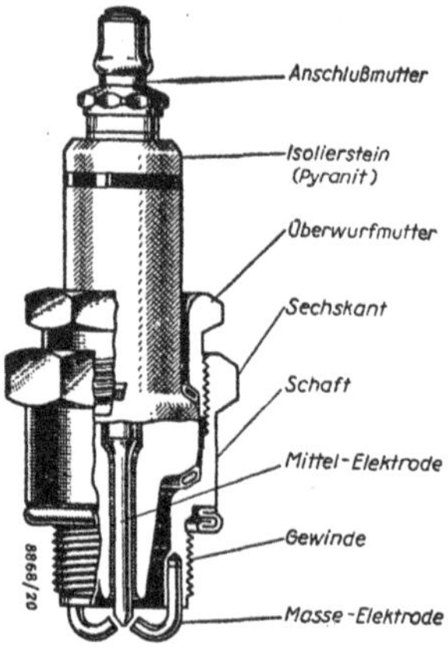

Anschlußmutter

Isolierstein (Pyranit)

Oberwurfmutter

Sechskant

Schaft

Mittel-Elektrode

Gewinde

Masse-Elektrode

Abb. 18.   Zündkerze.

Zur **elektrischen Ausrüstung** gehören:
    die Batterie, die Lichtmaschine, der Anlasser.

Die **Batterie** ist ein Speicher für elektrische Energie, mit ihrer Hilfe kann der Anlasser getrieben, die Batteriezündung, Scheinwerfer und andere Stromverbraucher gespeist werden.

In der Kraftfahrzeug-Batterie finden wir die braunen, positiven Platten aus Bleisuperoxyd und die grauen, negativen Platten aus Blei in verdünnter Schwefelsäure. (Abb. 19.) Zwischen den Platten liegt je eine dünne Isolationsscheibe (Plattenscheider), damit sich die entgegengesetzt geladenen Platten nicht berühren und dabei Kurzschluß machen können. Die Platten stehen meist in rechteckigen Behältern aus Hartgummi, den Zellen. Mehrere Zellen zusammengefaßt ergeben die Batterie.

Die Spannung einer gut aufgeladenen Zelle beträgt etwa 2,4 Volt. In stark entladenem Zustand sinkt die Spannung einer Zelle bis 1,8 Volt. Mit dem Säureprüfer wird die Spannung geprüft. In gut geladenem Zustand beträgt das spezifische Gewicht der Säure 1,24, in entladenem Zustand 1,14. Entladene Batterien müssen sofort neu aufgeladen werden.

Die **Lichtmaschine** liefert Gleichstrom. Von einer gewissen Drehzahl des Motors ab versorgt sie die Stromverbraucher des Kraftfahrzeuges und ladet gleichzeitig die Batterie auf, die bei stillstehendem und langsam laufendem Motor als Stromlieferant gedient hat.

Die Lichtmaschine soll bei denkbar ungünstigen Verhältnissen Strom liefern. Bei langsam laufendem Motor wird die Lichtmaschine langsam gedreht, bei schnell laufendem Motor schnell. Die Stromerzeugung ist entsprechend der wechselnden Drehzahl eine ganz verschiedene. Die Strom-

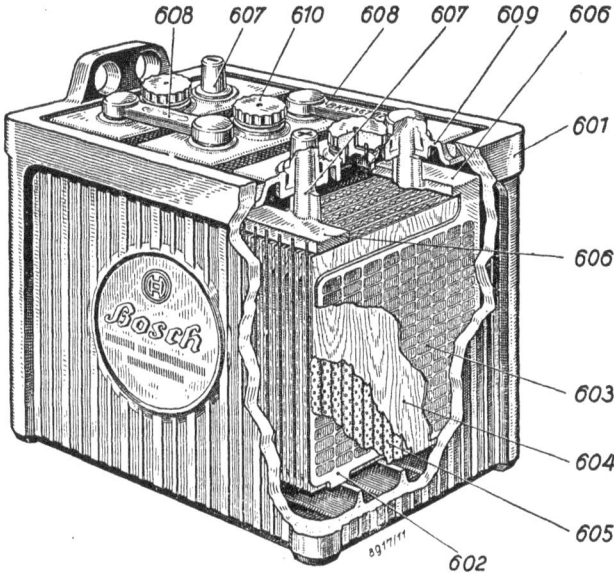

Abb. 19. Batterie (aufgeschnitten)

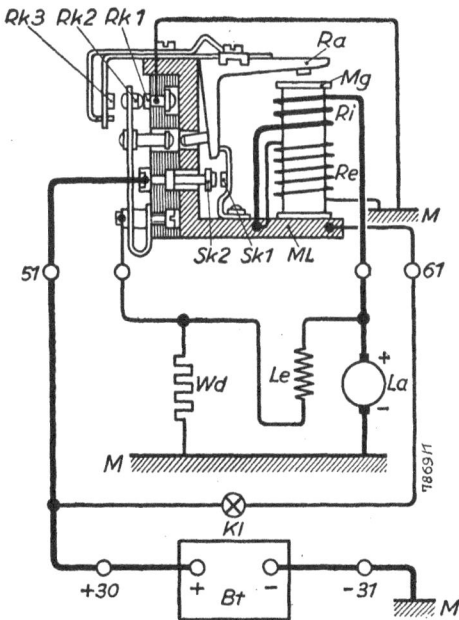

Abb. 20: Schaltung des Flachreglerschalters einer
spannungsregelnden Lichtmaschine.

verbraucher aber brauchen immer Gleichstrom von bestimmter Spannung. Die bei der Wehrmacht meist verwendete spannungsregelnde Lichtmaschine (Abb. 20) hat zur Bewältigung dieser schwierigen Aufgabe einen Regler und einen Schalter. Der Regler sorgt dafür, daß die erzeugte Spannung

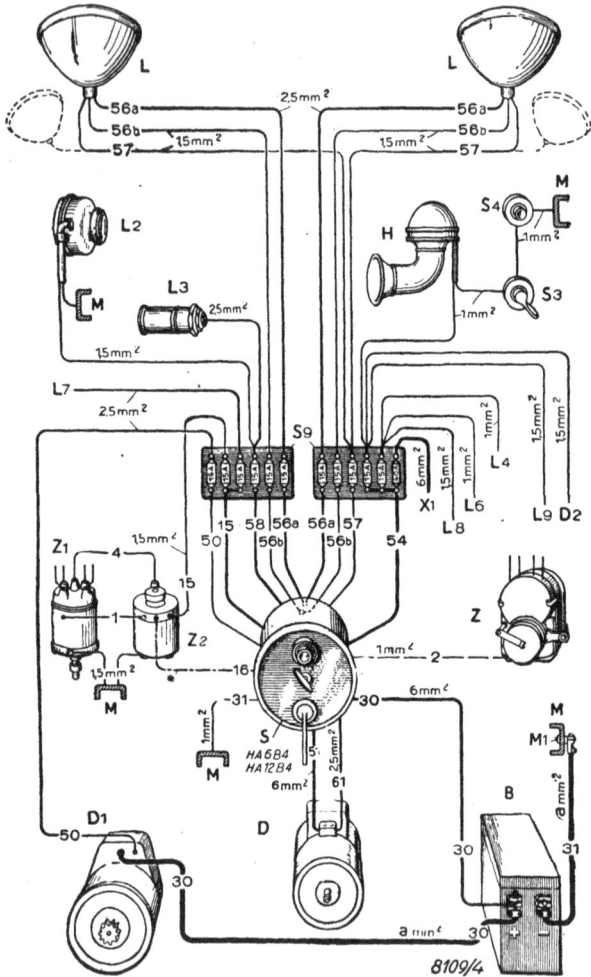

Abb. 21.
Schaltplan der Stromverbraucher eines Kraftfahrzeuges.

einen zulässigen Höchstwert nicht überschreitet. Der Schalter schaltet die Lichtmaschine erst dann auf die Verbraucher ein, wenn die erforderliche Mindestspannung erreicht ist. Regler und Schalter sind bei der Bosch-Lichtmaschine (spannungsregelnde) im Flachregler vereinigt, der sich unter dem viereckigen Blechschutzkasten der sonst zylindrischen Lichtmaschine befindet.

Der **Anlasser** ist ein kleiner Elektromotor, der durch den Batterie=
strom gespeist wird und den Motor anwerfen soll.

Als weitere Stromverbraucher kommen die Scheinwerfer, Lampen,
Signalhorn, Winker, Scheibenwischer usw. in Frage. Alle müssen bei still=
stehendem und langsam laufendem Motor von der Batterie, bei normaler
Fahrt von der Lichtmaschine versorgt werden. Die Gesamtanordnung, wie
die Verbraucher angeschlossen sind, ergibt sich aus dem Schaltplan des
Fahrzeuges. (Abb. 21.) Es ist für jeden Kraftfahrer. von Vorteil,
wenn er die Führung der einzelnen Kabel gut kennt und vor allem weiß,

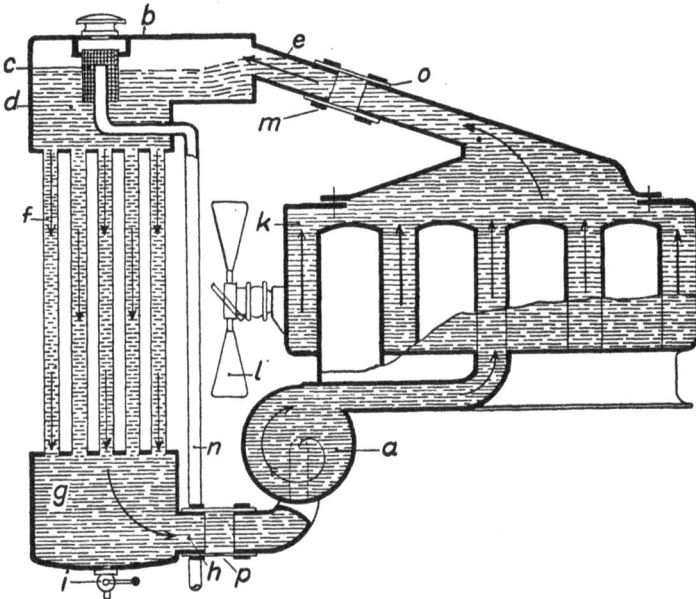

Abb. 22. Motor mit Pumpenkühlung.

wo die Sicherungen für die einzelnen Stromkreise sitzen. Falls die Siche=
rungen nicht beschriftet sind, empfiehlt es sich, dies nachzuholen, da=
mit man im Bedarfsfall sofort Bescheid weiß.

Kühlung.
Jeder Verbrennungsmotor muß gekühlt werden, damit die den Ver=
brennungsraum begrenzenden Teile nicht zu heiß werden.

Man wendet Luftkühlung oder Flüssigkeitskühlung an.

Bei Luftkühlung werden die durch Wärme besonders gefährdeten Teile
des Motors mit großen Kühlrippen versehen, außerdem ist meistens ein
Gebläse angeordnet, das durch die Kurbelwelle angetrieben wird. Dadurch
vergrößert man die Kühlfläche und die Kühlwirkung. Beispiel: Fast alle
Motorräder, luftgekühlte Krupp=Vierzylinder.

Bei flüssigkeitsgekühlten Motoren werden die heißen Stellen des
Motors von der Kühlflüssigkeit (meist Wasser) umflossen. Das Wasser
nimmt dabei. Wärme auf, dehnt sich aus, wird leichter und steigt im
Kühlersystem empor. Das Wasser hat also von selber das Bestreben,

bei der Wärmeaufnahme nach oben zu steigen. Abkühlendes Wasser zieht sich zusammen, wird dabei schwerer und möchte nach unten sinken.

Motoren mit Thermosiphon-Kühlung benutzen nur die Gewichtsveränderung des im Motor heiß werdenden und im Kühler abkühlenden Wassers, um den Kühlwasserkreislauf aufrechtzuerhalten.

Motoren mit Pumpen-Kühlung unterstützen den Kreislauf des Kühlwassers noch durch die Arbeit einer kleinen Kreiselpumpe. (Abb. 22.) Der Kühler liegt im Fahrwind. Zur Verstärkung der Kühlwirkung saugt ein vom Motor getriebener Windflügel Luft durch den Kühler hindurch.

Die günstigste Kühlwassertemperatur ist etwa 80 bis 85 Grad Celsius. Bei kälterem Motor ist die Leistung schlechter und der Kraftstoffverbrauch höher. Bei höherer Temperatur besteht die Gefahr der Verdampfung des Kühlwassers und Überhitzung der Zylinderköpfe. Im Winter muß man durch teilweises Abdecken des Kühlers die Kühlwirkung verringern. Die Abdeckung erfolgt durch Kühlerhaube oder durch Kühlerjalousie. Es gibt auch Apparate, die die Kühlwassertemperatur selbsttätig regeln, die Thermostaten.

Die **Schmierung** soll alle aufeinander gleitenden oder sich irgendwie gegeneinander bewegenden Teile des Motors mit Schmieröl versehen. Das Schmiermittel soll die Reibung zwischen den aufeinander arbeitenden Teilen vermindern und die entstehende Reibungswärme abführen.

Bei den neuzeitlichen Kraftfahrzeugen richtet man es nach Möglichkeit so ein, daß alle Teile selbsttätig geschmiert werden.

Die meist übliche Druckumlaufschmierung drückt das Schmieröl ·mit Hilfe einer Zahnradpumpe durch ein sinnreiches Kanalsystem zu den Schmierstellen, von wo das Schmieröl in die Ölwanne zurücktropft. Andere Schmierstellen, wie z. B. die Zylinderrohre, werden dadurch geschmiert, daß die Kurbelwelle und Pleuelstange Öl gegen die Zylinderwandungen schleudern (Spritzschmierung). Zweitaktmotoren führen den Zylindern und Kolben das Schmieröl von oben mit dem Kraftstoff zusammen zu (Gemischschmierung).

Einige Stellen des Motors sind schlecht zugänglich und brauchen auch nur wenig Schmierung, z. B. die Kühlwasserpumpe und der Ventilator. Diese müssen hin und wieder von Hand abgeschmiert werden.

Jedem Kraftfahrzeug wird eine genaue Schmiervorschrift mitgegeben. Darin sind alle Schmierstellen aufgezählt, die zu verwendenden Schmiermittel vorgeschrieben und gesagt, wie oft zu schmieren ist. Die Schmiervorschrift seines Fahrzeugs muß jeder Fahrer genau kennen und befolgen. Keine einzige Schmierstelle darf vergessen werden.

An den meisten Motoren finden wir **Reiniger** für Luft, Kraftstoff und Schmieröl. Da die Wehrmachtsfahrzeuge häufig in Kolonne und außerdem in staubigem Gelände fahren müssen, ist die vom Motor angesaugte Verbrennungsluft staubdurchsetzt. Die Luft muß durch ölbenetzte Kupferwolle hindurch. Dabei bleiben die Staubkörnchen am Öl hängen, wie die Fliegen am Fliegenfänger. Wenn die klebrige Öloberfläche mit Staub besetzt ist, kann sie keinen neuen Staub mehr abfangen. Deshalb Luftreiniger täglich säubern!

Das Schmieröl bringt von den Schmierstellen feine Metallteile, die durch Reibung gelöst wurden, und Schmutzkörperchen mit. Alle diese Teile müssen abgefangen werden, ehe das Öl neu in den Kreislauf geschickt wird. Dazu dient der Ölreiniger. Er ist wöchentlich zu säubern!

Diesel-Motoren.

In den letzten Jahren haben sich bei den größeren Kraftfahrzeugen die Diesel-Motoren stark durchgesetzt. Das Heer hat für seine Lastwagen den „Einheit-Dieselmotor" entwickelt, der im Viertakt arbeitet. Der Viertakt-Dieselmotor (Abb. 23) hat an der Stelle des Vergasers die Einspritzpumpe und das Einspritzventil. Die elektrische Zündanlage fehlt beim Diesel-Motor. Der Arbeitsvorgang während der vier Takte ist folgender (vgl. Viertakt beim Otto-Motor auf S. 4).

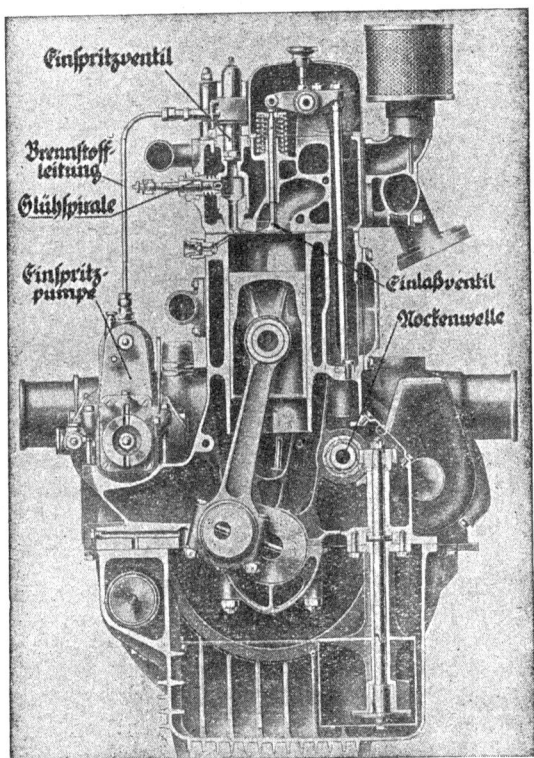

Abb. 23. Dieselmotor (Schnitt).

1. Takt. Ansaugen. Einlaßventil auf. Auslaßventil zu. Luft ohne Kraftstoff wird angesaugt. Der Vergaser fehlt; es entsteht beim Ansaugen kein Kraftstoffluftgemisch.

2. Takt. Verdichten. Beide Ventile geschlossen, nur die Luft wird verdichtet, und zwar so stark verdichtet, daß sie dabei etwa 500 Grad C heiß wird.

3. Takt. Arbeitstakt. Im gleichen Zeitpunkt, in dem sonst der Zündfunke die Verbrennung einleitete, wird fein zerstäubtes Gasöl unter hohem Druck in den Zylinder gespritzt. Das Gasöl entzündet sich von selber an der heißen Luft im Zylinder und verbrennt. Dabei Arbeitsabgabe.

2*

4. Takt. Ausschieben. Auslaßventil auf; Einlaßventil zu. Die Verbrennungsgase werden aus dem Zylinder herausgeschoben.

Das Neue am Diesel-Motor ist eigentlich nur die Einspritzpumpe und das Einspritzventil. Beide sind sehr empfindlich gegen Schmutz. Deshalb muß das Gasöl erst durch einen Kraftstoff-Reiniger gehen, ehe es zur Einspritzpumpe gelangt.

Sonder-Bauarten.

Es gibt bei der Wehrmacht noch einige Sonderbauarten, die sich hauptsächlich durch die Stellung der Zylinder unterscheiden. Z. B. hat

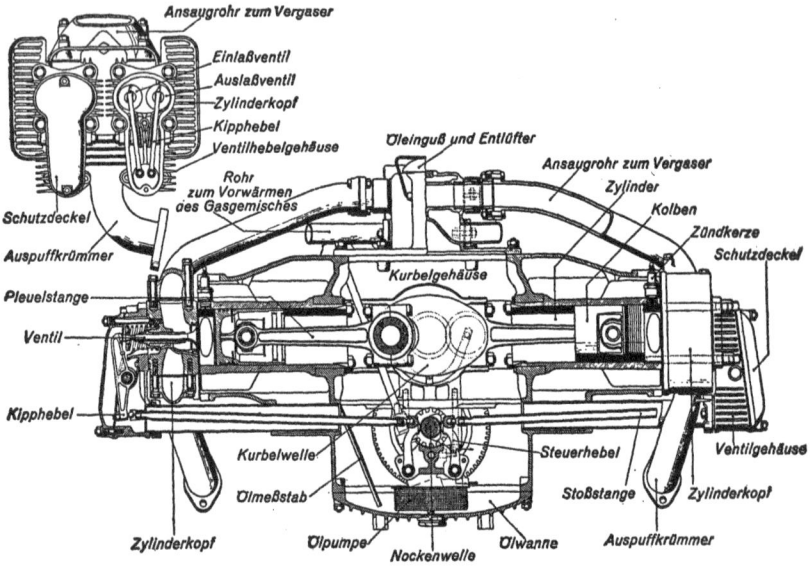

Ansaugrohr zum Vergaser
Einlaßventil
Auslaßventil
Zylinderkopf
Kipphebel
Ventilhebelgehäuse
Öleinguß und Entlüfter
Rohr zum Vorwärmen des Gasgemisches
Ansaugrohr zum Vergaser
Zylinder
Kolben
Schutzdeckel
Zündkerze
Auspuffkrümmer
Schutzdeckel
Pleuelstange
Kurbelgehäuse
Ventil
Kipphebel
Ventilgehäuse
Kurbelwelle
Steuerhebel
Zylinderkopf
Ölmeßstab
Stoßstange
Zylinderkopf
Ölpumpe
Nockenwelle
Ölwanne
Auspuffkrümmer

Abb. 24. Krupp-Boxer-Motor.

der Krupp-Boxer-Motor vier liegende Zylinder, je zwei Zylinder an jeder Seite. Der Horch-V 8-Motor stellt zwei Reihen von je vier Zylindern Vförmig gegeneinander.

3. Kraftübertragung.

Die einzelnen Teile der Kraftübertragung (Kupplung, Getriebe, Gelenkwelle, Achsantrieb, Treibachse) müssen die vom Motor abgegebene Kraft auf die treibenden Räder übertragen. Abb. 25 zeigt die Anordnung bei Hinterachs-Antrieb. Vorderrad-Antrieb kommt für Wehrmachtsfahrzeuge kaum in Frage, da dieser Antrieb weniger geländegängig ist. Die beste Geländegängigkeit erreicht man bei einem Räderfahrzeug, wenn alle Räder getrieben werden (Allrad-Antrieb).

Die **Kupplung** (Abb. 26) überträgt die Kraft vom Motor zum Getriebe. Sie muß ausrückbar sein, da kein Verbrennungsmotor unter Belastung anlaufen kann. Die Kupplung wird in der Regelstellung durch Federkraft so angepreßt, daß die Kraftübertragung erfolgt. Durch Treten des Kupplung-Pedals oder durch Ziehen des Kupplung-Hebels wird die

Kupplung gelöst, d. h. die Kraftübertragung unterbrochen. Die Kupplung befindet sich meist im Innern des Schwungrades.

Das **Getriebe** hat die Aufgabe, das Übersetzungsverhältnis zwischen Motor und den Treibrädern zu verändern und außerdem den Wagen nach rückwärts zu bewegen. Ein einfaches Getriebe mit drei Vorwärts-

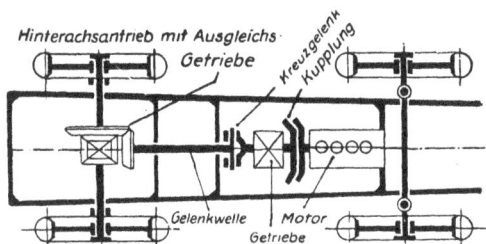

Abb. 25. Hinterachsantrieb.

gängen und 1 Rückwärtsgang zeigt Abb. 27. In dem Getriebekasten liegen vier Wellen:

der letzte Teil der Kupplungswelle, die Hauptwelle,
die Vorgelegewelle, die Rücklaufwelle.

Kupplungswelle und Hauptwelle liegen in einer Flucht, sind aber nicht direkt miteinander verbunden. Am Ende der Kupplungswelle ist ein Zahnrad befestigt, das ständig in das größte Zahnrad der Vorgelegewelle eingreift und dabei die Vorgelegewelle mitdreht. Auf der Hauptwelle

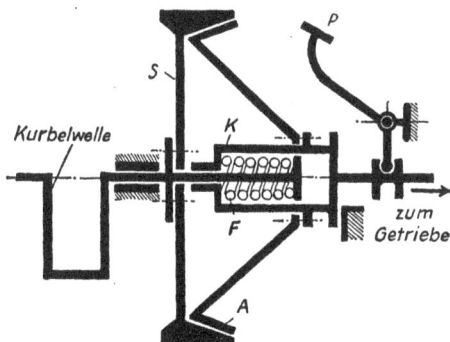

Abb. 26. Kupplung.

sitzen zwei seitlich verschiebbare Zahnräder; diese Zahnräder gleiten in Nuten der Hauptwelle und übertragen so jede Drehbewegung auf die Hauptwelle. In der ersten Abbildung oben links ist die Leerlaufstellung gezeigt. Die Kraft geht von der Kupplungswelle zur Vorgelegewelle. Da aber keines der Schieberäder in Eingriff mit den Gegenzahnrädern steht, kann die Kraft nicht auf die Hauptwelle übertragen werden.

Die **Gelenkwelle** dient bei Wagen mit Hinterachsantrieb dazu, die Antriebskraft von dem dicht am Motor liegenden Getriebe bis zur Hinter-

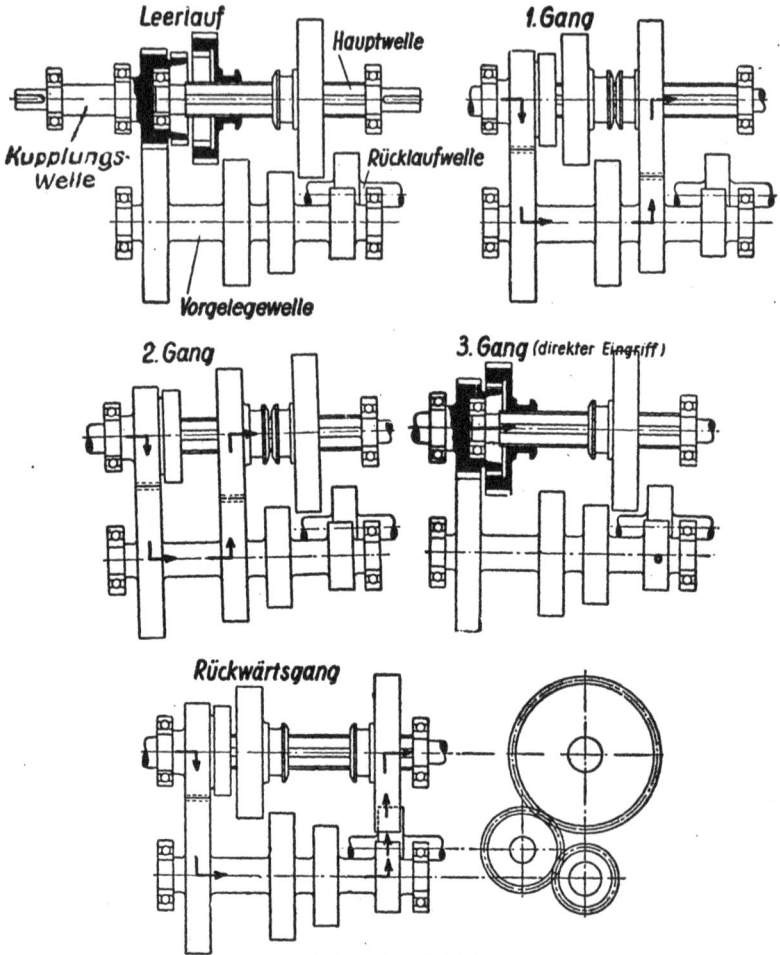

Abb. 27. Getriebe.

achse zu übertragen. Sie heißt deshalb Gelenkwelle, weil sie entweder an ihrem vorderen, manchmal an beiden Enden mit einem Gelenk versehen ist.

Wie Abb. 28 zeigt, ist das Getriebe fest im Rahmen des Wagens aufgehängt, während sich die Hinterachse bei Durchfederungen gegenüber dem Fahrgestell bewegt. Die Mittellinie der Gelenkwelle bleibt also nicht in einer bestimmten Richtung zum Rahmen, sondern muß Knickbewegungen um ein am Getriebe sitzendes Gelenk machen können. Wenn der Motor mit dem angeflanschten Getriebe auf Gummipolstern im Rahmen ruht, wie das heute vielfach üblich ist, kann sich das Getriebe auch noch gegenüber dem Rahmen bewegen. In solchen Fällen ist das Vorhandensein eines Gelenkes doppelt wichtig.

Zum Antrieb der **Hinterachse** sitzt auf dem hinteren Ende der Gelenkwelle entweder ein Kegelrad oder eine Antriebsschnecke, um die Kraft an
das Ausgleichgetriebe weiterzugeben und dabei gleichzeitig eine Untersetzung
(Drehzahl ins Langsame übertragen) durchzuführen.
Die Pkw. sind meist mit Kegelradantrieb ausgerüstet. Das Kegelrad treibt das am Ausgleichgetriebe befestigte Tellerrad. Die dabei üblichen Untersetzungen sind 1:4 bis 1:6.

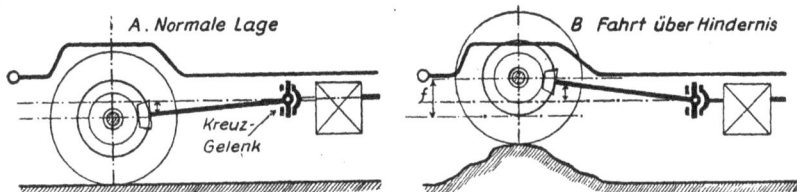

Abb. 28. Gelenkwelle.

Wenn das Untersetzungsverhältnis noch größer werden soll (z. B.
1:10), verwendet man den Schneckenantrieb, der außerdem den Vorteil
des geräuschlosen Arbeitens für sich hat. Die Schnecke muß sehr sorgfältig geschmiert werden.

Ausgleichgetriebe.

Wenn ein Kraftwagen eine Kurve durchfährt, müssen die außen
in der Kurve laufenden Räder einen größeren Weg zurücklegen, als die
innen laufenden Räder. (Abb. 29.) Würde die Hinterachse aus einem
Stück sein, so müßten sich das Außen- und das Innenrad immer
gleich schnell drehen. Bei Kurvenfahrt würde also wenigstens eines der

Abb. 29. Durchfahren einer Kurve.

Räder rutschen und dabei die Bereifung ganz unnötig abnutzen. Diesen
Übelstand beseitigt das Ausgleichgetriebe (Differential). Das Wort
„Ausgleichgetriebe" deutet schon an, daß es ausgleichen soll, und
daß es das Außenrad in der Kurve auf Kosten des Innenrades schneller
dreht. Hierbei ist es notwendig, statt einer Hinterachse aus einem
durchlaufenden Stück eine Hinterachse aus zwei Teilen, den sogenannten
Halbachsen, anzuwenden. Die eine Halbachse treibt das rechte, die andere
Halbachse das linke Hinterrad.
Abb. 30 zeigt ein Kegelrad-Ausgleichgetriebe.
Der **Vorderachs-Antrieb** hat auf der Straße fahrtechnisch (Kurvenfahrt) Vorteile und gestattet durch Fortfall der Gelenkwelle eine gedrängte,
billige Ausführung. Da der Vorderachs-Antrieb im Gelände aber weniger
gut geeignet ist, kommt er als Allein-Antrieb für Wehrmachtsfahrzeuge
nicht in Frage.

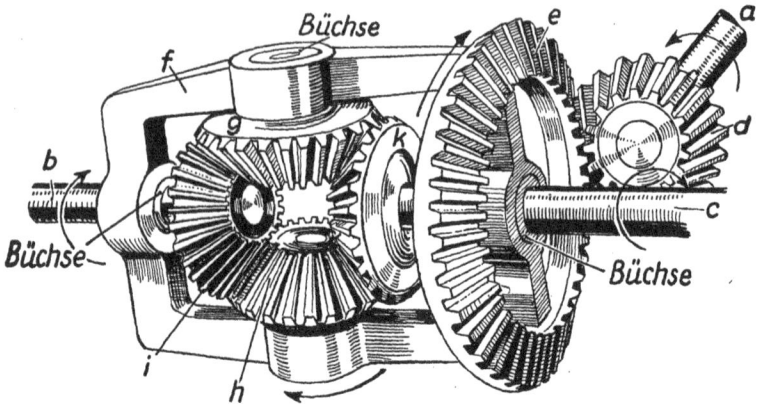

Abb. 30. Ausgleichgetriebe.

Mehrachs=Antrieb.

Dagegen ist die Vereinigung von Vorderrad=Antrieb mit Hinterrad=Antrieb (Allrad=Antrieb) sehr vorteilhaft für die Geländegängigkeit. Hierbei muß je ein Ausgleichsgetriebe in Vorder= und Hinterachse und ein drittes Ausgleichgetriebe zwischen Vorder= und Hinterachse vorhanden sein.

Nicht ganz so geländegängig wie die allradgetriebenen Wagen sind die dreiachsigen Wagen, bei denen beide Hinterachsen angetrieben werden.

4. Fahrwerk.

Zum Fahrwerk rechnet man: Rahmen, Federn, Achsen, Lenkung, Räder, Bereifung und Bremsen.

Der **Rahmen** ist das tragende Gerüst für den ganzen Wagen. Alle anderen Teile des Wagens sind irgendwie in den Rahmen eingehängt oder an ihm befestigt.

Der Rahmen soll möglichst steif sein. Er soll aber auch leicht sein. Diesen sich widersprechenden Forderungen versuchte man auf verschiedenen Wegen nachzukommen.

Für die besonders hoch beanspruchten Wagen der Wehrmacht wird meist ein Kastenrahmen verwendet. Mehrere Querträger (Traversen), die manchmal X=förmig angeordnet sind, verbinden die Längsträger.

Der Rahmen ruht auf den **Federn**. (Abb. 31.) Die Federn sollen in erster Linie die von der Bereifung noch nicht aufgeschluckten Fahrbahnstöße abfangen und nach Möglichkeit vom Rahmen abhalten.

An den **Achsen** sind einmal die Räder und außerdem die Federn be-

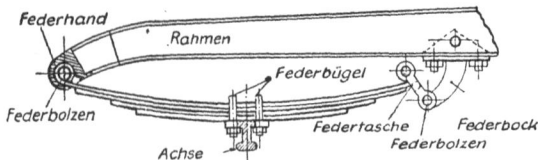

Abb. 31. Federn.

feſtigt. Die Achſen müſſen heftige Stöße aushalten und dabei das Wagen=
gewicht tragen. Man verwendet deshalb ſehr hochwertiges Material für
die Achſen.

Wir unterſcheiden am Fahrzeug der Regelbauart die Vorderachſe mit
den gelenkten Rädern und die Hinterachſe mit den antreibenden Rädern.
An Wagen mit drei Achſen (ſechs Rädern) werden meiſt zwei Achſen
dicht zuſammengerückt als Hinterachſen verwendet.

Für die **Lenkung** des Kraftfahrzeugs verwendet man die in Abb. 32
dargeſtellte Achsſchenkellenkung.

Durch Drehen am Lenkrad i wird der Lenkſtockhebel k bewegt. Dieſe
Bewegung verſtellt die Lenkſtange e und damit die beiden Vorderräder.

Die **Räder** beſtehen aus der Radnabe, den Radſpeichen und der Felge.
In letzter Zeit verwendet man vielfach ſtatt der Radſpeichen auch Rad=
ſcheiben, die ſich zwar leichter reinigen laſſen, aber gegen ſeitliche Stöße
nicht ſo feſt ſind. Mit Rückſicht auf bequemen Reifenwechſel faßt man
den Speichenkranz mit der Felge zu einem Stück zuſammen, das an der
Nabe angeſchraubt wird. Die Nabe bleibt bei Reifenwechſel auf der Achſe.

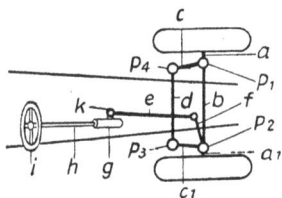

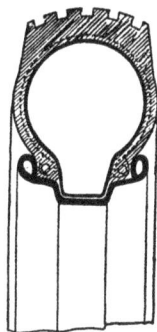

Abb. 32.   Abb. 33. Tiefbettfelge.

Die Form der Felge richtet ſich nach der Art der benützten Bereifung
und danach, wie man die Bereifung aufziehen will. Die Tiefbettfelge
(Abb. 33) in Verbindung mit Drahtſeilreifen wird bei Pkw. und Krad
verwendet. Für die ſehr unhandlichen Luftreifen der Laſtwagen bevor=
zugt man Flachbettfelgen. Bei Laſtwagenrädern iſt meiſt die Felge ab=
nehmbar. Nabe und Speichenkranz bleiben dann beim Reifenwechſel auf
der Achſe.

Vollgummi=Reifen und Vollgummi=Reifen mit Luftkammern gibt es
nur noch ſelten. Wagen mit Vollgummi=Reifen dürfen höchſtens mit
25 km/St. Geſchwindigkeit fahren.

Für ſchnelle Fahrzeuge kommt die Luftbereifung in Frage. Zu einer
vollſtändigen Luftbereifung gehört der Luftſchlauch mit Ventil, der
Reifen und das Felgenband.

Der Luftſchlauch aus weichem, ſehr elaſtiſchem Gummi ſoll die hinein=
gepumpte Luft feſthalten. Um die Schläuche unempfindlich gegen Ein=
ſchnitte von Nägeln, Scherben, aber auch gegen Schußverletzungen zu
machen, wird bei manchen Wehrmachtsfahrzeugen in den Schlauch eine
kleine Menge Spezialflüſſigkeit getan. Dieſe Flüſſigkeit erſtarrt, ſowie ſie
durch das friſche Loch hindurchquillt.

Der Reifen ist aus mehreren Gewebelagen aufgebaut, die die äußere Gummihülle, die verstärkte Lauffläche und die im Rand eingebetteten Stahlseile tragen.

Das Felgenband aus Gewebe soll verhindern, daß der Schlauch auf dem Metall der Felge aufliegt.

Die Bereifung hat schon bei vernünftiger Fahrweise sehr große Beanspruchungen auszuhalten. Wenn aber ein Fahrer noch unnötig scharf anfährt und bremst, wenn die Kurven zu schnell genommen werden oder wenn die Bereifung beim Anhalten am Bordstein entlangschleift, bei allen Fällen unvernünftiger Fahrweise kann die beste Bereifung vorzeitig zerstört werden, was mit Rücksicht auf die Rohstoff-Einschränkung in Deutschland ganz besonders zu bekämpfen ist.

Jeder sorgfältige Fahrer muß täglich vor Antritt der Fahrt den Luftdruck seiner Reifen prüfen. Denn nur mit dem vorgeschriebenen Luftdruck kann der Reifen richtig arbeiten. Auch die Reservereifen sind täglich zu prüfen, damit man im Bedarfsfall nach dem Reifenwechsel nicht erst noch Luft aufpumpen muß.

Die Oberfläche der Reifen ist täglich genau nachzusehen. Oft kann man einen eingefahrenen Nagel aus der Laufdecke entfernen, ehe er sich aufrichten und den Schlauch durchstechen konnte. Wenn sich irgendwelche Schäden zeigen, Reifen zum Vulkanisieren geben, ehe die Schäden größere Ausmaße annehmen.

Die besseren Reifen pflegt man auf die Vorderräder zu legen. Eine Reifenpanne der gelenkten Vorderräder kann ein ungewolltes Zur-Seite-Lenken und einen schweren Unfall zur Folge haben.

Nach der Straßenverkehrsordnung muß jedes Fahrzeug (Kraftfahrzeug) zwei voneinander unabhängig arbeitende Bremsen haben, von denen die eine feststellbar sein muß.

In allen neuzeitlichen Kraftwagen ist als Hauptbremse die Fußbremse (Bremspedal neben Gaspedal) vorhanden, die nur so lange wirksam ist, wie man auf das Bremspedal tritt. Eine Rückholfeder bringt das Bremspedal in seine Anfangstellung zurück und hebt dabei die Bremswirkung auf. Die Fußbremse wirkt auf alle Räder des Wagens. Sie hat die Aufgabe, die Geschwindigkeit des Wagens zu verringern oder ihn ganz anzuhalten.

Die Handbremse als Hilfsbremse dient in erster Linie dazu, den stillstehenden Wagen nicht weiterrollen zu lassen. Mit Hilfe einer Sperrklinke, die in ein Zahnsegment eingreift, bleibt sie in der jeweils gezogenen Stellung stehen; sie ist also feststellbar. Da sie nur kleinere Bremskräfte auszuüben hat, wirkt sie oft nur auf zwei Räder oder auf das Getriebe und damit auf die Hinterräder.

An einem Wagen mit Allrad-Bremse (d. h. alle Räder werden gebremst) muß die Bremswirkung an allen Rädern gleich stark sein, damit der Wagen beim Bremsen weiter geradeaus fährt. Wenn z. B. die Räder auf der linken Seite stärker als auf der rechten Seite gebremst werden, will der Wagen nach links herumschleudern. Bei den Gestänge-Bremsen ist das Einstellen einer gleichmäßigen Bremswirkung auf alle Räder nicht ganz einfach.

In dieser Hinsicht ist die Öldruckbremse im Vorteil. Die in Abb. 34 dargestellte Ate-Lockheed-Bremse betätigt mit dem Bremspedal einen Pumpenkolben, der die Bremsflüssigkeit durch Leitungen zu den Bremstrommeln preßt. In jeder Bremstrommel ist statt des Spreiznockens ein Bremszylinder mit zwei Kolben (Abb. 35) angeordnet. Wenn die Brems=flüssigkeit, ein Spezialöl, zwischen die beiden Kolben tritt, gehen die Kolben auseinander und pressen dabei die Bremsbacken gegen die Brems=trommeln. Wenn der Flüssigkeitsdruck aufhört, zieht eine Rückholfeder

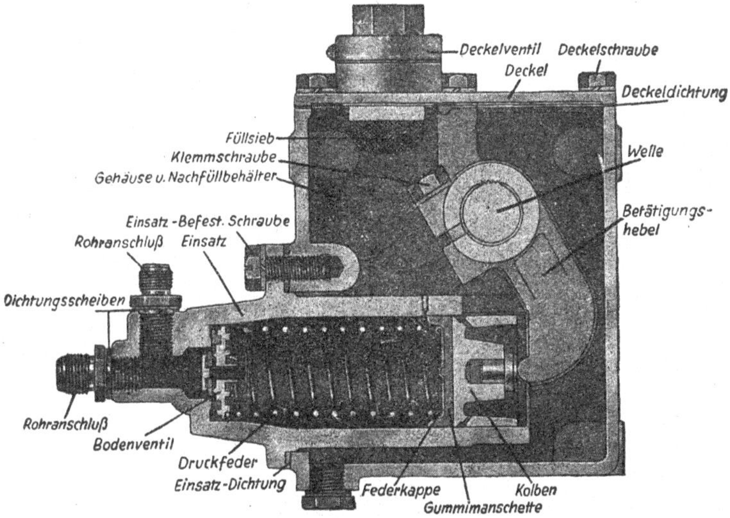

Abb. 34. Öldruckbremse.

Abb. 35. Bremszylinder mit Bremsbacken.

die Bremsbacken in die Ruhestellung zurück. Da sich der Flüssigkeits=druck nach allen Richtungen gleichmäßig ausbreitet, werden alle Bremsen gleich stark betätigt.

Wenn die Körperkraft des Fahrers zum Bremsen nicht mehr ausreicht (z. B. bei großen Lastwagen), läßt man durch das Bremspedal eine größere Kraft steuern, die dann auf die Bremsen wirkt. So wird bei der Druckluftbremse aus einem Vorratsbehälter Druckluft entnommen, die die Kraft zum Betätigen der Bremsen hergeben muß. Eine vom Motor getriebene Druckluftpumpe ergänzt ständig den Druckluftvorrat.

5. Das Kraftrad (Krad).

Als Krad bezeichnet man jedes Landfahrzeug, das durch Maschinenkraft getrieben wird, auf zwei Rädern läuft und nicht an Geleise gebunden ist. Zum Führen der Krafträder, auch der Beiwagenmaschinen, ist der Erwerb des Führerscheines Klasse I erforderlich.

(Führerschein 4 für Krafträder mit weniger als 250 ccm Hubvolumen.)

Ähnlich wie beim Kraftwagen können die einzelnen Teile des Kraftrades in folgende Hauptgruppen zusammengefaßt werden:

Motor, Kraftübertragung, Fahrwerk.

a) Motor.

Als Kraftradmotoren werden hauptsächlich einzylindrige oder zweizylindrige (Abb. 36) Motoren mit Luftkühlung eingebaut. In der

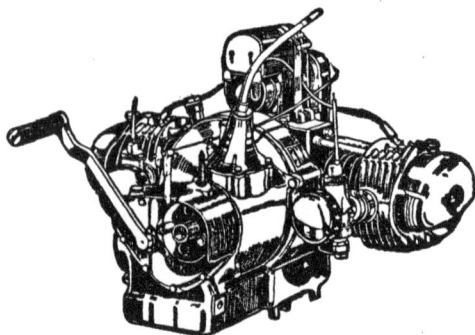

Abb. 36. Zweizylinder-Krad-Motor.

Gruppe der Kleinkrafträder (200 ccm Hubvolumen und weniger) überwiegt der Zweitaktmotor, der in der Herstellung billig ist und wenig Wartung erfordert. Bis 350 ccm Hubvolumen ist Zweitakt und Viertakt gleich stark vertreten. In der Gruppe der schweren Krafträder, die bisher in erster Linie für die Wehrmacht eingesetzt werden, gibt es überwiegend nur Viertaktmotoren.

Die Kraftstoffzufuhr erfolgt durch natürliches Gefälle aus dem über dem Motor angeordneten Kraftstoffbehälter.

Als Vergaser finden hauptsächlich Kolbenschieber-Vergaser Verwendung.

Zum „Gasgeben" benutzt man nicht ein Gaspedal, sondern einen Drehgriff oder Hebel am rechten Lenkergriff.

Zur Erzeugung des Zündfunkens wird sowohl Batteriezündung als auch Magnetzündung genommen.

Viertaktmotoren werden meist mit Druckumlauf-Schmierung versorgt, Zweitaktmotoren arbeiten mit Gemisch-Schmierung.

Zum Anwerfen des Motors ist kein Anlasser vorhanden. Dazu dient der Kickstarter, ein Fußhebel. Durch schnelles Durchtreten wird der Motor in Drehung gebracht und angeworfen.

b) Kraftübertragung.

Die Kupplung ist wie beim Kraftwagen zwischen Schwungrad und Getriebe angeordnet. Sie wird aber im allgemeinen nicht durch ein Kupplungspedal, sondern durch einen Handgriff am linken Lenkergriff bedient. Die Kraftradgetriebe enthalten meist drei oder vier Vorwärtsgänge. Auf den Rückwärtsgang hat man verzichtet, weil das Rückwärtsfahren mit einem zweirädrigen Fahrzeug nur selten von Menschen beherrscht wird. Es gibt Getriebe mit Schieberädern und solche mit Schaltmuffen.

Die Kraftübertragung vom Getriebe zum Hinterrad wird durch eine Kette oder Karbanantrieb übernommen. Bei Kettenantrieb wird die Kette ganz gekapselt, um gegen Verschmutzung und dadurch eintretende Abnutzung geschützt zu sein und um die Geräuschbildung zu verringern.

c) Fahrwerk.

Die Kraftradrahmen werden entweder aus Stahlrohren oder gepreßten Stahlblechen hergestellt. Sie sollen möglichst verwindungssteif sein. Diese Forderung ist besonders wichtig für Beiwagenmaschinen.

Als Räder dienen kräftige Drahtspeichenräder, bei denen Nabe, Speichen und Felge fest miteinander verbunden sind. Vorder- und Hinterrad sind gleich und können gegeneinander vertauscht werden. Wenn man Reifen wechseln will, zieht man die Radachse (Steckachse) aus dem Rahmen und hat das Rad ohne weitere Montage zur Hand.

Die Bremsen sind meist als Innen-Backen-Bremsen ausgeführt. Als Hauptbremse dient ein Fußhebel, als Hilfsbremse ein Handhebel am rechten Lenkergriff.

II. Teil: Pflege und Wartung der Kraftfahrzeuge.

1. Allgemeines.

Die Einsatzbereitschaft und Kriegstauglichkeit der Kraftfahrzeuge hängt von der richtigen, sachgemäßen Pflege ab (vgl. die Waffen bei den Soldaten!).

Kleine Mängel sind jederzeit sofort abzustellen, damit größere Schäden vermieden werden können.

Regelmäßige Prüfung der Kfz. nach H. Dv. 488/6 soll in vierteljährlichem Abstand vorgenommen werden.

a) Reinigung.

Die Reinigung der Kfz. soll nur im Waschraum oder vor der Fahrzeughalle — mit kaltem Wasser und Schwamm — vorgenommen werden; scharfer Strahl ist zu vermeiden (Lackbeschädigung!). Strahl nicht auf Fensterschächte, Werkzeugkasten und Sammler richten. Aufbau mit Leder nachreiben. Lederpolster mit lauwarmem Wasser, Leder und Seife reinigen. Stoffpolster klopfen, mit Bürste oder Staubsauger reinigen. Nasses Verdeck zum Trocknen aufspannen.

Fahrgestell und Motor mit Bürste reinigen. Lichtmaschine, Unterbrecher, Vergaser und Sammler zudecken. Verölte Teile mit Waschpetroleum abwaschen — nur Pinsel ohne Metallteile verwenden (Kurzschluß-gefahr). Besonderes Augenmerk auf gute Reinigung sämtlicher Schmier-stellen legen. Luftfilter am Vergaser ist besonders nach Geländefahrten mit Brennstoff auszuwaschen und neu mit Öl zu tränken.

b) Schmierung.

Kontrolle der **Motorschmierung** durch Ölstands- und Öldrucküber-wachung. Prüfen des Ölstandes mittels Ölmeßstab: Erst Herausnehmen des Ölmeßstabes, Reinigen mit Lappen, Wiedereinstecken, nach Wieder-herausnehmen den Ölstand nach den eingekerbten Marken feststellen. Fest-stellung des Öldruckes durch Beobachten des Öldruckmessers am Arma-turenbrett (bei Druckschmierung). Höhe des Öldruckes nach Firmen-angabe beachten.

Ölwechsel muß in regelmäßigen Abständen nach Firmenangabe vor-genommen werden, und zwar nach folgenden Arbeitsgängen:

Ölwechsel soll nur bei warmem Motor, am besten nach längerer Fahrt, vorgenommen werden (Öl dünnflüssig!).

Erst Ölablaßschraube am unteren Teil des Kurbelgehäuses m i t t e l s p a s s e n d e m Steckschlüssel entfernen. — Öl in einen Behälter auslaufen lassen — Motor mittels Handkurbel durchdrehen, damit alles Öl ab-läuft. — Ölablaßschraube wieder anbringen und zirka 1—2 Liter Spülöl einfüllen. — K e i n P e t r o l e u m z u m S p ü l e n v e r w e n d e n! — Motor wieder etwas laufen lassen, dabei Öldruckmesser beobachten und Spülöl wieder ablassen, — abtropfen lassen. — Frischöl in vorgeschrie-bener Menge auffüllen.

Motorzubehörteile.

Kühlerwindflügel und Wasserpumpe werden mit Fett durch Anziehen der Staufferbuchsen geschmiert (1—2 Umdrehungen).

Die Fettschmierung der Lager bei Lichtmaschine, Magnetzünder und Anlasser bedarf während des normalen Betriebes keiner Wartung. Falls bei Magnetzünder Klappöler vorhanden, muß hier Öl aufgefüllt werden; Verteilerwelle wird durch Nachziehen der Fettbuchse geschmiert.

Kraftübertragungsteile.

Bei der **Kupplung** bedarf im allgemeinen nur das Kupplungsdruck-lager der regelmäßigen Schmierung (Schmierstelle am Kupplungsdruck-ring). Graphitringe sind nicht zu schmieren.

Wechselgetriebe.

Öl im Getriebegehäuse muß bis zu den unteren Gewindegängen der Öleinfüllschraube reichen — Getriebeöl. Ölwechsel wie bei Motor sinn-gemäß.

Gelenkwelle.

Trockengelenke (Hardyscheiben) dürfen nicht geschmiert werden. Kar-dangelenke sind mit Öl oder Fett regelmäßig nach Firmenangabe zu schmieren.

Öleinfüllschrauben bei Ölschmierung am Gelenkgehäuse entfernen.

Achsantrieb.

Ölstand an Öleinfüllschraube prüfen. Ölwechsel mit Getriebeölwechsel vornehmen (wie bei Motorschmierung).

— 31 —

Räder.

Radlager müssen regelmäßig mit Fett aufgefüllt werden (nach Firmenangabe).

Lenkung.

Im Lenkgehäuse ist regelmäßig Öl aufzufüllen. Weitere Schmierstellen sind an Achsschenkelbolzen, Spur- und Lenkstangenbolzen, Lenkstockhebel und an Lenksäule.

Bremsen.

Öl-Schmierstellen an: Hand- und Fußbremshebel, Bremsquerwellenlager, Bremsgestänge, Bremshebel und Bremsnoden am Bremsträger vorsichtig durch (Bremsbeläge nicht verölen!) einige Tropfen Öl. Bremsbowdenzüge ölen!

Federn.

Schmierstellen sind an den Federbolzen und Gleitlagern. Blattfedern in regelmäßigen Abständen entlasten und zwischen den einzelnen Federblättern schmieren.

An Einzelschmierstellen mit Fettschmierung sind Schmiernippel. In diese wird das Fett mit der Fettpresse eingedrückt, bis an den offenen Stellen das alte Fett ausgepreßt und neues Fett austritt.

Bei verschiedenen Fahrzeugen werden Einzelschmierstellen durch Zentraldruckschmierung mitgeölt. Bei Zentraldruckschmierung mit Fußbetätigung ist der Vorratsbehälter rechtzeitig mit Schmieröl aufzufüllen. Hierbei ist der Stößel der Ölpumpe mehrmals und kräftig (in zirka 30 Sek. Abstand) durchzutreten, bei richtigem Arbeiten muß an allen angeschlossenen Schmierstellen Öl austreten. Die Schmierung soll während der Fahrt nach den Angaben der Firma (allgemein nach zirka 50—100 km) betätigt werden.

c) Regelmäßige Unterhaltungsarbeiten.

Am Motor.

Das Ventilspiel ist mit Ventillehre zu prüfen und gegebenenfalls neu durch die Werkstatt einzustellen.

Motorzubehör.

Vergaser.

Reinigen der Brennstoffsiebe, Schwimmergehäuse, Düsen.

Zündung.

Prüfen der Unterbrecherkontaktabstände mittels Lehre (ungefähr 0,4 mm bei Magnetzünder, 0,6 mm bei Batteriezündung).

Unterbrecher und Verteiler reinigen. Zündkerzen herausnehmen und reinigen, Elektrodenabstand prüfen, Kerzentype nach Firmenangabe prüfen.

Anlasser.

Ritzelabstand von Schwungradzahnkranz prüfen (allgemein 3 mm).

Kühlung.

Ventilatorriemen spannen, Kühler von Fremdkörpern reinigen, Kühlwasser öfter ablassen, Schlamm ausspülen, Kesselsteinansätze gegebenenfalls durch chemische Reinigungsmittel entfernen. Gebrauchtes Kühlwasser ist frei von kesselsteinbildenden Bestandteilen und soll nach Möglichkeit wieder verwendet werden, besonders im Winter nach Beigabe von Frostschutzmitteln.

An der Wasserpumpe ist die Stopfbuchse zur Dichtung nachzuziehen.

Kraftübertragungsteile.

Kupplung.

Das Kupplungsspiel ist nach Angabe der Firma einzustellen, es beträgt im allgemeinen 20—30 mm am Fußhebel gemessen. Radbefestigungsschrauben nachziehen (auch Reserveräder!).

Felgen entrosten und mit Anstrich versehen.

Reifen auf vorgeschriebenen Druck nach Firmenangabe bringen, Laufdecke auf Fremdkörper, Verletzungen und Profilabnutzung untersuchen.

Lenkung.

Toten Gang auf zulässiges Maß prüfen. (20° bei schnellen Fahrzeugen, 30° bei langsameren schweren Fahrzeugen höchstens zulässig).

Schraubenverbindungen der Lenkung müssen nachgezogen und durch Splinte gesichert sein.

Bremsen.

Die Bremsen müssen gleichmäßig ziehen. Dies wird bei mechanischen Bremsen durch sorgfältiges Einstellen der Ausgleichsvorrichtung im Bremsgestänge erreicht, bei Öldruckbremsen durch Entlüften der Ölleitung an den Bremszylindern und Nachstellen der Exzenterschrauben der Bremsbacken.

Zur Prüfung der gleichmäßigen Einstellung der Bremsvorrichtungen ist das Fahrzeug aufzubocken oder auf die Hebebühne zu bringen. Bei Luftdruck ist der richtige Bremsluftdruck nach Angabe der Firma einzuregulieren.

Federn.

Federn sind auf Bruch einzelner Federblätter und ausgeschlagener Bolzen zu untersuchen und bei Blattfedern regelmäßige Schmierung vorzunehmen.

Elektrische Ausrüstung.

Bei Bleisammlern ist der Säurestand ständig zu überwachen (allgemein 10—15 mm über Plattenoberkante, bei Krabbatterien 7—10 mm).

Ladezustand mit Aerometer prüfen (und Voltmeter bei gleichzeitiger Stromentnahme).

Die Anschlußklemmen müssen mit säurefreiem Fett gefettet sein.

Bei Leitungen auf Wackelkontakte und Scheuerstellen prüfen und diese beseitigen.

Beleuchtung.

Sämtliche Lampen prüfen!

Bilux-Lampe richtig einsetzen! Abdeckschirm nach unten.

Ebenso sind sämtliche übrigen elektrischen Apparate wie Winker, Hupe, Scheibenwischer, Klarsichtscheibe usw. auf einwandfreies Arbeiten zu untersuchen.

2. Zeitliche Einteilung der technischen Arbeiten.

a) Täglich auszuführende Arbeiten.

Motor Ölstand prüfen. Bremse, Lenkung, Lampen und Winker, Reifen und Luftdruck auf Verkehrssicherheit prüfen. Kühlwasserstand, wenn nötig, ergänzen, Brennstoffvorrat ergänzen, Kupplungspedal auf richtiges Spiel nachsehen. Bei Zentralschmierung Pumpenstößel vor der Fahrt und nach zirka 50—100 km betätigen. Luftfilter reinigen und mit Öl tränken.

b) Wöchentlich oder nach etwa 500 km auszuführende Arbeiten.

Gründliche Außen= und Innenreinigung des Fahrzeugs. Wasserpumpe ab-schmieren, nötigenfalls Stopfbuchse nachziehen. Radbefestigungsschrauben nach-ziehen. Kupplungsdrucklager, Gelenke des Lenkgestänges, Fußhebelwerk und Brems-querwellenlager schmieren.

c) Monatlich oder nach je 2000—2500 km auszuführende Arbeiten.

Motorölwechsel, Vergaser reinigen, Ventilspiel prüfen, Ventilatorriemen nach-spannen, Verteiler schmieren, Unterbrecherkontakte prüfen, wenn nötig reinigen, nach-stellen. Zündkerzen reinigen und Elektrodenabstand berichtigen. Ölstand im Ge-triebe und Ölstand im Ausgleichgetriebe prüfen evtl. nachfüllen. Kugellager auf Achsschenkeln und Lenkgehäuse mit Fett füllen. Batterie auf Säurestand und Ladezustand nachsehen. Kardangelenke einschließlich Schiebeprofil schmieren.

d) Vierteljährlich oder nach zirka 5000 km auszuführende Arbeiten.

Bremsgestänge bzw. Seilzüge gangbar machen und ölen. Batterie prüfen und reinigen, Klemmen einfetten. Kabelanschlüsse und elektrische Leitungen nach-sehen. Federn entlasten und absprühen. Rahmen und Kotflügelunterseiten ab-sprühen. Stoßdämpfer nachsehen, Ölstand prüfen.

e) Nach zirka 8000 km auszuführende Arbeiten.

Getriebeöl und Ausgleichsgetriebeöl wechseln.

f) Nach zirka 15 000 km auszuführende Arbeiten.

Motorölfilter auswechseln und Ölsiebe reinigen. Bereifung abnehmen, Felgen entrosten und neu streichen. Federn ausbauen, entrosten, auf Brüche untersuchen und neu einfetten.

3. Behandlung neuer Fahrzeuge.

Leistung und Lebensdauer neuer Fahrzeuge hängt in erster Linie von der richtigen Behandlung während der Einfahrzeit ab. Außer den be-reits unter 1 und 2 aufgeführten Arbeiten ist bei neuen Fahrzeugen folgendes besonders zu beachten:

a) Wartung.

Ölwechsel ist rechtzeitig vorzunehmen nach Angabe der Firma. Beim Motor: Erstmalig nach zirka 500 km, dann nach 1000 km, weiterhin nach je 1500 km bis 2000 km. Beim Wechselgetriebe und evtl. Zusatzgetriebe: Erstmalig nach zirka 2500 km, bei Achsantrieb wie bei Wechselgetriebe. Nachziehen von Schraubenverbindungen, besonders der Zylinderkopfschrauben. Befestigungsschrauben der Federn, des Lenkgestänges und des Aufbaus am Fahrgestell, sowie die Rad-befestigungsschrauben. Öfteres Entleeren und Reinigen des Bremstoffbehälters, Vergasers und der Reiniger (mehr Verunreinigungen durch Abblättern im Brenn-stoffbehälter bei fabrikneuem Zustand). Öftere Kontrolle des Ventilspieles mit Ventillehre. Öftere Kontrolle der Keilriemenspannung für Ventilatorenantrieb, Kühlwasserpumpe und evtl. Lichtmaschine.

b) Einfahren.

Geschwindigkeitsbeschränkung für die einzelnen Gänge (Höchstgeschwindigkeit nach Angabe der Firma) beachten. Motor soll nur mit mittlerer Drehzahl laufen und soll nicht „übertourt" und zu stark angestrengt werden.

Anfahren: Motor erst im Leerlauf anlaufen lassen, nach kurzer Zeit 2 bis 3 Sekunden lang auf höherer Drehzahl bringen (Bildung von Ölnebel im Kurbelgehäuse, Schmierung der Kolbenlauffläche im Zylinder). Anfahren erst bei richtiger Betriebstemperatur des Motors und Öles. Ständige Kontrolle des Öldruckes und Ölstandes im Motor, Wechselgetriebe und Ausgleichgetriebe. Nicht im Gelände fahren! Beim Einfahren nach Möglichkeit nicht den Fahrer wechseln. Lastkraftwagen nicht überlasten (möglichst nur $1/2$ zulässige Nutzlast aufladen). Nach Beendigung der Einfahrzeit evtl. vorhandene Drosselvorrichtungen entfernen.

III. Teil: Fahrausbildung.

Das Fahren eines Kraftfahrzeuges.

Die Fahrausbildung erfolgt in den Fahrschulen durch einen Fahr=
lehrer, welcher durch praktische Unterweisung am Fahrzeug und Unter=
richt über Kraftfahrzeug, Gesetzeskunde und Verkehrsbestimmungen, sowie
Unfallverhütung den Fahrschüler so weit ausbildet, daß er einer Prüfung
durch den Militärkraftfahrsachverständigen (M.K.S.) unterzogen werden
kann. Nach bestandener Prüfung erhält der Soldat den Militärführer=
schein und ist erst dann berechtigt, ohne Fahrlehrer ein Kraftfahrzeug zu
fahren. Es gelten für den Militärkraftfahrer folgende Sonderbestimmungen:

Sonderbestimmungen für Militärkraftfahrer.

Zum Führen von Fahrzeugen der Wehrmacht berechtigt nur der Mili=
tärführerschein. Er gilt nur für die Dauer des Dienstverhältnisses und ist
auch für Zivilkraftfahrzeuge der gleichen Klasse gültig.

Bei Antritt der Fahrt darf der Fahrer nicht unter der Wirkung von
Alkohol oder Rauschgift stehen. Auch während des Fahrdienstes ist jeder
Alkoholgenuß untersagt. Der Führer darf während der Fahrt nicht
rauchen.

Während der Fahrt sind vom Fahrer weder Ehrenbezeigungen zu er=
weisen, noch Grüße zu tauschen.

Der Kraftfahrzeugfahrer darf eine Fahrt nur mit einem schriftlichen
Fahrbefehl ausführen.

Abgesehen von Erkrankungsfällen usw. darf er die Führung des Fahr=
zeuges nur mit ausdrücklicher Genehmigung des die Fahrt anordnenden
Vorgesetzten einem anderen Führer überlassen.

Pflicht aller Kraftfahrzeugfahrer ist es, kranke und schwerverletzte
Personen, die sie hilflos auf der Straße vorfinden, unentgeltlich nach dem
nächsten Krankenhaus usw. zu befördern.

Kraftfahrzeuge von Vorgesetzten, die als solche kenntlich sind, dürfen
nur überholt werden, wenn Befehl oder Lage, z. B. bringliche Meldung,
dies erfordern.

Für die Beachtung der Verkehrsvorschriften ist der Kraftfahrzeugfahrer
verantwortlich. Erhält er einen widersprechenden Befehl, so muß er den
Vorgesetzten auf die Vorschrift aufmerksam machen. Besteht dieser auf
seinen Befehl, so übernimmt er damit die straf= und vermögensrechtliche
Verantwortung.

Die Insassen dürfen den Fahrer weder zum Schnellerfahren noch zum
Genuß geistiger Getränke auffordern. Jede Unterhaltung mit ihm wäh=
rend der Fahrt ist zu unterlassen.

Transportmannschaften dürfen anderen Verkehrsteilnehmern kein Zei=
chen zum Überholen geben. Sie sind vor Antritt der Fahrt in diesem
Sinne zu belehren.

Gelände= und Gleiskettenfahrzeuge, die nach einer Geländefahrt die
Straße stark beschmutzen würden, sind vor dem Verlassen des Geländes
von großem Schmutz zu reinigen. Auf öffentlichen Straßen trotzdem noch
abfallende größere Schmutzstücke sind sofort zu beseitigen.

Als Erkennungszeichen, sich überholen zu lassen, gilt: Vorwärts= und
Rückwärtsbewegung des ausgestreckten Armes in Schulterhöhe auf der
linken Fahrzeugseite durch den Kraftfahrzeugfahrer oder den Beifahrer

nach Weisung des Kraftfahrzeugfahrers. Es genügt auch ein deutliches Einhalten der äußersten rechten Seite der Fahrbahn.

1. Verhalten vor der Fahrt.

a) Untersuchung auf Betriebssicherheit.

Ölstand und Öldruck überwachen, Motor auf gleichmäßigen Lauf bzw. auf außergewöhnliche Geräusche abhören. Betriebsstoff (Brennstoff und Kühlwasser) nachsehen, Kupplung prüfen.

b) Verkehrssicherheit.

Bei Lenkung toten Gang und Sicherung der Gestängeverbindung prüfen.

Radbefestigung prüfen, Bereifung auf Luftdruck, Profile und Beschädigung prüfen.

Elektrische Anlage prüfen, ob Abblendvorrichtung, Schluß- und Stopplicht, Hupe, Winker und Scheibenwischer in Ordnung sind. Nummerschilder auf Sauberkeit und Beleuchtung prüfen. Ladung muß der St.V.O. entsprechen. Der Kraftfahrzeugaufbau muß einwandfrei und sicher mit dem Fahrgestell befestigt sein.

c) Mitzuführende Papiere.

Truppenausweis, Führerschein, Kraftfahrzeugschein, Fahrtennachweis, Fahrbefehl; evtl. zweckmäßig 1 Umschlag mit Formblätter für Unfallmeldung und Skizze, Krabfahrer haben zwei Verbandspäckchen mitzuführen.

2. Verhalten während der Fahrt.

a) Fahrweise.

Für den Kraftfahrer gelten die Vorschriften der Straßenverkehrsordnung und die zusätzlichen militärischen Bestimmungen (s. unten).

Außer diesen ist zu beachten: Beim Anfahren ersten Gang einschalten, weich einkuppeln (ruckartiges Anfahren vermeiden), linken Fuß weg vom Kupplungshebel, daneben setzen, Kupplung beim Fahren nicht schleifen lassen. Wird Gas weggenommen, so wird zweckmäßig der Fuß sofort auf Fußbremse leicht aufgesetzt (Verringerung der Bremsreaktionszeit). Die Wahl des Ganges ist nach der jeweiligen Geschwindigkeit des Fahrzeuges vorzunehmen. Für jeden Gang eine bestimmte Fahrgeschwindigkeit zum Schalten sich festlegen. Weich bremsen, Räder nicht zum Blockieren bringen.

Während des Bremsens nicht auskuppeln, Bremswirkung des Motors ausnutzen, bei Bergabfahrt zum Bremsen denselben Gang wählen, wie zum Aufwärtsfahren erforderlich war. Auskuppeln erst kurz vor Stillstand des Fahrzeuges beim Anhalten. Nie ruckartige Lenkbewegung machen.

Vor Kurven allmählich Gas wegnehmen, Geschwindigkeit entsprechend vermindern, Lenkrad allmählich einschlagen, überziehen vermeiden, beim Anfahren an der Kurve langsam Gas geben. Bei schlechten Straßenstellen Geschwindigkeit entsprechend vermindern. Bei loderem oder schmierigem Untergrund Räder nicht mahlen lassen. Ruhig fahren, langsam Gas geben und wegnehmen, Schonung der Bremsen.

b) Pflege während der Fahrt.

Fahrzeug während der ersten 10 Minuten langsam fahren, kontrollieren, ob rote Kontrollampe erlischt. Quietschen der Reifen in Kurven vermeiden, mit Vollgas möglichst wenig fahren, hohe Geschwindigkeit nur wenn dringend erforderlich (ab und zu Gas wegnehmen). Motor nicht quälen, zurückschalten; Rupfen der Kupplung vermeiden. Bei Störungen untersuchen, ob Schaden behoben werden kann, oder ob das Kraftfahrzeug abzuschleppen ist, wenn Weiterfahrt nicht ohne größeren Schaden möglich ist. Bei außergewöhnlichen Geräuschen Ursache feststellen. Während der Fahrt sorgfältig Öldruck und Kühlwassertemperatur beobachten.

3. Nach der Fahrt.

Betriebsstoffvorräte ergänzen, Öl, Brennstoff, Kühlwasser. Fahrzeug reinigen, Beseitigen der während der Fahrt aufgetretenen Störungen, Abstellen in der Fahrzeughalle, Ölauffangblech unter Motor stellen, Gang herausnehmen, Handbremse lösen. Schilder anbringen („Fahrtbereit", „nicht Fahrtbereit"). Fahrbefehl und Fahrzeugschlüssel auf Schirrmeisterei abgeben.

4. Winterbetrieb.

a) Die Vorbereitungen

für den Winterbetrieb sind rechtzeitig bereits im Herbst zu beginnen.

Im allgemeinen sind im Fahrzeug ab Oktober Kühlerschutzhauben mitzuführen und bei entsprechender kalter Witterung anzubringen; ebenso Gleitschutzmittel (Schneeketten oder Schneekufen). Vorhandene Sandkästen sind mit Sand oder Kies aufzufüllen; zweckmäßig sind auch Schneeschippen im Fahrzeug mitzunehmen, Klarsichtscheibe einbauen, Scheibenwischer in Ordnung bringen.

Reifen mit abgenutzten Profilen gegen solche mit griffigen Profilen austauschen.

Dem Kühlwasser ist Frostschutzmittel beizugeben. Bei der Wehrmacht wird für Sommer= und Winterbetrieb nur Einheitsöl verwendet. Ausnahmsweise kann bei andauernden tiefen Temperaturen Winteröl gegeben werden. Die Bleisammler sind in gut geladenen Zustand zu halten, damit die Frostgefahr verringert wird (Säure konzentrierter und weniger frostempfindlich), und weil der Sammler im Winter durch größere Anlaßschwierigkeiten des Motors stärker belastet wird.

b) Inbetriebnahme der Kraftfahrzeuge im Winter.

Kühlwasser soll nur angewärmt eingefüllt werden (zu heißes Wasser kann Beschädigung am Zylinder hervorrufen); vorher abgelassenes Kühlwasser wieder verwenden (Frostschutzmittel!).

Öl in heißem Wasser anwärmen und auffüllen.

Vergaser und Ansaugrohr vorwärmen durch heißfeuchte Tücher, damit ist bessere Vergasung des Kraftstoffes zu erreichen.

Zündkerzen anwärmen (mit Kraftstoff füllen und abbrennen).

Kupplungshebel durchtreten, Zündung einschalten und Anlasser betätigen, vorher Motor einige Male von Hand durchdrehen zur Verringerung der Reibungswiderstände im Motor und Entlastung des Sammlers. Anlasser nicht zu lang betätigen.

Motor im Leerlauf 5—10 Minuten laufen lassen zur gleichmäßigen Erwärmung; Drehzahl so einstellen, daß rote Lampe nicht mehr aufleuchtet.

Für die Fahrt Kühlerschutzhaube nach Außentemperatur einstellen.

c) **Fahrbetrieb im Winter** (auf vereisten und verschneiten Strecken).
Gleitschutzmittel (Schneeketten) nur bei Schnee auflegen (auf schnee=
freien Straßen abnehmen). Auf vereisten und verschneiten Wegen keine
scharfe Lenkbewegung machen (Schleudergefahr). Bremsen vorsichtig be=
tätigen, öfteres kurzes Anziehen und wieder Lösen. Nie ruckartig Gas
geben und Gas wegnehmen, Luftdruck wird zweckmäßig etwas vermindert
(größere Auflagefläche, größere Bodenhaftung). Geschwindigkeit ver=
ringern; Schnee kann bis 20—25 cm Höhe durchfahren werden; leichte
Schneewehen mit Schwung durchfahren. Bei Festsitzen im Schnee alte
Spur zurück und evtl. neu anfahren, Räder nicht durchdrehen lassen (Sand,
Kies, Reisig, Decken usw. vorwerfen, Antriebsachsen belasten). Bei Eis
keine Ketten auflegen, Überholen vermeiden, besonders vorsichtig fahren,
wenig schalten (Schleudergefahr).

d) Abstellen.

In Hallen: Kühlwasser ablassen (Aufbewahren zur Wiederverwen=
dung), Schilder anbringen „Kühlwasser abgelassen", „nicht Fahrtbereit",
Öl ablassen, Brennstoffhahn schließen, Vergaser und Leitung ent=
leeren durch Verbrauchen (Laufenlassen des Motors). An Brennstoff=
reiniger evtl. Wassersäcke entfernen. Räder bei nassem Hallenboden auf
Stroh, Reisig oder Decken stellen (Gefahr des Festfrierens).

Im Freien sind die Fahrzeuge an windgeschützten Stellen aufzu=
stellen. Bei längerem Halt sollen die Motoren stündlich durch kurzzeitiges
Laufenlassen angewärmt werden.

5. Verhalten bei Unfällen.

Bei eingetretenen Unfällen sind folgende Punkte zu beachten:

Grundsätzlich.

Ruhe und Beherrschung, Kopf nicht verlieren, überlegt handeln und
möglichst wenig sprechen. Niemals eine Erklärung über die Schuldfrage
abgeben. Unter keinen Umständen Zahlung an einen Beteiligten der
Gegenseite leisten.

Falls die Straße versperrt ist, andere Verkehrsteilnehmer warnen.

Anhalten und Hilfe leisten.

Ist jemand mit oder ohne eigenes Verschulden verletzt, so ist diesem
zuerst Hilfe zu leisten. Ist die Überführung zu einem Arzt erforderlich, so
muß dies selbst vorgenommen werden. Der Verletzte ist vorsichtig und vor
allem stoßfrei in gestreckter Lage mit leicht gehobenem Kopfe zu be=
fördern.

Beweismittel sammeln. — Zeugen feststellen.

Name und Wohnung der Zeugen ermitteln. Wichtig ist, den Stand=
ort, den die Augenzeugen während des Unfalls hatten, festzuhalten. Un=
wesentlich ist das Urteil der Zeugen, bedeutungsvoll ist, was die Zeugen
tatsächlich gesehen und gehört haben.

Stellungnahme der Gegenseite.

Gesteht die Gegenseite die Schuld ein, so sind nach Möglichkeit Zeugen
hinzuzuziehen, die nachher das Eingeständnis beweisen können.

Feststellung der Unfallbeteiligten.

Die am Unfall beteiligten Personen, Kraftfahrzeuge und sonstige
Fahrzeuge sind genau festzustellen.

Die beschädigten Kraftfahrzeuge.

Die Schäden am eigenen und an den fremden Fahrzeugen sind sorgfältigst zu ermitteln. Es ist Augenmerk auf die Beschaffenheit der Bereifung, auf die Sichtverhältnisse (Verschmutzung der Windschutzscheibe),
Beeinträchtigung der Sicht der Winker durch Ladegut oder Planen; bei
Blendung auf falsch eingesetzte Biluxlampen, nachts bei Radfahrern auf
Vorhandensein oder Verschmutzung der Rückstrahler und dergl. zu legen.
Soweit keine Menschenleben dadurch in Gefahr sind und die Ver-
kehrsverhältnisse es zulassen, alles stehen lassen, bis die Unfallaufnahme
durch M. K. S. oder Polizei vorgenommen wird. Wurden verletzte Personen unterdessen weggebracht, so ist deren genaue örtliche Lage unmittelbar nach dem Unfall festzuhalten. Das Hinzuziehen eines Polizeibeamten
wird empfohlen.

Unfallzeichnung.

Von dem Grundriß des Unfallortes ist eine Zeichnung anzulegen. In
dieser ist einzutragen, an welcher Stelle der Zusammenstoß erfolgte. Von
Bedeutung ist auch die Örtlichkeit, an der die einzelnen beschädigten Fahrzeuge zum Stehen kamen, ferner der genaue Standort parkender Fahrzeuge und ihre Größe, soweit sie die Sichtverhältnisse der beteiligten
Fahrzeugführer beeinträchtigt haben können. Ferner ist der genaue Verlauf der Fahrspur, Bremsspur bzw. Rutschspur der linken und rechten
Räder in der Zeichnung einzutragen. Als Bezugspunkte für die Eintra-
gung der Entfernungen sind hauptsächlich bauliche Teile, wie Laternenmast,
Schild der Straßenbahnhaltestelle, Haus, Zaun, Bürgersteigkante, Straßen-
bahnschienen und dergl. zu verwenden. Stehen zur Vermessung Bandmaß
oder Maßstab nicht zur Verfügung, so kann mit Schrittlängen, deren genaue Länge nachher festgestellt werden kann, gearbeitet werden.

Die Fahrbahn.

Ferner ist die genaue Fahrbahnbeschaffenheit festzustellen, beispiels-
weise Beton-, Asphaltdecke, Kopfsteinpflaster, Kleinpflaster, Sandweg,
Glatteis, Fahrbahn in trockenem, staubigem, nassem oder schlüpfrigem Zustande und dergleichen.

Die Sicht.

Von Bedeutung ist auch die Uhrzeit, da davon auch die Sichtverhältnisse abhängig sind. Auf wieviel Meter waren Personen zu erkennen?
War es neblig, regnete es, war Schneetreiben? Beleuchteten fremde Lichtquellen die Unfallstelle? War Schattenwirkung vorhanden oder trat
durch die untergehende Sonne eine Blendwirkung ein?

Das Lichtbild.

Wenn die Möglichkeit besteht, Lichtbilder aufzunehmen, so müssen die
Aufnahmen von verschiedenen Seiten aus durchgeführt werden.

Verhalten der Insassen.

Die Insassen des militärischen Kraftfahrzeuges müssen den Kraftfahrzeugführer bei der Feststellung des Sachverhaltes unterstützen, sich gegenüber der Gegenpartei unbedingt jedes Urteils enthalten.

Meldung.

Der Fahrer muß seiner Dienststelle spätestens am folgenden Tage eine
Unfallmeldung nach vorgeschriebenem Muster vorlegen. Die sofortige Verständigung der eigenen Dienststelle ist besonders bei schweren Unfällen not-

wenbig, damit durch Entsendung eines W.R.S. die Ermittlungstätigkeit sofort an Ort und Stelle aufgenommen werden kann. Jeder Unfall, selbst der kleinste ist sofort der Dienststelle zu melden.

6. Das Fahren im Gelände.

Für das Fahren im Gelände ist grundsätzliche Voraussetzung die rich=tige Geländebeurteilung und die Kenntnis der Leistung des Kraftfahr=zeuges. Das notwendige Maß der Fahrfertigkeit im Gelände muß das Maß der Fahrfertigkeit beim Führen eines Kraftfahrzeuges auf der Straße wesentlich überschreiten. Als allgemeine Richtlinie für das Fahren im Gelände können nach=folgende Gesichtspunkte gelten. Schwer befahrbare Hindernisse müssen rechtzeitig erkannt und nach Möglichkeit umfahren werden. Dies führt sicherer zum Erfolg, spart Zeit und der Fahrer setzt sich nicht der Gefahr des Steckenbleibens aus. Auf den bei dem Kraftfahrzeug gegebenen Überhang, Bauch= und Bodenfreiheit ist bei der Festlegung des gewählten Weges sorgfältigst Rücksicht zu nehmen. Die Geschwindigkeit wird durch die Bodenverhältnisse bestimmt, ebenso wo vorwiegend mit Schwung oder Kraft zu fahren ist.

a) Steigungen.

Starke Steigungen werden je nach Bodenbeschaffenheit und Länge mit Schwung oder vorwiegend mit Kraft gefahren. Wird die Steigung mit Kraft gefahren, so soll für die Steigung der bei $1/2$ bis $2/3$ Gas aus=reichende Gang schon vor der Steigung gewählt werden. Kurze Stei=gungen mit losem Untergrund, wie Sand, losem Kies, können im allge-meinen mit Schwung gefahren werden. Dabei sollen vorhandene Spuren ausgenützt und möglichst wenig Lenkbewegungen ausgeführt werden. Steigungen von größerer Länge mit schlechtem Untergrund müssen zumeist mit Kraft und Schwung überwunden werden. Dabei ist zu beachten, daß mit dem für die Steigung richtigen Gang bei höchstmöglicher Drehzahl Schwung zu nehmen ist. Zwecks Erzielung eines möglichst großen Schwun=ges kann mit einem größeren Gang angefahren werden, sobald aber der niedere Gang gewählt wird, muß blitzschnell geschaltet werden. Bei Steilhängen mit großem Fahrwiderstand kann beim Herunterschalten zu-weilen auf das Zwischengasgeben verzichtet werden. Dabei ist sehr weich und mit Gefühl zu kuppeln, damit unter allen Umständen Mahlen und Durchrutschen vermieden wird. Versagt in derartigen Fällen die Fahr=kunst, so kann durch kurzzeitige Minderung des Reifendruckes oder durch zusätzliche Belastung der Treibachse das Haftvermögen erhöht und somit Erfolg erzielt werden. Mißlingt der Versuch, eine Steigung zu nehmen, so ist vor der Wiederholung mit eingelegtem Rückwärtsgang in der gleichen Spur rückwärts zu fahren.

b) Im Sande.

Beim Fahren in losem Sande und Schnee soll mit größtmöglichem Gang gefahren werden. Bei zu kleinem Gang ist die Gefahr des Mah=lens der Räder gegeben. Auch hier sind nach Möglichkeit vorhandene fest-gefahrene Spuren zu benutzen. Auf die Bodenfreiheit des Kraftfahr=zeuges muß dabei Rücksicht genommen werden. Beim Befahren scharfer Krümmungen auf sandigem Wege darf die Lenkung nicht so weit wie auf fester Fahrbahn eingeschlagen werden, da die gegen die schräg gestellten

Räder wirkende Schubkraft das Kraftfahrzeug bereits stark aus seiner Richtung drücken.

c) Furchen und Gräben.

Einschnitte, Furchen und Gräben werden, wenn sie flache Ränder haben und nicht tief sind, in spitzem Winkel an= und durchfahren, weil hierdurch die Stoßwirkung gemildert wird. Handelt es sich um tiefere Einschnitte, so ist unter rechtem Winkel langsam heranzufahren und, falls Beschaffenheit der Ränder und die Bauchfreiheit des Kraftfahrzeuges es zulassen, in dieser Richtung hindurchzufahren, erst wenn die Vorderräder die tiefste Stelle durchlaufen haben, ist Gas zu geben. Dabei ist auf die übermäßige Belastung der Radfederung Rücksicht zu nehmen. Wenn die Ränder sehr steil sind, werden auch tiefere Einschnitte unter spitzem Winkel befahren. Mit Rücksicht auf die Gefahr des Aufsitzens des Kraftfahr= zeugs wird die schädliche Verwindung des Fahrgestells in Kauf genommen. Oft empfiehlt sich auch das Abtragen der scharfen Ränder mittels Spaten.

d) Wasserdurchfahrt.

Wegen der Störungsgefahr für Vergaser und die elektrische Einrich= tung des Kraftfahrzeugs sind Wasserdurchfahrten möglichst zu vermeiden. Werden aber Wasserstellen durchfahren, so ist vorher Tiefe, Untergrund, Ein= und Ausfahrmöglichkeit zu erkunden. Um die Bildung von Bug= wellen zu vermeiden, ist mit möglichst geringer Geschwindigkeit zu fahren. Da der Untergrund fast durchweg weich ist, so ist plötzliches Gasgeben wegen der Durchrutschgefahr zu vermeiden. Ragt das Auspuffrohr in das Wasser, so ist darauf zu achten, daß der Motor nicht abgewürgt wird, da sich sonst beim Anlassen Schwierigkeiten ergeben können.

e) Das Krabfahren.

Der Krabfahrer muß den Lenker kräftig festhalten, Füße auf die Fußrasten, Knie an den Tank drücken und Gleichgewicht vorwiegend durch Gewichtsverlagerung und nicht durch Lenkbewegung halten.

Auszug aus der St.V.O.=Straßenverkehrsordnung
(vom 13. 11. 1937.)
A. Allgemeine Vorschriften.
§ 1.
Grundregel für das Verhalten im Straßenverkehr

Jeder Teilnehmer am öffentlichen Straßenverkehr hat sich so zu verhalten, daß der Verkehr nicht gefährdet werden kann; er muß ferner sein Verhalten so einrichten, daß kein anderer geschädigt oder mehr, als nach den Umständen unver= meidbar, behindert oder belästigt wird.

§ 2.
Verkehrsregelung durch Polizeibeamte und Farbzeichen

(1) Den Weisungen und Zeichen der Polizeibeamten ist Folge zu leisten; sie gehen allgemeinen Verkehrsregeln und durch amtliche Verkehrszeichen angezeigten örtlichen Sonderregeln vor.

(2) Die Zeichen der Polizeibeamten zur Regelung des Verkehrs bedeuten:
1. Winken in der Verkehrsrichtung: „Straße frei".

2. Hochheben eines Armes:
für Verkehrsteilnehmer
in der vorher gesperrten Richtung: „Achtung",
in der vorher freien Richtung: „Anhalten",
für in der Kreuzung Befindliche: „Kreuzung freimachen".
3. Seitliches Ausstrecken eines Armes oder beider Arme:
quer zur Verkehrsrichtung: „Halt",
in der Verkehrsrichtung: „Straße frei".

Diese Zeichen gelten auch, wenn sie nicht mehr in der vorgeschriebenen Weise gegeben werden, solange der Beamte seine Grundstellung beibehält.

(3) Werden Farbzeichen verwendet, so bedeutet:
Grün: „Straße frei",
Gelb:
für Verkehrsteilnehmer
in der vorher gesperrten Richtung: „Achtung",
in der vorher freien Richtung: „Anhalten",
für in der Kreuzung
Befindliche: „Kreuzung freimachen",
Rot: „Halt".

(4) Auf das Zeichen „Straße frei" kann abgebogen werden, nach links jedoch nur, wenn dadurch der freigegebene Verkehr von entgegenkommenden Fahrzeugen und von Schienenfahrzeugen nicht gestört wird. Einbiegende Fahrzeuge haben auf die Fußgänger, diese auf die einbiegenden Fahrzeuge besondere Rücksicht zu nehmen.

(5) Bei dem Zeichen „Kreuzung frei machen" haben die Fahrzeuge, die sich in der Kreuzung befinden, die Kreuzung zu verlassen.

(6) Während des Zeichens „Halt" dürfen Fußgänger auf Gehwegen einbiegen.

§ 4.
Verkehrsbeschränkungen.

(1) Die Verkehrspolizeibehörden können die Benutzung bestimmter Straßen aus Gründen der Sicherheit oder Leichtigkeit des Verkehrs durch polizeiliche Anordnungen beschränken oder verbieten. Die Anordnung ist durch Aufstellung der amtlichen Verkehrszeichen zu treffen.

(2) Beschränkungen der Geschwindigkeit unter 40 Kilometer je Stunde dürfen nur für einzelne Straßen, nicht für ganze Ortschaften angeordnet werden.

§ 6.
Maßnahmen zur Hebung der Verkehrszucht auf den Straßen.

(1) Wer die Verkehrsvorschriften nicht beachtet, ist auf Vorladung der Verkehrspolizeibehörde oder der von ihr beauftragten Beamten verpflichtet, an einem Unterricht über das Verhalten im Straßenverkehr teilzunehmen.

(2) Der Reichsführer ## und Chef der Deutschen Polizei im Reichsministerium des Innern kann durch allgemeine Anordnungen bestimmen, daß Verkehrsteilnehmer, welche die Verkehrsvorschriften nicht beachtet haben, durch polizeiliche Verfügung besonderen Maßnahmen unterworfen werden.

Fahrzeugverkehr.
§ 9.
Fahrgeschwindigkeit.

(1) Die Fahrgeschwindigkeit hat der Fahrzeugführer so einzurichten, daß er jederzeit in der Lage ist, seinen Verpflichtungen im Verkehr Genüge zu leisten, und daß er das Fahrzeug nötigenfalls rechtzeitig anhalten kann. Das gilt besonders an unübersichtlichen Stellen und Eisenbahnübergängen in

Verkehrszeichen

1 Warnzeichen

Allgemeine Gefahrenstelle   Querrinne   Kurve   Kreuzung   Beschrankter Eisenbahnübergang   Stop-Zeichen

2 Gebots- und Verbotszeichen

 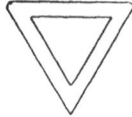 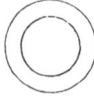 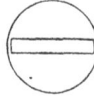  

Unbeschrankter Eisenbahnübergang   Vorfahrt auf der Hauptstr achten!   Verkehrsverbot für Fahrzeuge aller Art   Verbot einer Fahrtrichtung oder Einfahrt   Verkehrsverbot für Kraftwagen   Verkehrsverbot für Krafträder

   Verkehrsverbot an Sonn- und Feiertagen   Verkehrsverbot an Sonn- und Feiertagen   Gebot f. Radfahrer Verbot f. alle andern Verkehrsteilnehmer   Verkehrsverbot für Fahrzeuge über das angegebene Gesamtgewicht

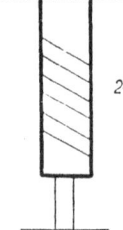 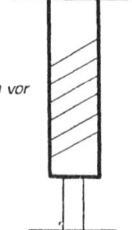

240 m vor

Verkehrsverbot für Fahrzeuge über die angegebene Breite   Verkehrsverbot für Fahrzeuge über die angegebene Höhe   Verbot der Überschreitung der angegebenen Fahrgeschwindigkeit   Halteverbot

Dreistufige Bake (links) vor unbeschranktem Übergang   Dreistufige Bake (rechts) vor beschranktem Übergang

Parkverbot   Rechts abbiegen   Rechts abbiegen oder geradeaus   Haltezeichen an Zollstellen

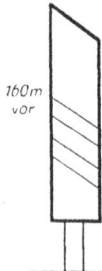 

160m vor   80m vor

2streifige Bake (links)   Einstreifige Bake (rechts)

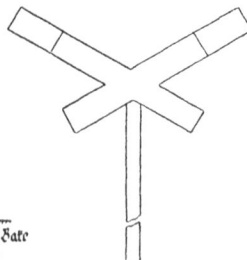

Warnkreuz steht rechts, 5 m vor dem beschrankten Übergang.

Einbahnstraße

3 Hinweiszeichen

  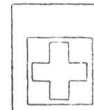

Parkplatz   Vorsichtszeichen   Hilfsposten

Ring an Laternenpfählen

Schild für Laternen an Überspannungen.

Ortstafel

Enger
Kreis Herford
Reg: Bez. Minden

Wegweiſer für
Reichsstraßen

1

Brandenburg 30 km
Genthin 10 km

Wegweiſer für
Umleitungen

Umleitung des
Verkehrs nach Bdorf über
Cdorf km

Wegweiſer für ſonſtige befeſtigte
Straßen

Dorsten 28 km
Bottrop 14 km

Signalſcheiben auf Drei-
geſtellen z Verkehrsrege-
lung bei halbſeitigen
Straßenſperrungen

Nach
Herford
11 km

61

Wegweiſer
für unbefeſtigte Straßen

Dannenwalde

Ring- oder Sammelstraße
für Fernverkehr

Zeichen für
Haupt-
Verkehrsstraßen

Reichstraßen-
Nummernſchild

**Fern-
Verkehr**

35

Vor - Wegweiſer

Weimar
87
Apolda
7

München
München Starnberg
Nord **2**

Schongau Augsburg
17 **17**
12

Berlin
Hamburg
106 **51**

München
24
Garmisch
2

München
12 Erding
12

Die wichtigſten der nach § 50 bis 31. März 1939
zu erſetzenden älteren Zeichen

Zeichen für
Geſchwindigkeitsbeſchränkung

Kraftfahrzeuge
bis 5.5t über 5.5t
Gesamtgewicht

30 km **25** km

Fahrräder u
Kraftfräder
● = Dauerſperrung

Kraftfahrzeuge
frei für Kraftfräder

Kraftwagen u
Kraftfräder
Offene Ringe ○ Sperrung an Sonn- u Feiertagen

Kraftfahrzeuge
über 5/5 t
Gesamtgewicht

Fahrzeuge
aller Art

F.K

Schienenhöhe. Wer in eine Hauptstraße (§ 13) einbiegen oder diese überqueren will, hat mäßige Geschwindigkeit einzuhalten.

(2) Wenn an Haltestellen von Schienenfahrzeugen die Fahrgäste auf der Fahrbahn ein- und aussteigen, darf nur in mäßiger Geschwindigkeit und nur in einem solchen Abstand vorbeigefahren werden, daß die Fahrgäste nicht gefährdet werden; nötigenfalls hat der Fahrzeugführer anzuhalten.

§ 10.
Ausweichen und Überholen.

(1) Es ist rechts auszuweichen und links zu überholen. Während des Überholens dürfen Führer eingeholter Fahrzeuge ihre Fahrgeschwindigkeit nicht erhöhen. An unübersichtlichen Straßenstellen ist das Überholen verboten. Diese Vorschriften gelten auch für Einbahnstraßen.

(2) Ist ein Ausweichen unmöglich, so hat der umzukehren, dem dies nach den Umständen am ehesten zuzumuten ist.

(3) Jeder für nur eine Verkehrsart bestimmte Weg und jede unbefestigte Fahrbahn neben einer befestigten (Sommerweg) gelten beim Ausweichen und Überholen als selbständige Straßen.

(4) Schienenfahrzeugen ist rechts auszuweichen; sie sind rechts zu überholen. Wenn der Raum zwischen Schienenfahrzeug und Fahrbahnrand dies nicht zuläßt, darf links ausgewichen und links überholt werden. In Einbahnstraßen dürfen Schienenfahrzeuge rechts oder links überholt werden.

§ 11.
Anzeigen der Fahrtrichtungsänderung und des Haltens.

(1) Wer seine Richtung ändern oder halten will, hat dies anderen Verkehrsteilnehmern rechtzeitig und deutlich anzuzeigen; das gilt nicht für Fußgänger auf Gehwegen. Das Anzeigen befreit nicht von der gebotenen Sorgfalt.

(2) Soweit für Kraftfahrzeuge und für Straßenbahnen zum Anzeigen der Richtungsänderung und des Haltens die Anbringung mechanischer Einrichtungen vorgeschrieben ist, haben die Fahrzeugführer diese Einrichtungen zu benutzen. Bei vorübergehenden Störungen sind die Zeichen in anderer geeigneter Weise zu geben.

§ 12.
Warnzeichen.

(1) Der Fahrzeugführer hat gefährdete Verkehrsteilnehmer durch Warnzeichen auf das Herannahen seines Fahrzeugs aufmerksam zu machen. Es ist verboten, Warnzeichen zu anderen Zwecken, insbesondere zum Zwecke des eigenen rücksichtslosen Fahrens, und mehr als notwendig abzugeben. Die Absicht des Überholens darf durch Warnzeichen kundgegeben werden.

(2) Die Abgabe von Warnzeichen ist einzustellen, wenn Tiere dadurch unruhig werden.

(3) Als Warnzeichen sind Schallzeichen zu geben; an deren Stelle können bei Dunkelheit Leuchtzeichen durch kurzes Aufblenden der Scheinwerfer gegeben werden, wenn diese Zeichen deutlich wahrgenommen und andere Verkehrsteilnehmer dadurch nicht geblendet werden können.

§ 13.
Vorfahrt.

(1) An Kreuzungen und Einmündungen von Straßen hat der Benutzer der Hauptstraße die Vorfahrt. Hauptstraßen sind:

a) Reichsstraßen (einschließlich Ortsdurchfahrten), gekennzeichnet durch die Nummernschilder und durch das Schild „Ring- oder Sammelstraßen für Fernverkehr",

b) Hauptverkehrsstraßen, gekennzeichnet durch ein auf der Spitze stehendes Viereck,

c) ferner an einzelnen Kreuzungen und Einmündungen: Straßen, bei denen auf den einmündenden oder kreuzenden Straßen auf der Spitze stehende Dreiecke „Vorfahrt auf der Hauptstraße achten!" angebracht sind.

(2) Bei Straßen gleichen Ranges hat an Kreuzungen und Einmündungen die Vorfahrt, wer von rechts kommt; jedoch haben Kraftfahrzeuge und durch Maschinenkraft angetriebene Schienenfahrzeuge die Vorfahrt vor anderen Verkehrsteilnehmern. Untereinander stehen Kraftfahrzeuge und Schienenfahrzeuge hinsichtlich der Vorfahrt gleich.

(3) Die Vorfahrtregeln der Absätze 1 und 2 gelten nicht, wenn durch Weisungen oder Zeichen von Polizeibeamten oder durch Farbzeichen eine andere Regelung im Einzelfall getroffen wird.

(4) Will jemand die Richtung des auf derselben Straße sich bewegenden Verkehrs kreuzen, so hat er die ihm entgegenkommenden Fahrzeuge aller Art, die ihre Richtung beibehalten, auch an Kreuzungen und Einmündungen, vorfahren zu lassen. Hierbei gelten Straßen mit mehreren getrennten Fahrbahnen als dieselben Straßen.

(5) Die auf anderen Vorschriften beruhenden Vorrechte von Schienenbahnen an Wegübergängen bleiben unberührt.

§ 14.
Fahrzeuge in Kolonnen.

Wenn Lastfahrzeuge außerhalb geschlossener Ortschaften in Kolonnen fahren, so dürfen diese Kolonnen bei Lastkraftwagen nicht länger als 50 Meter, bei Lastfuhrwerken nicht länger als 25 Meter sein. Zwischen solchen Kolonnen müssen mindestens die gleichen Abstände gehalten werden.

§ 15.
Anfahren und Halten.

(1) Der Führer eines Fahrzeugs hat so zu halten, daß der Verkehr nicht behindert oder gefährdet wird.

(2) Das Halten von Fahrzeugen ist nur auf der rechten Seite der Straße in der Fahrtrichtung zulässig. Soweit auf der rechten Seite Schienengleise verlegt sind, darf links gehalten werden.

(3) Auf Einbahnstraßen darf rechts und links gehalten werden.

§ 16.
Parken.

(1) Das Parken (Aufstellen von Fahrzeugen, soweit es nicht nur zum Ein- oder Aussteigen und Be- oder Entladen geschieht) ist nicht zulässig:
1. an den durch amtliche Verkehrszeichen ausdrücklich verbotenen Stellen,
2. an engen und unübersichtlichen Straßenstellen sowie in scharfen Straßenkrümmungen,
3. in einer geringeren Entfernung als je 10 Meter vor und hinter Straßenkreuzungen oder -einmündungen und den Haltestellenschildern der öffentlichen Verkehrsmittel; die Entfernung wird bei Straßenkreuzungen und -einmündungen gerechnet von der Ecke, an der die Fahrbahnkanten zusammentreffen,
4. an Verkehrsinseln,
5. vor Grundstücksein- und -ausfahrten,
6. auf den mittleren von drei oder mehr voneinander getrennten Fahrbahnen einer Straße,
7. soweit es sich nicht um Schienenfahrzeuge handelt, innerhalb des Fahrraums der Schienenbahnen.

(2) Außer dem für das Parken in den Straßen zugelassenen Raum sind öffentliche Parkplätze nur die durch das amtliche Parkplatzschild von den Verkehrspolizeibehörden bezeichneten Flächen.

§ 17.
Ein- und Ausfahren.

(1) Beim Fahren von Fahrzeugen in ein Grundstück oder aus einem Grundstück hat sich der Fahrzeugführer so zu verhalten, daß eine Gefährdung des Straßenverkehrs ausgeschlossen ist.

(2) Die Anbringung von privaten Hinweiszeichen, durch die Grundstückein-
und -ausfahrten für Verkehrsteilnehmer auf der Straße kenntlich gemacht werden,
ist unzulässig.

§. 19.
Ladung der Fahrzeuge.

(1) Die Ladung eines Fahrzeugs muß so verstaut sein, daß sie niemanden
gefährdet oder schädigt oder mehr, als unvermeidbar, behindert oder belästigt.
Die Betriebssicherheit des Fahrzeugs darf durch die Ladung nicht leiden; das gilt
auch bei Beförderung von Personen für deren Unterbringung und für ihr Verhalten während der Fahrt.

(2) Die Breite der Ladung darf nicht mehr als 2,50 Meter betragen. Das
seitliche Herausragen von einzelnen Stangen und Pfählen, von waagerecht liegenden Platten und anderen schlecht erkennbaren Gegenständen ist unzulässig.

(3) Ragt die Ladung nach hinten heraus, so ist deren äußerstes Ende durch
eine rote, mindestens 20 × 20 Zentimeter große Flagge, bei Dunkelheit oder
starkem Nebel durch mindestens eine rote Laterne kenntlich zu machen. Flaggen
und Laternen dürfen nicht höher als 125 Zentimeter über dem Erdboden angebracht werden; ist dies an der Ladung selbst nicht möglich, so sind geeignete
Vorkehrungen zur Anbringung in der vorgeschriebenen Höhe zu treffen.

(4) Die Länge von Fahrzeug und Ladung zusammen darf 22 Meter, die
Höhe 4 Meter nicht überschreiten.

(5) Die Vorschriften über die zulässige Breite und Höhe der Ladung gelten
nicht für land- und forstwirtschaftliche Erzeugnisse.

§ 20.
Verlassen des Fahrzeugs.

(1) Beim Verlassen des Fahrzeugs hat der Fahrzeugführer die nötigen
Maßnahmen zu treffen, um Unfälle und Verkehrsstörungen zu vermeiden.

(2) Für Fuhrwerke gilt besonders § 32, für Kraftfahrzeuge § 35.

§ 24.
Beleuchtung der Fahrzeuge.

(1) Bei Dunkelheit oder starkem Nebel müssen an Fahrzeugen und Zügen
nach vorn ihre seitliche Begrenzung durch weiße oder schwach gelbe Laternen und
nach hinten ihr Ende durch rote Laternen oder rote Rückstrahler erkennbar gemacht werden; dies gilt nicht für abgestellte Fahrzeuge, wenn sie durch andere
Lichtquellen ausreichend beleuchtet sind. Die zur Kenntlichmachung nach vorn bestimmten Beleuchtungseinrichtungen dürfen auch nach hinten kein rotes Licht zeigen.
Die seitliche Begrenzung eines Fahrzeugs wird ausreichend angezeigt, wenn die zur
Fahrbahnbeleuchtung bestimmten Lampen etwa in gleicher Höhe und in gleichem
Abstand von der Fahrzeugmitte angeordnet und von dem äußeren Fahrzeugrand
nicht mehr als 40 Zentimeter zur Fahrzeugmitte hin entfernt sind. Bei einem
Zuge muß die seitliche Begrenzung eines Anhängers erkennbar gemacht werden,
wenn er mehr als 40 Zentimeter über die Begrenzungslampen der vorderen
Fahrzeuge herausragt. Die Anbringung von Lampen unter dem Fahrzeug zur
Kenntlichmachung der seitlichen Begrenzung ist verboten.

(2) Unberührt bleiben für Fahrräder die Vorschriften des § 25.

(3) In Bewegung befindliche Fahrzeuge müssen bei Dunkelheit oder starkem
Nebel Lampen führen, die ihre Fahrbahn beleuchten und andere Verkehrsteilnehmer nicht blenden.

(4) Diese Vorschriften gelten nicht für Fahrzeuge, die von Fußgängern
mitgeführt werden und nicht breiter als ein Meter sind.

(5) Für die Beleuchtungseinrichtungen an Kraftfahrzeugen und Fahrrädern
gelten die Vorschriften der Verordnung über die Zulassung von Personen und
Fahrzeugen zum Straßenverkehr (Straßenverkehrs-Zulassungs-Ordnung) vom
13. November 1937.

Kraftfahrzeuge.
§ 33.
Benutzung der Beleuchtungseinrichtungen.

(1) Führer von Kraftfahrzeugen haben die Scheinwerfer rechtzeitig abzublenden, wenn die Sicherheit des Verkehrs auf oder neben der Straße, insbesondere die Rücksicht auf entgegenkommende Verkehrsteilnehmer, es erfordert. Diese Verpflichtung besteht gegenüber Fußgängern nur, soweit sie in geschlossenen Abteilungen marschieren. Beim Halten vor Eisenbahnübergängen in Schienenhöhe ist stets abzublenden.

(2) Als Standlicht können die seitlichen Begrenzungslampen verwandt werden. Wenn die Fahrbahn durch andere Lichtquellen ausreichend beleuchtet ist, darf mit Standlicht gefahren werden.

(3) Suchscheinwerfer dürfen nur vorübergehend und nicht zum Beleuchten der Fahrbahn benutzt werden.

(4) Die Kennzeichen von Kraftfahrzeugen sind nach den Vorschriften der Verordnung über die Zulassung von Personen und Fahrzeugen zum Straßenverkehr (Straßenverkehrs-Zulassungs-Ordnung) vom 13. November 1937 zu beleuchten.

§ 35.
Verlassen des Kraftfahrzeugs.

Der Führer eines Kraftfahrzeugs hat beim Verlassen des Fahrzeugs zur Verhinderung der unbefugten Benutzung die üblicherweise hierfür bestimmten Vorrichtungen am Fahrzeug in Wirksamkeit zu setzen.

Fußgängerverkehr.
§ 38.
Marschierende Abteilungen.

(1) Geschlossen marschierende Abteilungen dürfen auf Brücken keinen Tritt halten. Marschmusik ist auf Brücken untersagt. Längere Abteilungen müssen in angemessenen Abständen Zwischenräume zum Durchlassen des übrigen Straßenverkehrs freilassen.

(2) Bei Dunkelheit oder starkem Nebel muß an geschlossenen Abteilungen nach vorn ihre seitliche Begrenzung und nach hinten ihr Ende durch Laternen (nach vorn weiß oder schwach gelb, nach hinten rot) erkennbar gemacht werden. Der linke und der rechte Flügelmann des ersten und des letzten Gliedes müssen je eine Laterne tragen; die Kennzeichnung kann auch durch voran oder hinterher marschierende Laternenträger erfolgen. Die Kenntlichmachung durch voranfahrende Fahrzeuge ist nur zulässig, wenn das Nachfolgen einer geschlossenen Abteilung Führern von entgegenkommenden Fahrzeugen erkennbar gemacht wird. Gliedert sich eine zu beleuchtende Abteilung in mehrere deutlich voneinander geschiedene Einheiten, so ist jede in der angegebenen Weise kenntlich zu machen. Daneben ist die zusätzliche Kenntlichmachung durch Rückstrahler (nach vorn weiß oder schwach gelb, nach hinten rot) zulässig. Die Vorschriften dieses Absatzes gelten nicht, wenn geschlossene Abteilungen durch andere Lichtquellen ausreichend beleuchtet sind.

(3) Schulklassen sollen die Gehwege benutzen. Bei Benutzung der Fahrbahn gelten sie als marschierende Abteilungen und sind bei Dunkelheit oder starkem Nebel nach Abs. 2 zu sichern.

§ 45.
Geltungsbereich.

Diese Verordnung ist auf den gesamten Straßenverkehr anzuwenden, soweit nicht für den Verkehr auf Kraftfahrbahnen oder für einzelne Verkehrsarten, insbesondere für stellenweise über Straßen geführten Schienenverkehr, Sonderrecht gilt. Sie enthält zusammen mit der Verordnung über die Zulassung von Personen und Fahrzeugen zum Straßenverkehr (Straßenverkehrs-Zulassungs-Ordnung) vom 13. November 1937 (Reichsgesetzbl. I S. 1215) die ausschließliche Regelung des Straßenverkehrs.

§ 48.
Sonderrechte.

(1) Wehrmacht, Polizei, Feuerwehr im Feuerlöschdienst, der Grenzaufsichts-
dienst sowie die ᛋᛋ-Verfügungstruppen und ᛋᛋ-Wachverbände sind von den Vorschriften dieser Verordnung befreit, soweit die Erfüllung ihrer hoheitlichen Aufgaben es erfordert. Das gleiche gilt für die Feuerwehr, die Technische Nothilfe
und den Reichsarbeitsdienst beim Einsatz im Katastrophenschutz.

(2) Geschlossene Verbände der Wehrmacht, der Polizei, der ᛋᛋ-Verfügungstruppen und ᛋᛋ-Wachverbände, des Reichsarbeitsdienstes und der NSDAP und
ihrer Gliederungen, Leichenzüge und Prozessionen dürfen nur durch die Polizei
und Fahrzeuge im Feuerlöschdienst unterbrochen oder sonst in ihrer Bewegung ge-
hemmt werden.

(3) Für Fahrzeuge der Polizei und Feuerwehr, die sich durch besondere
Zeichen bemerkbar machen, ist schon bei ihrer Annäherung freie Bahn zu schaffen.
Alle Fahrzeugführer haben zu diesem Zweck rechts heranzufahren und vorüber-
gehend zu halten.

§ 49.
Strafbestimmung.

Wer Vorschriften dieser Verordnung oder zu ihrer Ausführung erlassenen
Anweisungen vorsätzlich oder fahrlässig zuwiderhandelt, wird mit Geldstrafe bis
zu 150 Reichsmark oder mit Haft bestraft.

§ 50.
Inkrafttreten und Übergangsbestimmungen.

(1) Diese Verordnung tritt am 1. Januar 1938 in Kraft.

Inhaltsverzeichnis.

Druck Ernst Knoth in Melle i. H.